水土流失面源污染及防控技术

莫明浩　涂安国　宋月君　张　杰等　著

科学出版社

北京

内 容 简 介

本书阐明水土流失面源污染的概念、水土流失面源污染特征，定量分析鄱阳湖流域水土流失与面源污染的关系，在不同空间尺度上定位监测与评价水土保持关键技术的面源污染防控效果。以南方红壤区为例，研究山丘区坡地果园、坡耕地等土地类型在降雨条件下由径流泥沙挟带的氮、磷污染输出特征，探析氮素、磷素输出在径流、泥沙中的分配占比及其赋存形态，研究地表径流挟带的泥沙的污染特征，通过吸附解吸试验分析坡面产生的侵蚀泥沙进入水体后的潜在危害性。从源头和途径控制、末端治理等方面提出水土流失面源污染防控技术并应用。

本书可供水土保持、环境、生态、水利、地理、资源等领域的管理者、科技工作者以及高等院校相关专业的师生参考阅读。

图书在版编目（CIP）数据

水土流失面源污染及防控技术/莫明浩等著. —北京：科学出版社，2023.6
ISBN 978-7-03-075666-4

Ⅰ. ①水… Ⅱ. ①莫… Ⅲ. ①水土流失 ②面源污染 Ⅳ. ①S157.1 ②X501

中国国家版本馆 CIP 数据核字（2023）第 099856 号

责任编辑：郭允允 李 洁 / 责任校对：郝甜甜
责任印制：吴兆东 / 封面设计：无极书装

科学出版社 出版
北京东黄城根北街 16 号
邮政编码: 100717
http://www.sciencep.com

北京建宏印刷有限公司 印刷
科学出版社发行 各地新华书店经销
*
2023 年 6 月第 一 版 开本：787 × 1092 1/16
2023 年 6 月第一次印刷 印张：11
字数：260 000

定价：108.00 元

（如有印装质量问题，我社负责调换）

《水土流失面源污染及防控技术》作者名单

主 笔 人： 莫明浩　涂安国　宋月君　张　杰

其他作者： 方少文　杨　洁　左继超　王　嘉

刘　昭　王凌云　聂小飞　郑海金

陈秀龙　胡　皓　张利超　廖凯涛

石芬芬　段　剑　沈发兴　魏　伟

吴小雨　宗小天　欧阳祥　彭道松

前　　言

随着点源污染控制水平的提高，面源污染的防治已成为流域水环境改善的关键。水土流失是面源污染的主要载体，严重的水土流失产生的径流泥沙挟带大量的氮、磷等营养盐进入水体，对河湖产生污染。由于水土流失与面源污染的联动关系，加强水土流失面源污染研究十分必要和迫切，特别是在南方红壤区。因鄱阳湖流域位于江西省境内的面积约占江西省总面积的94%，故本书涉及的试验和研究在鄱阳湖流域展开。本书作者长期立足于水土保持学科理论，瞄准流域生态环境及生态服务功能、水土保持监测关键技术与信息化等方向，通过野外定位观测、勘察调研、地空遥感监测和模型模拟等相结合的方法，在坡面、集水区、流域等尺度上潜心探索，综合研究鄱阳湖流域水土流失面源污染规律、防控技术和水土保持效益。本书详细阐述水土流失与面源污染的关系、水土流失面源污染对水体水质的影响，研究区域面源污染评价模型、水土流失面源污染防控关键技术、水土流失面源综合防控技术体系及防控模式，并对典型流域的应用情况进行总结。本书的研究成果可为水生态文明建设、水土保持生态建设提供依据，为赣州市建设全国水土保持高质量先行区在探索水土流失规律机理等方面提供支撑。

本书由江西省技术创新引导类计划项目（国家科技奖后备培育计划）“农事活动影响下红壤坡地水土流失防控关键技术与应用”（编号：20212AEI91011）、国家自然科学基金项目“红壤坡耕地土体构型对氮素输移过程的影响及作用机制”（编号：42067020）、江西省重大科技研发专项“揭榜挂帅”关键技术类项目“鄱阳湖水量水质水生态协同治理与安全保障关键技术研究及示范”（编号：20213AAG01012）、江西省水利科技重大项目“基于磷‘环境-农学’阈值的红壤坡地面源污染防控技术”（编号：202124ZDKT07）等资助。

本书是江西省水利科学院、江西省土壤侵蚀与防治重点实验室多年努力的成果。在研究期间，作者得到了江西省水利厅、赣州市水土保持中心、江西省水文监测中心、江西省各县（市、区）水利水保部门的大力支持，以及课题组全体研究人员的密切配合，在此对他们的辛勤劳动表示诚挚的感谢。

限于作者水平，加之时间仓促，书中难免存在疏忽之处，恳请读者批评指正。

作　者

2022年5月

目　　录

第1章　绪　　论

红壤小流域是构成南方红壤区最基本的地形地貌单元，也是农业生产的主要场所，由于人口的压力和不合理利用小流域的坡地资源，许多红壤小流域水土流失较为严重，导致生态环境质量退化，严重地影响该地区的农业生产。由于小流域往往是一些河流干支流的源头，小流域的水土流失不仅抬高河床，淤积河道和湖泊，而且径流和泥沙所挟带的养分元素往往造成湖泊、河流富营养化，水质退化，因此研究和控制小流域水土流失和面源污染是控制湖泊、河流富营养化的关键措施之一。

面源污染又称非点源污染，是指溶解性污染物和固体污染物从非特定的地点，在降水（或融雪）冲刷作用下，通过径流过程而汇入受纳水体（包括江河、湖泊、水库和海洋等）并引起水体的富营养化或其他形式的污染。目前在发达国家，由于点源污染得到了十分有效的控制，面源污染已经成为河流、湖泊、水库等地表水体富营养化和水质恶化的主要污染源。在我国，虽然点源污染未遏制，但在很多水体，尤其是湖泊、水库中，面源污染对污染总负荷的贡献已占到相当大的比例，并且随着点源污染逐步得到有效的控制，面源污染对水环境污染总负荷的贡献率将进一步提高，对生产、生活和经济社会可持续发展的危害更加突显。

水土流失是面源污染的来源之一，地表径流、侵蚀泥沙、耕作土壤的流失等是面源污染的重要来源。土壤侵蚀是面源污染的主要发生形式，土壤侵蚀带来的泥沙不但本身就是一种面源污染物，而且泥沙是有机物、金属、磷酸盐及其他毒性物质的主要挟带者，所以土壤侵蚀会给水质带来不良影响。

鄱阳湖是我国第一大淡水湖，位于江西省境内，是长江干流重要的调蓄性湖泊，在长江流域中发挥着巨大的调蓄洪水和保护生物多样性等特殊生态功能。鄱阳湖是中国十大生态功能保护区之一，是国际重要湿地，也是世界自然基金会划定的全球重要生态区之一，它的“健康”状况维系着长江中下游的饮水安全和生态安全。总体来说，鄱阳湖目前水质尚好，营养化水平处于中至中-富营养等级，局部存在水体污染，主要污染物为总磷（TP）和氨氮（NH_3-N）。面对鄱阳湖出现的日益严峻的水资源形势，加强水资源保护、实现水资源的可持续利用，是保障和支持地方经济社会可持续发展的必然选择。相关研究表明，水土流失造成的面源污染已经成为鄱阳湖水环境的重要潜在威胁，由赣江、抚河、信江、饶河、修水“五河”汇入的面源污染是鄱阳湖水体污染的重要污染源，而红壤小流域单元则是“五河”的源头。大部分面源污染来源都和水土流失紧密联系，由于过度垦殖、开发建设等人为的不合理生产活动的破坏以及不合理的土地利用方式导致水土流失严重，而水土流失造成面源污染。土壤侵蚀发生在陆地表面透水性的地表，侵蚀的表土富含大量的土壤养分。例如，我国全年流失土壤 50 亿 t，带走的氮、磷、钾等养分元素相当于全国一年的化肥施用总量，流失的土壤养分导致严重的面源污染，同时也严重影响水生态系统的安全。

江西省是我国南方水土流失较为严重的地区之一，也是红壤山地丘陵的典型代表区域，有“六山一水二分田，一分道路与庄园”之说，主要的农业生产是在山地丘陵地区进行的。由于长期以来人们不合理地开发山地农业，江西省 2020 年水力侵蚀面积达 2.36 万 km^2，水土流失面积约占全省总面积的 14%，严重水土流失导致的面源污染加剧鄱阳湖水质的恶化。水土保持措施能从根本上截断污染链、防治面源污染，是保护水源水质、保障饮水安全的重要手段。早在 20 世纪 80 年代江西省就开始实施“山江湖”工程，把鄱阳湖流域视为整体，提出“治湖必须治江，治江必须治山”的生态环境保护理念；对于水土流失治理，从 20 世纪 80 年代开始，国家“八片”水土流失重点治理工程也开始在江西省实施。为了保护“一湖清水”不受污染，必须建立完善的小流域面源污染防治技术体系和预测模型。多年来，各国各地区学者针对水土保持对面源污染的控制作用、面源污染迁移转化机理、防治对策及模型等方面开展了许多研究，也产生了不少好的防治技术和模型。因此，迫切需要开展适合我国不同区域特色和相应地理特点并能反映区域时空变异特征的水土保持对面源污染的防控机制研究。

本书选择鄱阳湖流域中的典型小流域，通过设立径流小区、卡口站等手段，采取取样观测和分析测试的方法，从坡面、集水区、小流域等尺度分析降雨条件下径流泥沙及其挟带面源污染物与水体污染的关系，研究红壤侵蚀区小流域综合治理中水土保持措施对产流产沙和面源污染的影响，从而提出水土流失面源污染防控技术。

1.1　面源污染的影响因子与机理

面源污染产生机制主要包括径流形成、土壤侵蚀和泥沙及氮、磷污染物进入水体三个过程。降雨在不同下垫面条件下产生径流，并对土壤产生侵蚀作用，在降雨-径流驱动因子作用下，泥沙与附着的氮、磷污染物及可溶性氮、磷污染物进入水体，从而产生面源污染。在影响因子分析中，郑粉莉等（2004）主要评价了土壤中化学元素（尤其是磷素和氮素）形态、有机肥和化肥施用与管理方式、降雨和灌溉、地形、近地表水文条件、作物和耕作管理等对化学污染物运移的影响。其主要结果表现为：①水土保持耕作法可以减少土壤流失量和颗粒形态的养分流失，但不能减少可溶性养分的流失；另外，残渣覆盖物在增加土壤有机物、改善土壤结构的同时，残渣腐烂分解部分增加了径流中的养分浓度。因此，需要寻找有效的防治措施，使其具有防治侵蚀和减少面源污染物的双重功能。②农地过度施肥，尤其是大量过度施用有机肥（家畜、家禽），使土壤中养分积累，是引起养分流失和地表水富营养化的根源（Pote et al.，1999；Cox and Hendricks，2000；Sims et al.，2000）。③流域内养分流失的敏感区集中在流域下游接近河床的土壤水分饱和区（Walter et al.，2000）。黄河仙等（2008）开展了不同覆被条件下红壤坡地地表径流及其养分流失特征研究，结果表明覆被植物群落类型单一化和农事耕作都能增加地表径流量、次数和养分流失，并提出最大限度减少人为对植被和地表的破坏，以及清除枯枝落叶等人为干扰是减少养分流失的关键。陈长青等（2006）对红壤坡地不同林地进行定位观测，对氮、磷、钾养分元素动态循环进行了系统分析，建立了养分循环的分室模型。

经过几十年的研究，国内外面源污染研究已从初期的定性化研究转向定量化研究，由统计、调查与机制研究转向实用治理与系统开发研究，由小区尺度径流观测转向流域尺度地形、气象、土地利用、控制措施等对面源污染时空变异研究。我国在面源污染研究的各方面都取得了明显进展，但在面源污染模型的研发方面尚处于初级阶段。在控制技术措施方面，我国已形成较国外更宽泛的技术体系，特别是水土保持技术更是如此，但水土保持技术控制面源污染效应的研究甚少。由于土壤侵蚀与面源污染的联动关系，水土保持技术控制面源污染的效应与机制研究将成为今后的研究方向。在管理措施方面，目前面源污染的控制与管理还仅停留在个别示范区的“点”上，在流域或区域的“面”上加强适合我国国情的最佳流域管理措施（BMPs）管理模式研究将成为面源污染防控措施的重点之一。

1.2 水土流失面源污染及其影响因子

面源污染物的流失主要以水土流失为途径，将水土流失产生的及其引发的面源污染称为水土流失面源污染，影响水土流失的主要因素对面源污染物的流失也有很大的影响，它包括自然因素和人为因素。自然因素包括降雨、坡度、下垫面条件、土壤初始含水量、植被覆盖度等因素，不同近地表土壤水文条件将对坡面的侵蚀过程产生不同的影响，进而影响到面源污染物的迁移过程（张玉斌等，2007）；人为因素主要为对土地的不合理利用等。施肥和农业耕作对面源污染也有很大影响，郑粉莉等（2004）指出，国外对水土保持耕作法（少耕、免耕）、农地过度施肥、近地表土壤水分条件等影响污染物运移的机理都有研究。因水土流失产生的泥沙一方面给水体带来物理、化学、生物等多方面的污染，另一方面又可吸附由废水、污水挟带的许多种类的污染物质，当水环境条件发生改变时，污染物可被解吸到水相中而造成二次污染（胡国华等，2004），故土壤与化学物质之间的相互作用（吸附与解吸）等是决定泥沙和径流挟带化学物质浓度的关键因素。

水土保持措施能够吸收、过滤、迁移和转化土壤或水体中的一些有害物质，防治面源污染，优化流域或区域水环境。随着社会经济的发展，人为造成的新的水土流失比较严重，如何防治水土流失和面源污染已成为当前环境保护重大而又紧迫的课题。研究不同水土保持措施在防控化肥、农药和有机肥等面源污染方面的作用，提出有效的水土保持措施，控制水体污染是面源污染水土保持控制技术研究的主要内容。

1.3 水土流失与面源污染模型化

水土流失面源污染的实质在于水土流失，作为水土流失预测预报的模型，经过合理的修正后，可用于面源污染的监测。根据模型建立的途径和所模拟的过程，面源污染模型通常可分为经验模型或黑箱模型、物理模型或过程模型、概念模型、随机模型等（牛志明等，2001）。20 世纪 50～60 年代，以美国农业局为首的研究机构就开发了一些有关水土流失和面源污染方面的经验统计模型，包括 SCS 曲线代码和通用土壤流失方程（USLE）。70 年代初，直接模拟面源污染发生、发展及影响的数学模型就已出现。美国农业部农业研究局研发的 CREAMS（chemicals，runoff and erosion from agriculture management systems）模型奠定了面源污染模型发展的"里程碑"。80 年代，开始将 RS、GIS 与一些经验统计模型进行集成。自 90 年代以来，随着"3S"技术的迅猛发展，分布式参数机理模型的空间数据输入效率、模拟输出显示和模型运行效率因集成而大大提高。AGNPS（agricultural nonpoint source pollution）与稍后改进的 AnnAGNPS（annualized AGNPS）、ANSWERS（area nonpoint source watershed environment response simulation）、SWAT（soil and water assessment tool）等模型相继产生并在国内外得到了广泛应用。

模型化研究也是我国面源污染研究的主要形式，但我国研究多引用国外模型或加以修正。USLE 在 2000 年我国因水土流失引发的氮、磷流失量匡算中得到应用，经验证后得出吸附态氮素和磷素的流失总量分别为 104.22 万 t 和 34.65 万 t（杨胜天等，2006）。另外，各类面源污染模型在我国均有应用，如 AnnAGNPS 模型在福建省九龙江典型小流域（黄金良等，2005）、GIS 技术在汉江中下游（史志华等，2002）、SWAT 模型在黑河流域（秦耀民等，2009）、RUSLE 模型在江苏省方便流域（姜小三等，2005）等的应用。从水土流失面源污染的三个环节——降雨径流、水土流失及污染物迁移过程出发，研究面源污染的实质并进行预测预报，已成为水土流失面源污染的研究方向。

1.4 水土流失面源污染防控

水土流失与养分流失往往伴随发生，而随着地表径流挟带养分流失，则产生了面源污染。在国外，对于养分流失，许多学者做了大量的研究。Ahuja 等（1981）研究表明次降雨过程中，随径流损失的养分只发生在土壤表层一定厚度内。Flanagna 等（1989）采用不同雨型对养分流失进行了研究，结果表明雨型对径流养分含量的影响无统计学差异。在坡度小于 2%的试验研究中，径流中的溶质含量与产流时刻关系密切，而与雨强关系不明确（Walton et al.，2000a，2000b）。Alberts 和 Moldenhauer（1981）的研究表明，缓坡或陡坡农田的氮、磷转移和随径流流失的泥沙部分相联系。针对土壤养分流失规律，国内学者也进行了大量的研究。邵明安和张兴昌（2001）通过研究发现坡地土壤养分流失的过程实际上是表层土壤养分与降雨、径流相互作用的过程。马琨等（2002）研究得出，雨强较小时，土壤养分流失以径流挟带为主；雨强较大时，以泥沙挟带为主。徐泰平等（2006）在对不同降雨侵蚀力条件下的紫色土坡耕地的养分流失特征进行研究后发现，坡耕地养分流失与土壤侵蚀关系密切，氮、磷迁移以泥沙吸附态迁移为主，其中溶解态氮、溶解态磷含量与降雨侵蚀力无明显相关。陈欣等（1999）研究表明，泥沙结合态磷是坡地磷流失的主要形态，其在径流中占总磷的 66.25%～79.27%。张亚丽等（2004）

利用室内模拟降雨试验，研究了黄土区土壤矿质氮素随地表径流迁移流失和入渗的动态变化，结果表明，表层土壤矿质氮素随径流流失量显著高于随泥沙流失量，在地表产流过程中径流养分浓度呈现高—低—较高变化。王全九等（1999）研究发现，土壤前期含水量影响着土壤溶质随径流迁移的全过程。刘洋等（2002）对不同生态措施下红壤坡地的养分流失进行了研究，得出横坡间种农作物的坡地果园、梯壁植草标准水平梯田果园、前埂后沟梯壁植草梯田果园均能明显减少养分流失，其中以前埂后沟梯壁植草梯田果园效果最好。王百群和刘国彬（1999）研究发现，坡长与土壤有机质及碱解氮、速效磷和速效钾等速效养分流失量呈显著的指数函数关系，土壤养分流失量随着坡长的增加呈指数增加。彭琳等（1994）在陕西省安塞径流区的观测表明，因水土流失而损失的氮素质量为 9～19kg/（$hm^2 \cdot a$），其中以土壤颗粒的形式而流失的氮素占流失氮素总量的 95%以上。黄丽等（1999）研究认为三峡库区紫色土坡地也是如此，因此控制养分流失的关键在于控制土壤颗粒的流失。袁冬海等（2002）对红壤坡耕地不同农作利用方式下氮素流失的研究表明，等高耕种、休闲地等控制土壤氮素流失优于水平沟和水平草带，坡耕地土壤氮素流失主要途径为径流流失，其中径流流失的氮素又以水溶态为主。

面源污染的控制有三种途径：一是对污染源系统的控制，二是对污染物运移途径的控制，三是对污染汇系统的控制。杨爱民（2007）指出水土保持生物措施、工程措施（除传统的水土保持工程措施外，还包括兼具拦截径流、净化水质功能的小型人工湿地措施等）和农业技术措施（除水土保持耕作技术外，还包括合理施肥技术等）三大措施对面源污染的防控具有各自不同的作用。尤其是生物措施通过提高植被覆盖度、改善土壤质地、增强土壤团粒结构、增加土壤微生物种类和数量、改善土壤水分条件等功能，对化肥、农药、重金属等污染物的植物吸收、微生物降解、化学降解等具有显著的正向促进作用，可以减少污染源系统的污染物通量（杨爱民等，2007）。同时，水土流失防治措施通过控制水土流失的侵蚀和搬运过程来控制面源污染物的扩散途径，截断面源污染的污染链和减少污染量，主要表现在拦蓄径流泥沙，减少吸附的营养盐和有毒元素等，达到净化径流水质、保护水体质量的目的（王昭艳等，2003）。

由美国国家环境保护局（USEPA）提出的“最佳流域管理措施”（BMPs）是目前普遍认为值得采用的面源污染防治体系，它是指任何能够减少或预防水资源污染的方法、措施或操作程序，其工程措施既包括修建沉沙池、渗滤池和集水设施等传统的工程措施，又包括湿地、植被缓冲区和水陆交错带等新兴的生态工程措施。余新晓等（2004）对北京密云水库小流域水土保持综合治理的水质作用进行了研究，结果表明，森林植被覆盖度达 93.8%的治理小流域的水质明显优于森林植被覆盖度为 35.7%的对比小流域。董凤丽等（2004）采用潜层渗流方式，进行了滨岸缓冲带对农业面源污染氮、磷吸收效果的初步试验研究，结果证明滨岸缓冲带可在很大程度上减少营养物向附近水源的扩散。李贵宝等（2005）就白洋淀芦苇人工湿地对氮、磷的净化能力进行了试验研究，结果表明芦苇人工湿地对污水中氮、磷的净化效果十分明显。对总氮（TN）、总磷（TP）的去除率分别达 79.8%～88.3%、97.1%～98.1%。清华大学牵头完成的“十五”国家科技攻关计划项目“滇池流域面源污染控制技术研究”提出了一整套面源污染控制的集成示范技术，包括村镇生活污水氮磷污染控制技术（人工复合生态浮床污水处理技术）、农村固体废物无害化处理技术、台地水土和氮磷流失控制技术（包括植被快速修复技术、生物篱技术、农林复合经营技术、植被快速恢复喷播技术和山地径流综合调控技术）、精准化平衡施肥技术、暴雨径流与农田排灌水氮磷污染控制技术、流域面源污染模拟与综合管理技术（潘玉娟，2007）。面源污染综合治理使示范区内进入滇池的污染负荷削减了 50%以上（陈吉宁等，2004）。关于面源污染的综合治理研究主要还有 1999 年启动的“珠海面源污染及其控制研究”、2003 年启动的“汉阳地区城市水体的面源污染控制技术与工程示范”等（潘玉娟，2007）。以上成果为我国面源污染的控制和管理提供了借鉴。

我国对生物毯、生物带、秸秆覆盖、水平条、鱼鳞坑、梯田、台地等不同水土保持措施防治面源污染的效应均有研究，研究方法以设置径流小区进行天然降雨观测和人工模拟降雨试验为主。对于流域而言，生态清洁型小流域建设是防治水土流失和面源污染的根本措施，2006 年北京综合治理后的小流域比未治理的小流域平均削减总氮 34.5%、总磷 20.8%，小流域出口的水质达到地表水Ⅲ类标准以上（段淑怀等，2007）。

纵观土壤侵蚀与面源污染研究历程，无论是相关概念的提出，还是研究方法与手段的发展，土壤侵蚀均要早于面源污染，所以土壤侵蚀研究对面源污染控制工作的深入进行具有指导意义（王晓燕，2003）。

面源污染危害的广泛性、控制的复杂性使其研究越来越受到重视。因此，面源污染的迁移转化研究更趋深入，提高数据的精确度，集成化面源污染模型软件将成为未来面源污染模型和计算机软件开发的主流。生物技术、总量控制将在流域面源污染控制和治理中发挥重要的作用。从流域角度探讨流域开发和水环境质量的关系，实施最佳管理措施，建立流域土地、水域最优开发和管理模式，将成为面源污染控制研究的一个重要突破点。

参 考 文 献

陈长青，卞新民，何园球. 2006. 中国红壤坡地不同林地养分动态变化与模拟研究. 土壤学报，43(2)：240-246.

陈吉宁，李广贺，王洪涛. 2004. 滇池流失面源污染控制技术研究. 中国水利，(9)：47-50.

陈欣，姜曙千，张克中，等. 1999. 红壤坡地磷素流失规律及其影响因素. 土壤侵蚀与水土保持学报，5(3)：1-6.

段淑怀，路炳军，王晓燕. 2007. 浅谈北京市山区水土流失与面源污染. 中国水土保持，(9)：10-11，52.

董凤丽，袁峻峰，马翠欣. 2004. 滨海缓冲带对农业面源污染 NH_4^+-N，TP 的吸收效果. 上海师范大学学报（自然科学版），33(2)：93-97.

胡国华，赵沛伦，肖翔群. 2004. 黄河泥沙特性及对水环境的影响. 水利水电技术，35(8)：17-20.

黄河仙，谢小立，王凯荣，等. 2008. 不同覆被条件下坡地地表径流及其养分流失特征. 生态环境，17(4)：1645-1649.

黄金良，洪华生，杜鹏飞，等. 2005. AnnAGNPS模型在九龙江典型小流域的适用性检验. 环境科学学报，25(8)：1135-1142.

黄丽, 张光远, 丁树文. 1999. 侵蚀紫色土壤颗粒流失研究. 水土保持学报, 5(1): 35-39.
姜小三, 卜兆宏, 杨林章, 等. 2005. 水土流失与水质污染一体化定量监测的初步研究. 土壤学报, 42(4): 529-536.
李贵宝, 李建国, 毛战坡, 等. 2005. 白洋淀面源污染的生态工程技术控制研究. 南水北调与水利科技, 3(1): 41-43, 56.
刘洋, 张展羽, 张国华, 等. 2002. 天然降雨条件下不同水土保持措施红壤坡地养分流失特征. 中国水土保持, (12): 14-16.
马琨, 王兆骞, 陈欣, 等. 2002. 不同雨强条件下红壤坡地养分流失特征研究. 水土保持学报, 16(3): 16-19.
牛志明, 解明曙, 孙阁, 等. 2001. 面源污染模型在土壤侵蚀模拟中的应用及发展动态. 北京林业大学学报, 23(2): 78-84.
潘玉娟. 2007. 水土保持的水环境效应研究. 北京: 北京林业大学.
彭琳, 王继增, 卢宗藩. 1994. 黄土高原旱作土壤养分剖面运行与坡面流失的研究. 西北农业学报, 3(1): 62-66.
秦耀民, 胥彦玲, 李怀恩. 2009. 基于 SWAT 模型的黑河流域不同土地利用情景的面源污染研究. 环境科学学报, 29(2): 440-448.
邵明安, 张兴昌. 2001. 坡面土壤养分与降雨、径流的相互作用机理及模型. 世界科技研究与发展, 23(2): 7-12.
史志华, 蔡崇法, 丁树文, 等. 2002. 基于 GIS 的汉江中下游农业面源氮磷负荷研究. 环境科学学报, 22(4): 473-477.
王百群, 刘国彬. 1999. 黄土丘陵区地形对坡地土壤养分流失的影响. 土壤侵蚀与水土保持学报, 5(2): 18-22.
王全九, 张江辉, 丁新利, 等. 1999. 黄土区土壤溶质径流迁移过程影响因素浅析. 西北水资源与水工程, 10(1): 9-13.
王晓燕. 2003. 面源污染及其管理. 北京: 海洋出版社.
王昭艳, 李亚光, 李湛, 等. 2003. 水土流失防治措施在面源污染控制中的作用. 水土保持学报, 17(6): 92-94, 109.
徐泰平, 朱波, 汪涛, 等. 2006. 不同降雨侵蚀力条件下紫色土坡耕地的养分流失. 水土保持研究, 13(6): 139-141, 144.
杨爱民. 2007. 水土保持措施防治面源污染的作用机制. 中国水土保持科学, 5(6): 98-101.
杨爱民, 段淑怀, 刘大根, 等. 2007. 水土保持的水环境效应研究. 中国水土保持科学, 5(3): 7-13.
杨胜天, 程红光, 步青松, 等. 2006. 全国土壤侵蚀量估算及其在吸附态氮磷流失量匡算中的应用. 环境科学学报, 26(3): 366-374.
余新晓, 张志强, 陈丽华, 等. 2004. 森林生态水文. 北京: 中国林业出版社.
袁冬海, 王兆塞, 陈欣, 等. 2002. 不同农作方式红壤坡耕地土壤氮素流失特征. 应用生态学报, 13(7): 863-866.
张亚丽, 张兴昌, 邵明安, 等. 2004. 降雨强度对黄土坡面矿质氮素流失的影响. 农业工程学报, 20(3): 55-58.
郑粉莉, 李靖, 刘国彬. 2004. 国外农业非点源污染(面源污染)研究动态. 水土保持研究, 11(4): 64-65, 112.
张玉斌, 郑粉莉, 武敏. 2007. 土壤侵蚀引起的农业面源污染研究进展. 水科学进展, 18(1): 123-132.

Ahuja L R, Sharpley A N, Yamamoto M, et al. 1981. The depth of rainfall-runoff-soil interactions as determined by ^{32}P. Water Resources Research, (17): 967-974.

Alberts E E, Moldenhauer W C. 1981. Nitrogen and phosphorted by eroded soil aggregates. Soil Science Society of America Journal, (45): 391-395.

Cox F R, Hendricks S E. 2000. Soil test phosphorus and clay content effects on runoff water quality. Journal of Environmental Quality, 29 (5) :1582-1586.

Flanagan D C, Foster G R. 1989. Storm pattern effect on nitrogen and phosphorus losses in surface runoff. Transactions of the ASAE, 32 (2): 535-544.

Pote D H, Daniel T C, Nichols D J, et al. 1999. Relationship between phosphorus levels in three ultisols and phosphorus concentration in runoff. Journal of Environmental Quality, (28): 170-175.

Sims J T, Edwards A C, Schoumans O F. 2000. Integrating soil phosphorus testing into environmentally based agricultural management practices. Journal of Environmental Quality, (29): 60-71.

Walter M T, Walter M F, Brooks E S, et al. 2000. Hydrologically sensitive areas: Variable source area hydrology implications for water quality risk assessment. Journal of Soil and Water Conservation, 55(3): 277-284.

Walton R S, Volker R E, Bristow K L, et al. 2000a. Solute transport by surface runoff from low-angle slopes theory and application. Hydrological Processes, (14): 1139-1159.

Walton R S, Volker R E, Bristow K L, et al. 2000b. Experimental examination of solute transport by surface runoff from low-angle slopes. Hydrology, (233): 19-36.

第 2 章　水土流失与面源污染的关系

2.1　水土流失面源污染与水体环境的因果效应

相对点源而言，面源污染没有固定的排污口，也没有稳定的污染物输送通道（胡宝祥和马友华，2008）。其主要来源包括土壤侵蚀、化肥与农药的过量使用、城市和公路径流、畜禽养殖和农业与农村废弃物等（杨爱民等，2008）。面源污染分布范围广，危害规模大，监测、管理和控制困难，目前已成为水体水质恶化的主要因素。在美国，面源污染被认为是环境污染的第一因素，60%的水资源污染来自面源污染；在欧洲、加拿大、日本等地，湖泊污染负荷的 50%以上来自面源污染（文军等，2004）。在我国，面源污染程度也很严重，河流湖库呈现不同程度的富营养化现象，太湖、巢湖、滇池等重要湖泊富营养化趋势加剧，主要是氮、磷和其他营养盐类等面源污染物造成的。

水土流失主要指地表组成物质受流水、重力或人为作用造成的水和土的流失过程。水土流失带来的径流和泥沙不仅本身就是一种面源污染物，而且泥沙是有机物、金属、磷酸盐及其他毒性物质的主要挟带者，所以水土流失会给水质带来不良影响。具体表现为面源污染是伴随着水土流失的发生与发展过程而形成的，污染物在降雨所产生的径流冲刷作用下，由径流和泥沙挟带，最终达到受纳水体的过程，即降雨—径流—侵蚀—水污染负荷输出，污染物通过水土流失而进入受纳水体，各类面源污染物在水土流失的作用下影响水体环境。

可将由水土流失触发的面源污染定义为水土流失面源污染，通常认为水土流失面源污染是在土壤侵蚀运移基础上产生的，因此它的主要过程是以侵蚀过程为基础，并在该基础上耦合进入水体的污染过程（石辉，1997）。土壤侵蚀与面源污染是一对密不可分的共生现象，特别是在农业性面源污染中，土壤侵蚀是造成水体污染的主要形式。由于径流和侵蚀中挟带着大量的养分流失，所以水土流失过程也必然伴随着养分流失过程，水土流失是面源污染发生的重要形式和运输载体。土壤中的氮素主要以水溶态的形式存在，通过地表径流、地下径流淋溶挟带的途径进入水体；磷肥、农药、重金属等主要以吸附态的形式存在，通过土壤流失被土壤颗粒挟带进入水体。因此，水土流失是造成水体污染的主要途径，是水库、湖泊、河流等地表水体发生富营养化的重要原因。

2.2　水土流失面源污染的危害

面源污染的总效应是多方面的，对区域生态环境和人类健康造成严重的危害，不仅污染饮用水源，而且造成地表水的富营养化和地下水污染，破坏水生生物的生存环境，引起生物量的减少或死亡；水土流失冲走大量表土，土层变薄，土壤贫瘠，肥力下降，给农业生产带来不利影响，并破坏水土结构、道路和沟渠；泥沙会破坏鱼类和其他野生生物的繁衍地；泥沙增加意味着疏浚港湾和处理废水的费用增加；河床增高导致更大的洪水泛滥；湖泊、水库淤积速度加快。

面源污染的严重性随着点源污染控制能力的提高而逐渐表现出来，尤其是当点源污染控制水平达到一定程度后，面源污染成为水环境污染的主要原因。

发达国家基本上实现了对点源污染的有效治理，因此面源污染已经成为水环境的最大污染源。在美国，60%的水污染起源于面源污染；面源污染量占污染总量的 2/3，其中农业的贡献率为 75%左右。美国江河中 73%的 BOD、92%的悬浮物和 83%的细菌均来自面源（贺缠生等，1998）。美国国家环境保护局 1986 年发布的报告表明，美国被监测河流中 65%受到面源污染（Parry，1998）；营养物的高负荷造成水体富营养化，1993～1999 年，墨西哥湾底部水体缺氧范围由 1.6 万 km^2 增至 2 万 km^2，而氮素的年流入量中，89%来自面源（王晓燕，2003）。

丹麦的大部分河流中 94%的氮负荷、52%的磷负荷由面源污染引起；荷兰农业面源提供的总氮、总磷分别占水环境污染总量的 60%、40%～50%；奥地利北部地区进入水环境的面源氮量远比点源大（王晓燕，2003）。

在国内也有许多对河流、小流域水土流失面源污染的研究，如表 2.1 所示，研究表明因水土流失而产生的氮、磷污染占较大比例。

表 2.1　水土流失面源污染所占比例的研究

<table>
<tr><th>河流/流域名称</th><th>水土流失面源
污染所占比例</th><th>污染划分方法</th></tr>
<tr><td>颜公河（浙江省）
（朱松，2004）</td><td>TN 占 35.22%、
TP 占 36.8%</td><td rowspan="2">分为工业污染源、生活污染源、农业面源污染（含畜禽污染、化肥污染、水土流失）</td></tr>
<tr><td>大嵩江（浙江省）
（杨新民等，1997）</td><td>TN 占 26.8%、
TP 占 15.9%</td></tr>
<tr><td>陈家沟流域（重庆三峡库区）
（杨艳霞，2009）</td><td>39%</td><td>分为农村生活污水、农药流失、化肥流失、水土流失、畜禽养殖</td></tr>
<tr><td>长江朱沱断面，嘉陵江北碚断面
（曹承进等，2008）</td><td>颗粒态磷占 75%以上</td><td>分为颗粒态和溶解态</td></tr>
<tr><td>蒋家塘小流域（浙江省）
（王晓燕，2003）</td><td>泥沙结合态磷占 70%以上</td><td>分为泥沙结合态和水溶态</td></tr>
<tr><td>蛇鱼川小流域（北京）
（吴敬东，2010）</td><td>TN 占 48.2%、
TP 占 43%</td><td>分为水土流失、农业生产、畜禽饲养、生活污水</td></tr>
</table>

2.3　水土流失面源污染特征

2.3.1　水土流失面源污染的特点及过程

2.3.1.1　水土流失面源污染的特点

与点源污染（集中排放废水、污水）相比较，水土流失面源污染受降雨因素影响，与降雨径流污染类似；与其他污染类型（如农业型面源污染、农村生活型面源污染等）相比，水土流失面源污染具有许多显著不同的特点。主要有：①发生具有随机性。因为水土流失面源污染主要受水文循环过程的影响和支配，而降雨径流具有随机性，所以由此产生的污染必然具有随机性。②污染物的来源和排放点不固定，排放具有间歇性，而点源排放较规律，如随作息制度变化等。③污染负荷的时间变化（次降雨径流过程、年降雨等）和空间变化（不同地点）幅度大。④监测、控制和处理困难且复杂，主要受土地利用类型和降雨径流过程等的影响。

2.3.1.2　水土流失面源污染的过程

1）降雨径流过程及土壤侵蚀过程

当降雨降落到地面上时，首先要满足植物的截留及陆面上的填洼和下渗，才能产生地面径流。降雨是由具有一定数量和一定级配的雨滴组成的，而土壤也是由具有一定级配的土壤颗粒组成的，因此，雨滴下落击溅土壤颗粒时，会使土壤颗粒溅向四周，而产生土壤分离现象。当地面产生径流时，就会很容易地被径流挟带走。这种土壤分离现象被称作降雨侵蚀作用。雨滴的击溅还能撞实土壤表面，产生板结作用，减少下渗量，间接地增加地面径流，这又会增加水流的侵蚀和挟沙能力。因此，地表径流是产沙的主要原因。

土壤侵蚀包括土壤颗粒的分离、颗粒的顺坡输移和最终沉积。在土壤侵蚀定义的基础上，泥沙的脱离与输移分为四个过程：①雨滴溅击下分离；②雨滴飞溅传输；③径流作用下分离；④径流输运。不同的土壤颗粒具有不同的临界起动条件，这使得土壤侵蚀具有选择作用，易起动的颗粒先被起动，而不易起动的颗粒留在原地。细颗粒泥沙一般具有很强的吸附作用，因此产沙量很大时，其挟带走的污染物量也会很大。这就是土壤侵蚀产生的泥沙也是一种严重的面源污染物的缘故。

2）泥沙传输过程

水流具有一定的泥沙传输能力，当这种传输能力比土壤侵蚀量大时，土壤侵蚀量全被挟带走；否则，水流只以其传输能力挟带泥沙，而多余的泥沙则沉积下来。

3）污染物淋洗与传输过程

伴随着降雨径流过程与土壤侵蚀过程，污染物也被冲洗走。这既包含覆盖在地面上的污染物被挟带走，又包含被泥沙吸附的污染物伴随着泥沙的传输而被挟带走。与此相对应的是污染物的溶解态和吸附态。泥沙颗粒吸附性能的研究，特别是细颗粒泥沙吸附性能的研究也逐渐被提到环境专家的研究议程上来，人们开始重新研究土壤侵蚀问题。由以前只注意量，到如今着重点是量和质，并且必须了解在侵蚀的土壤颗粒中细粒泥沙所占的比例，加强对土壤特性的研究，以及土粒级配组成对土壤侵蚀和泥沙传输过程的影响，以便较详细地了解被泥沙吸附的养分和污染体的输移情况。

2.3.2　不同类型坡面水土流失特征

本书以荒地（于都县径流小区）、坡耕地裸地（江西水土保持生态科技园）、坡耕地顺坡耕作（江西水土保持生态科技园）等几种类型的坡面为研究对象，分析在无水土保持措施的条件下坡面的水土流失特征。

2.3.2.1　荒地水土流失特征

径流量和侵蚀量是坡面水土流失面源污染输出的一个非常重要的因子。作者团队对于都县荒地径流小区（坡度 25°）2010～2012 年的数据进行分析，研究其水土流失的特点。从产流来看，2010～2012 年荒地小区的径流量分别为 48.16m^3、41.90m^3 和 45.55m^3。如图 2.1 所示，除 2011 年 4 月外，小区全年的径流量大多在 4～6 月，2010 年 4～6 月的径流量占全年的 68%，2011 年占 45%，2012 年占 51%，这与江西省 4～6 月降雨比较集中有关。而从荒地类型来看，降雨径流的产生也带来土壤侵蚀。2010～2012 年各月的降水量和侵蚀量如图 2.2～图 2.4 所示。2010～2012 年荒地小区年侵蚀量分别为 152.09kg、268.60kg 和 285.08kg，平均侵蚀模数分别为 1521t/（km^2·a）、2686 t/（km^2·a）、2851 t/（km^2·a），属于中度或轻度侵蚀。从图中可以看出 2010 年荒地小区侵蚀量最大月为 4～7 月，2011 年侵蚀量最大月为 5 月、6 月和 9 月，2012 年侵蚀量最大月为 4～6 月，这与降水量有很大关系。说明荒地在无水土保持措施的情况下，在雨季时的水土流失量大。

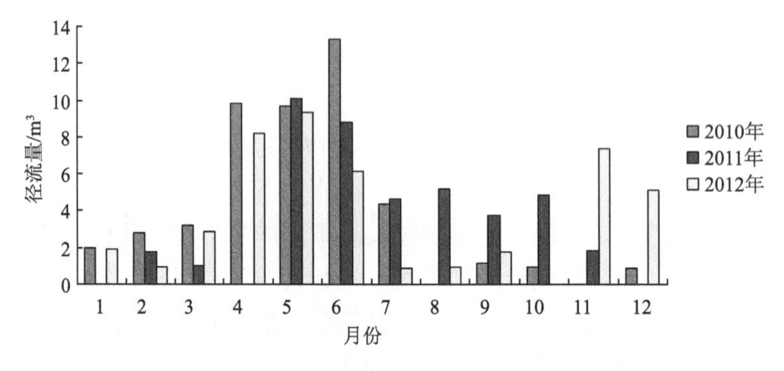

图 2.1　2010～2012 年于都县荒地径流小区月径流量

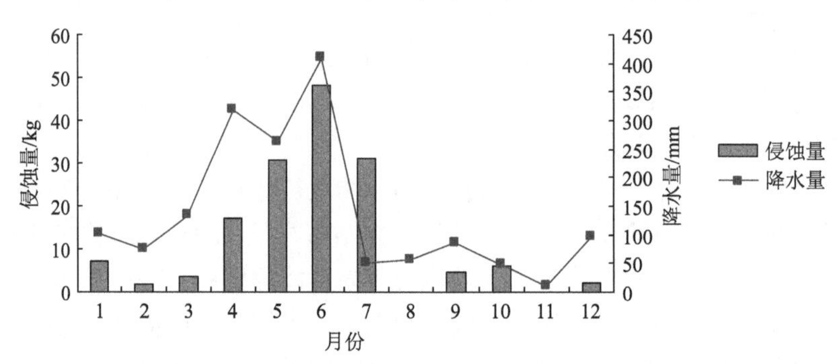

图 2.2　2010 年于都县荒地径流小区月侵蚀量和降水量

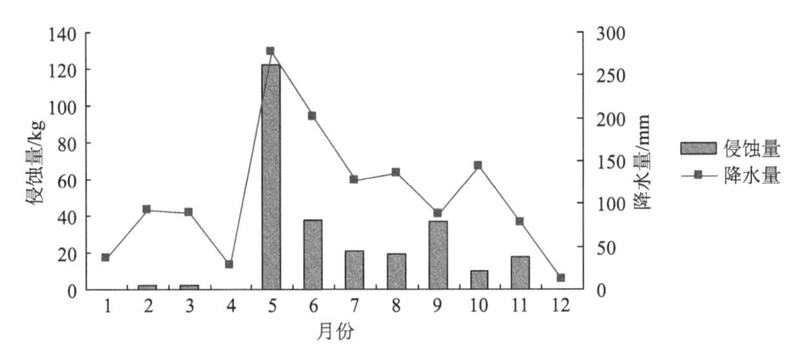

图 2.3　2011 年于都县荒地径流小区月侵蚀量和降水量

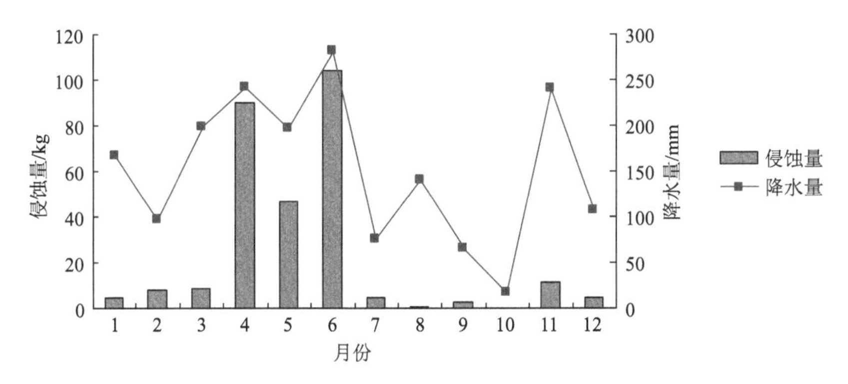

图 2.4　2012 年于都县荒地径流小区月侵蚀量和降水量

2.3.2.2　坡耕地裸地水土流失特征

图 2.5 为 2012 年江西水土保持生态科技园坡耕地裸地小区（坡度 10°）径流量和泥沙量的观测结果。2012 年德安县全年降水量为 1754.5mm，属于降水量较大的年份。坡耕地裸地小区全年产流量为 41.7m^3、产沙量为 1924.7kg。经计算，全年坡耕地裸地小区径流深平均为 1.17m，径流系数为 63.7%，侵蚀模数为 19247t/（km^2·a），属于剧烈侵蚀，说明在南方红壤区坡耕地如果未采取水土保持措施，将产生巨大的水土流失。从 49 场降雨的产沙量与产流量的关系来看，产沙量与产流量呈线性相关，相关公式为 y=109.44x–14.293，R^2=0.7013。而径流量和泥沙量的大小又与降水量有关，2012 年江西水土保持生态科技园各月的降水量如图 2.6 所示，与常年相比，除了 4～6 月降水量较大

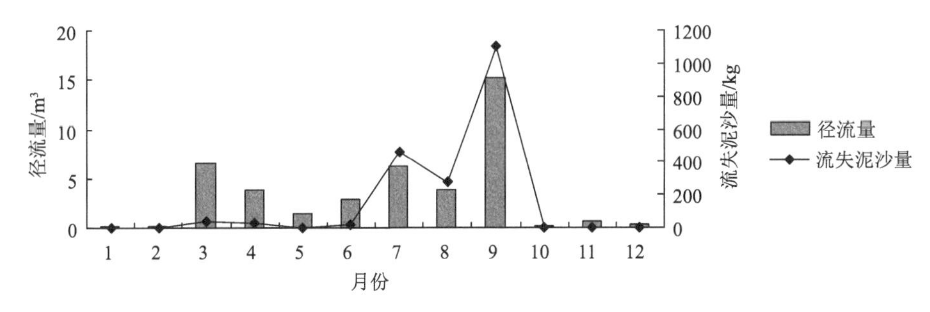

图 2.5　2012 年江西水土保持生态科技园坡耕地裸地小区各月径流量和泥沙量

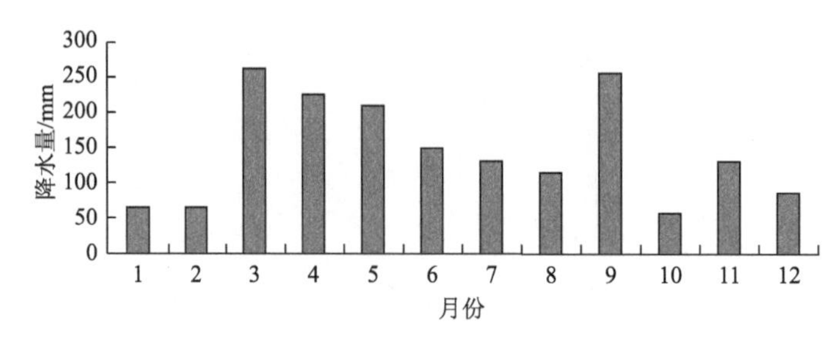

图 2.6　2012 年江西水土保持生态科技园各月降水量

之外，2012 年 3 月和 9 月的降水量最大，水土流失的产生与降雨直接相关，9 月坡耕地裸地小区的侵蚀量最大，7 月和 8 月流失泥沙量也很大，这与 7 月和 8 月单场降雨的雨强大、侵蚀性降雨产生的水土流失量大有关。

2.3.2.3　坡耕地顺坡耕作水土流失特征

图 2.7 为 2012 年江西水土保持生态科技园坡耕地顺坡耕作小区（坡度 10°）径流量和泥沙量各月的观测结果。坡耕地顺坡耕作小区全年产流量为 40.9m^3、产沙量为 828.2kg，经计算，2012 年侵蚀模数为 8282t/（$km^2 \cdot a$），属于极强烈侵蚀，说明在南方红壤区坡耕地采用传统的耕作方式，将产生巨大的水土流失。径流量最大的月份为 3 月，因为降雨强度不大，所以泥沙产生量不是最大。泥沙产生量最大的月份为 9 月，这与 9 月各场雨的雨强大有关，以致产生的径流量大，泥沙的含沙量也较大。而在 1 月、2 月、10～12 月等降水量小的月份（图 2.7），流失泥沙量则很小，每月流失泥沙量都在 1kg 以下。

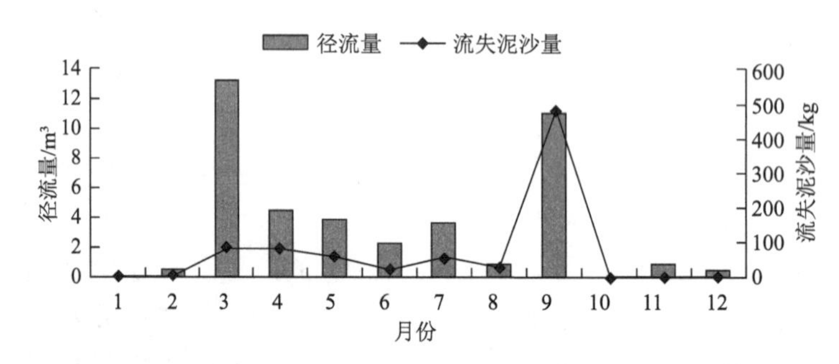

图 2.7　2012 年江西水土保持生态科技园坡耕地顺坡耕作小区各月径流量和泥沙量

2.3.3　不同类型坡地面源污染输出特征

2.3.3.1　不同类型坡地径流中面源污染输出特征

1）荒地径流污染特征

根据对于都县左马小流域荒地径流小区降雨后，径流水的取样和测试分析，作者团队研究荒地水土流失后径流的氮、磷污染特征。取样测试结果表明，2010～2012 年，荒地径流小区产生的径流中总氮浓度在 0.325～6.611mg/L，总磷浓度在 0.020～1.223mg/L，氨氮浓度在 0.016～2.390mg/L。2010～2012 年小区总磷的产生量分别为 2.534g、22.98g 和 4.29g，总氮的产生量分别为 77.64g、171.93g 和 120.96g，氨氮的产生量分别为 26.10g、

24.38g 和 31.84g，总体而言，氮素的负荷产生量大于磷素。从 2.3.2 节分析可以看出，2010～2012 年小区的径流量变化不大，污染负荷的差异则是径流挟带污染物浓度不同而引起的。从总磷来看，如图 2.8 所示，2011 年总磷产生量为 3 年最大，是由 2011 年 6～10 月径流中总磷产生量过高所致，而从这几个月场降雨的取样测试结果来看，这几个月径流中总磷的浓度都很高，平均浓度为 0.810mg/L，大大高于《地表水环境质量标准》的Ⅴ类水水平，因 6 月降水量大、产流多，所以 2011 年 6 月总磷的产生量在这些月份中最大。除 2011 年 6～10 月外，2010～2012 年其他月份总磷的产生量都较小，在 2g 以下。相对于磷素而言，氮素的产生量很大，如图 2.9、图 2.10 所示，其浓度也大多超出了《地表水环境质量标准》的Ⅴ类水水平。对于小区总氮和氨氮的输出而言，其产生量与产流量密切相关，4～6 月的产生量最大。2010～2012 年 4～6 月总氮输出量分别占全年的 60.8%、44.9%和 59.8%。2010～2012 年 4～6 月氨氮输出量分别占全年的 63.3%、57.6%

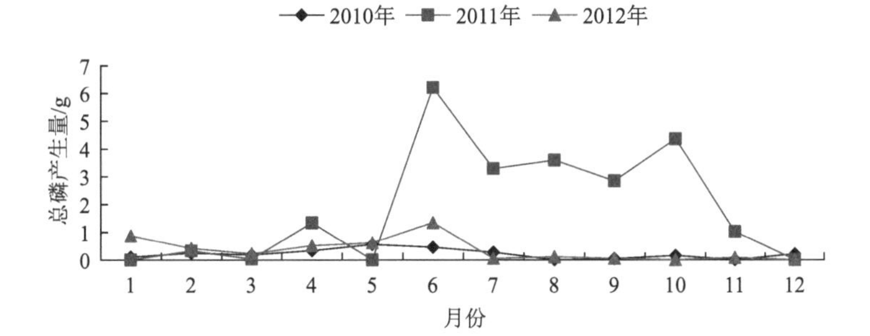

图 2.8　2010～2012 年于都县荒地径流小区总磷各月产生量

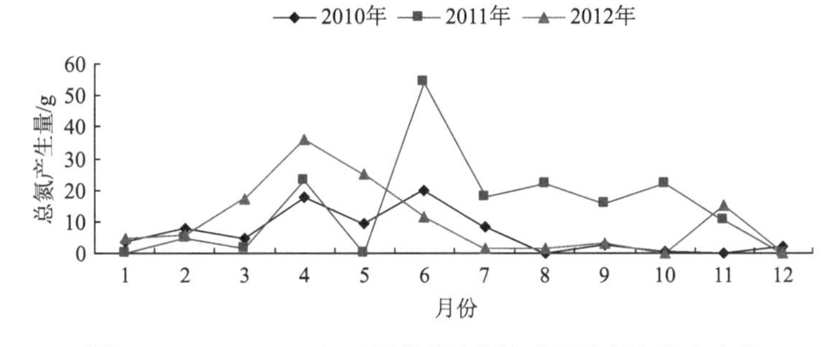

图 2.9　2010～2012 年于都县荒地径流小区总氮各月产生量

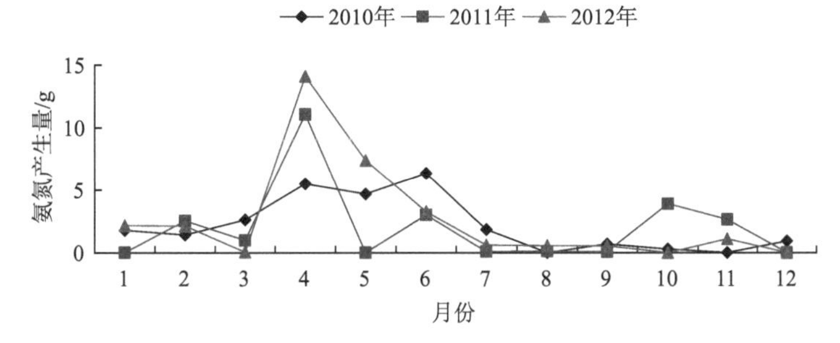

图 2.10　2010～2012 年于都县荒地径流小区氨氮各月产生量

和 77.6%。以上情况说明荒地在雨量和雨强较大时如果不采取水土保持措施，土壤溶质随径流输出能够产生较大的污染。

2）坡耕地裸地径流污染特征

2012 年江西水土保持生态科技园坡耕地裸地小区总氮、氨氮、总磷的全年产生量分别为 65.0g、8.3g、4.5g，径流中总氮、氨氮、总磷的浓度分别为 0.820～6.801mg/L、0.017～1.712mg/L、0.003～2.390mg/L。经计算，各场降雨后总氮、总磷的平均浓度分别为 3.55mg/L、0.35mg/L，均高于《地表水环境质量标准》的Ⅳ类水水平，说明坡耕地中土壤裸露产生的面源污染比较严重。各月总氮、氨氮、总磷产生量如图 2.11、图 2.12 所示，坡耕地裸地小区的氮素产生量与产流量密切相关，3 月和 9 月是氮素产生量最大月，也是产流量最大月；磷素除在 3 月、4 月等产流量较大月份的负荷产生量较大外，其他月份的产生量都相差不大，且产生量远低于氮素。以上说明在坡耕地中，径流污染以氮素随水土流失地表径流输出较为严重。

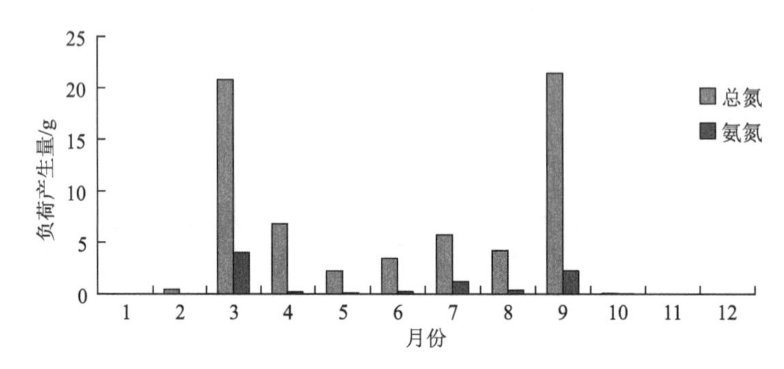

图 2.11　2012 年江西水土保持生态科技园坡耕地裸地小区总氮、氨氮各月产生量

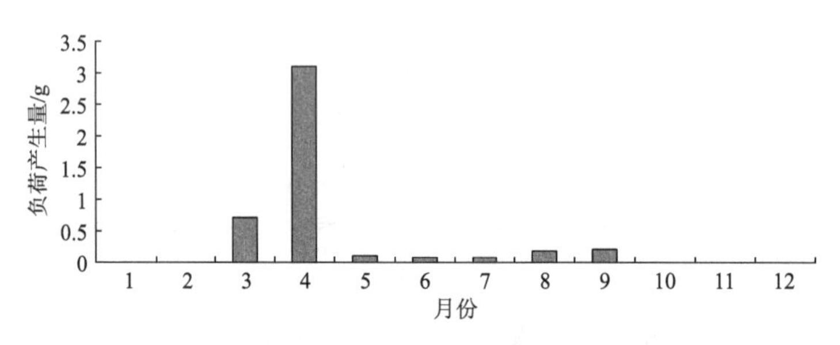

图 2.12　2012 年江西水土保持生态科技园坡耕地裸地小区总磷各月产生量

3）坡耕地顺坡耕作径流污染特征

2012 年江西水土保持生态科技园坡耕地顺坡耕作小区总氮、氨氮、总磷的全年产生量分别为 216.2g、13.9g、5.5g，径流中总氮、氨氮、总磷的浓度分别为 0.969～10.776mg/L、0.001～2.309mg/L、0.016～1.551mg/L。经计算，各场降雨后总氮、总磷的平均浓度分别为 4.77mg/L、0.29mg/L，高于或接近《地表水环境质量标准》的Ⅳ类水水平。从产生量来看，坡耕地顺坡耕作小区的总氮产生量为坡耕地裸地小区的 3.3 倍，氨氮产生量为坡耕地裸地小区的 1.7 倍，总磷产生量也高于坡耕地裸地小区，说明坡耕地中传统的顺坡耕作方式产生的面源污染相当严重。

小区各月总氮、氨氮、总磷产生量如图 2.13、图 2.14 所示，与坡耕地裸地小区相似，坡耕地顺坡耕作小区氮素的产生量与产流量密切相关，3 月和 9 月是氮素产生量最大月，也是产流量最大月；磷素除在产流量较大的 4 月的负荷产生量较大外，其他月份产生量都相差不大，且产生量也远低于氮素。这也说明在坡耕地中，径流污染以氮素随水土流失地表径流输出较为严重。

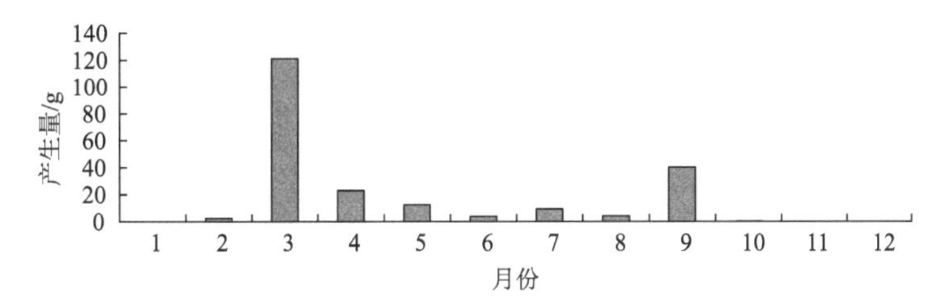

图 2.13　2012 年江西水土保持生态科技园坡耕地顺坡耕作小区总氮各月产生量

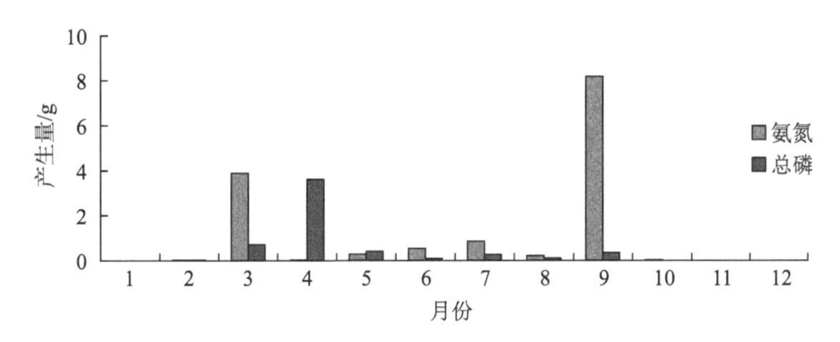

图 2.14　2012 年江西水土保持生态科技园坡耕地顺坡耕作小区总磷、氨氮各月产生量

2.3.3.2　不同类型坡地侵蚀泥沙中面源污染输出特征

1）荒地侵蚀泥沙挟带污染特征

2010～2012 年荒地小区总氮随泥沙挟带输出量分别为 55.5g、37.8g 和 31.9g，总磷随泥沙挟带输出量分别为 27.3g、2737.9g 和 2538.8g，有机质随泥沙挟带输出量分别为 762.9g、16724.5g 和 14996.5g。按小区泥沙挟带的养分流失计算，这三年中总氮、总磷和有机质最大年流失量分别为 0.6t/km^2、27 t/km^2 和 167 t/km^2，说明荒地在无水土保持措施的情况下养分流失和污染输出量大。从图 2.15～图 2.17 可以看出，2010～2012 年总氮、总磷和有机质随泥沙挟带输出量最大月基本是在 4～6 月，也就是降雨集中和水土流失量大

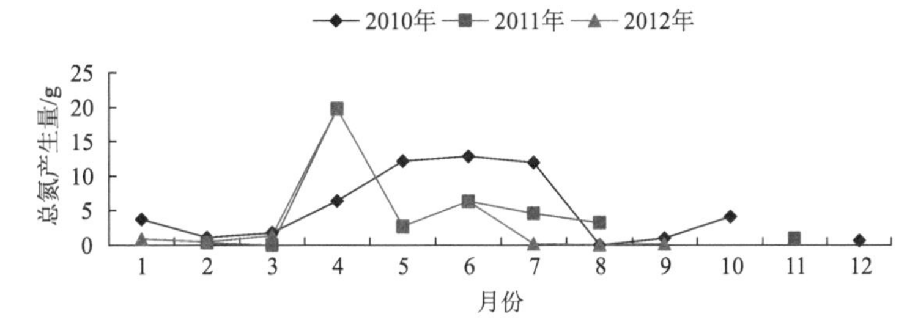

图 2.15　2010～2012 年于都县荒地径流小区总氮各月产生量

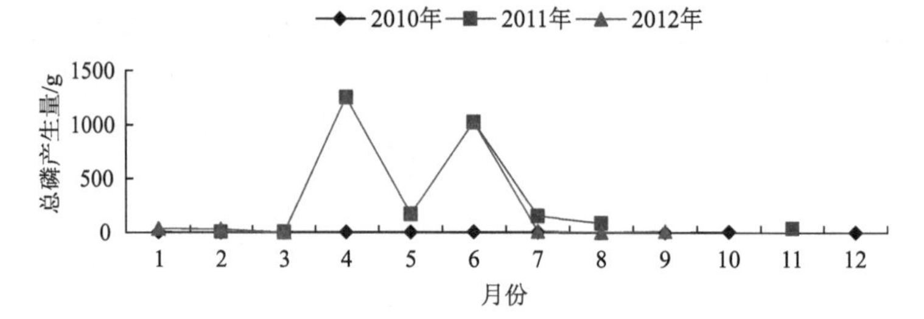

图 2.16　2010～2012 年于都县荒地径流小区总磷各月产生量

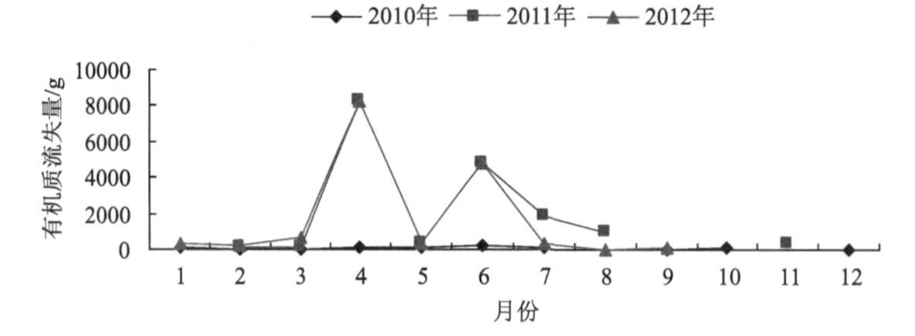

图 2.17　2010～2012 年于都县荒地径流小区有机质各月流失量

的月份。2010～2012 年 4～6 月总氮的输出量分别占全年的 56.5%、76.3%和 90.3%，总磷的输出量分别占全年的 43.3%、89.6%和 96.6%，有机质的输出量分别占全年的 56.5%、80.0%和 89.3%。以上情况说明在雨量和雨强较大时荒地中如果不采取水土保持措施，土壤养分随泥沙输出能够产生较大的污染。

2）坡耕地裸地吸附态氮、磷污染特征

根据对每场降雨后可溶性和吸附态氮、磷元素的取样测试分析，2012 年江西水土保持生态科技园坡耕地裸地小区共产生吸附态氮 20.0g，占总氮产生量的 30.8%；共产生吸附态磷 3.68g，占总磷产生量的 78.9%。2012 年各月可溶性氮与吸附态氮比例、可溶性磷与吸附态磷比例如图 2.18、图 2.19 所示。从图 2.18 和图 2.19 可以看出，各月中氮素以可溶性为主，磷素以吸附态为主。

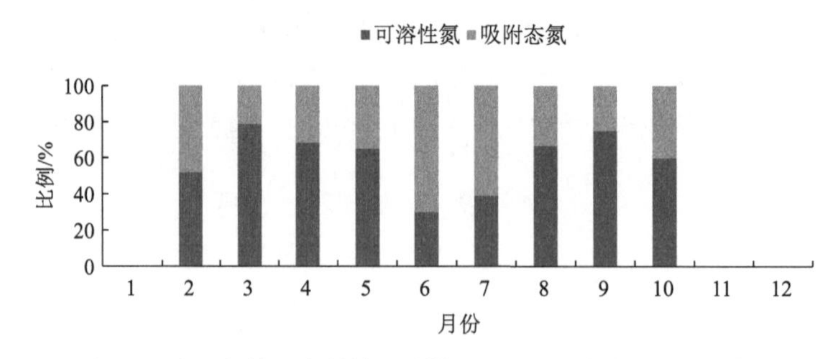

图 2.18　2012 年江西水土保持生态科技园坡耕地裸地小区各月可溶性氮与吸附态氮比例

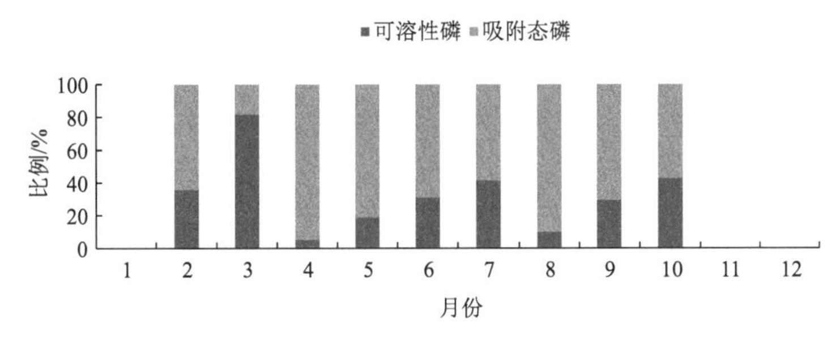

图 2.19　2012 年江西水土保持生态科技园坡耕地裸地小区各月可溶性磷与吸附态磷比例

3）坡耕地顺坡耕作吸附态氮、磷污染特征

2012 年江西水土保持生态科技园坡耕地顺坡耕作小区全年产生吸附态氮占总氮产生量的 23.7%，全年产生吸附态磷占总磷产生量的 71.8%。2012 年各月可溶性氮与吸附态氮比例、可溶性磷与吸附态磷比例如图 2.20、图 2.21 所示。从图 2.20 和图 2.21 可以看出，与坡耕地裸地小区类似，坡耕地顺坡耕作小区各月中氮素以可溶性为主，磷素以吸附态为主。

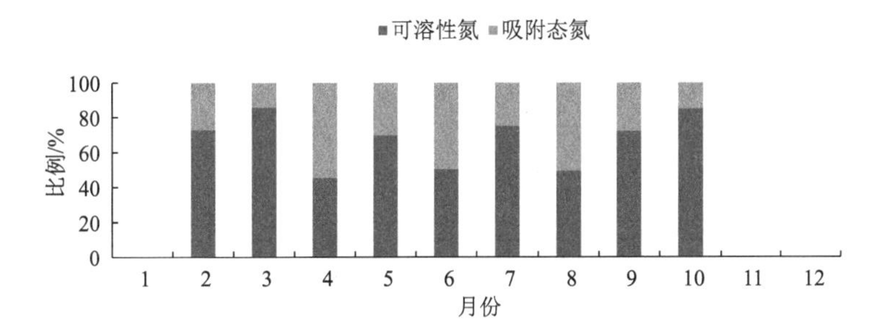

图 2.20　2012 年江西水土保持生态科技园坡耕地顺坡耕作小区各月可溶性氮与吸附态氮比例

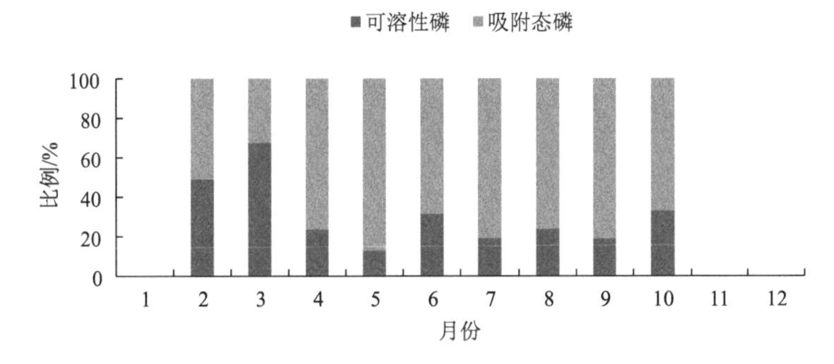

图 2.21　2012 年江西水土保持生态科技园坡耕地顺坡耕作小区各月可溶性磷与吸附态磷比例

2.3.4　小流域面源污染输出特征

于都县左马小流域为典型小流域，以左马小流域为研究对象，通过设立的卡口站对左马小流域产流、产沙情况进行定位观测，经取样和测试分析，监测水质和污染情况。

2.3.4.1　典型小流域径流泥沙特征

统计 2010～2012 年左马小流域的径流量，如图 2.22 所示，2010～2012 年的径流量分别为 2233086m^3、1621561m^3 和 2308236m^3。2010～2012 于都县年降水量分别为 1650mm、1307.5mm 和 1825mm，可以看出小流域的径流量和降水量有一定的相关性，2012 年为三年中降水量最大年，其径流量最大。与江西省主要河流湖泊的特征相似，左马小流域的洪水期主要为 4～6 月，其他月份为枯水期和平水期，2010～2012 年 4～6 月的径流量分别占全年的 57.0%、41.5%和 50.0%，这与左马小流域径流小区观测的小区径流量月际变化类似。

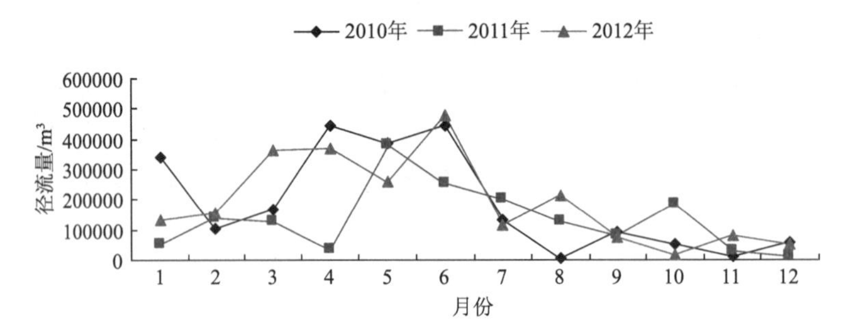

图 2.22　2010～2012 年于都县左马小流域各月径流量

2010～2012 年左马小流域的泥沙量分别为 5469856kg、5196140kg 和 5506377kg，这三年的土壤侵蚀模数分别为 1709t/（km^2·a）、1624 t/（km^2·a）和 1720t/（km^2·a），侵蚀强度都属于轻度侵蚀。各月泥沙量如图 2.23 所示，其月际变化特征与径流小区相类似，与小流域径流量特征一致，在降雨集中的 4～6 月产生的泥沙量大，2010～2012 年 4～6 月的泥沙量分别占全年的 71.3%、40.8%和 53.7%。

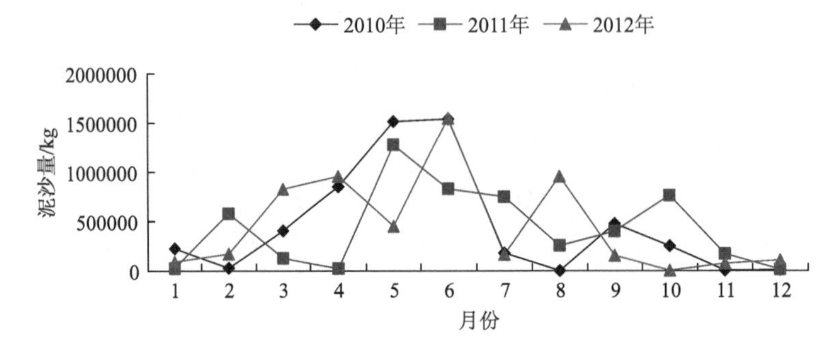

图 2.23　2010～2012 年于都县左马小流域各月泥沙量

2.3.4.2　典型小流域氮、磷面源污染输出特征

从长期采样测试的结果来看，左马小流域总磷浓度大多小于 0.2mg/L，优于Ⅲ类水水平；而总氮浓度大多大于 1mg/L，处于Ⅲ类水和Ⅳ类水之间。根据各月采样测试的水质浓度求平均，作为当月水质的平均浓度，估算左马小流域各月总磷、总氮的负荷产生

量，所得结果如图 2.24、图 2.25 所示。2010～2012 年总磷产生量分别为 385kg、521kg 和 190kg，2010～2012 年总氮产生量分别为 3.90t、3.24t 和 3.45t，因左马小流域基本无点源排放，所以污染物输出以面源污染为主。总的来说，小流域面源污染具有污染发生时间的随机性、发生方式的间歇性、机理过程复杂性、排放途径及排放量的不确定性、污染负荷时空变异性和监测、模拟与控制困难性等特点。

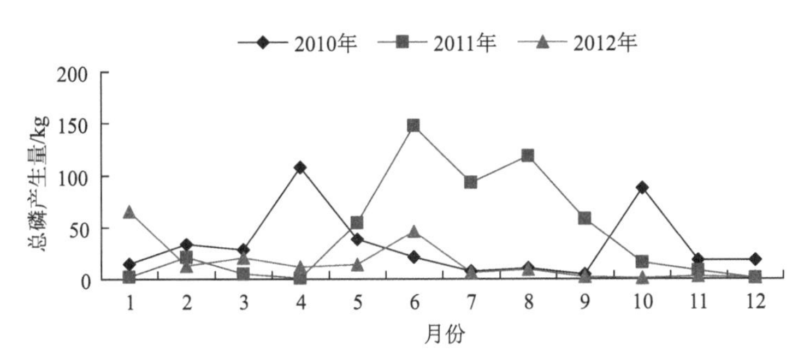

图 2.24　2010～2012 年于都县左马小流域各月总磷产生量

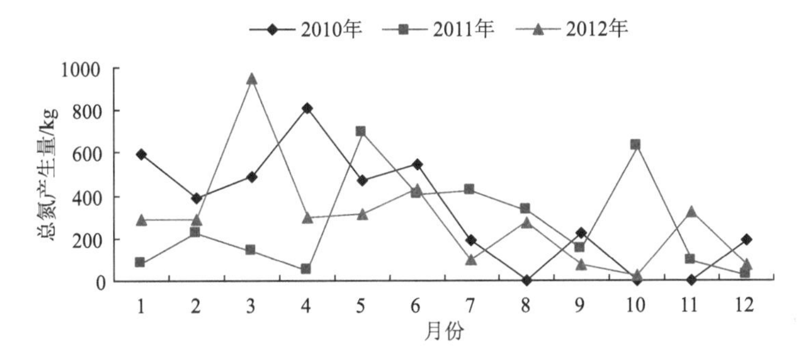

图 2.25　2010～2012 年于都县左马小流域各月总氮产生量

面源污染的产生与土壤侵蚀以及农药、化肥的施用有关，农药、化肥施用之后，在无降水或灌溉时，形成的面源污染十分微弱。从左马小流域总氮、总磷输出的月际变化可以看到，总磷、总氮在 3～9 月降水量大的月份输出量较大，说明在更多的情况下，面源污染直接起因于降水的时间，这也反映出面源污染的滞后性和潜伏性。

2.4　典型区域水土流失与面源污染的关系

2.4.1　鄱阳湖环湖区面源污染估算

2.4.1.1　研究区概况

鄱阳湖位于长江中下游，江西省北部，是中国第一大淡水湖，湖泊平均宽度 16.9km，平均水深 8.4m，多年平均水位 14.0m。20 世纪 90 年代至 2002 年水质仍以Ⅰ、Ⅱ类水为主，进入 21 世纪，特别是 2003 年以后，水质急剧下降，劣于Ⅲ类的水体比例从 2002 年的 0.3%迅速升高到 2006 年的 17.9%。鄱阳湖污染物来源于两方面：一是“五河”入湖河水挟带的污染物，二是湖区产生的污染物。其来源是流域内城市生活污水、厂矿企业工业废水、农业面源与地表径流以及湖区的人类活动。入湖污染物中，以化学需氧量（COD）、总磷、总氮和氨氮为主。

污染负荷中，鄱阳湖环湖区的面源污染占很大比例。鄱阳湖环湖区行政区域包括沿湖的南昌和九江市区、南昌县、新建区、进贤县、余干县、鄱阳县、湖口县、都昌县、庐山市、德安县、共青城市及永修县等，其入湖河流包括赣江、抚河、信江、饶河、修水“五河”以及博阳河、西河等河流。

2.4.1.2 输出系数模型

1）模型简介

20 世纪 70 年代初期，美国、加拿大在研究土地利用-营养负荷-湖泊富营养化关系的过程中，提出并应用了输出系数模型（蔡明等，2004）。英国学者 Johnes（1996）在实际应用中加入了牲畜、人口等因素的影响，使其更为完备，其得到了进一步完善和广泛应用（刘瑞民等，2008）。模型的一般表达式为

$$L_i = \sum_{j=1}^{n} E_{ij} A_j \tag{2.1}$$

式中，i 为污染物类型；j 为流域中营养源的种类，共 n 种；L_i 为污染物 i 在流域的总负荷量，kg；E_{ij} 为污染物 i 在流域第 j 种营养源的输出系数，kg/（km^2·a）；A_j 为第 j 种营养源的数量。

2）输出系数模型的改进

输出系数模型受水文和降雨因素的影响较大，对与面源污染产生有直接关系的降雨、产汇流过程需要考虑（丁晓雯等，2006）。同时，一般来说，流域上产生的污染物数量要大于到达流域出口断面污染负荷量，因为在这个过程中会出现土壤植被的截留、向地下水的渗透、各种生化反应、泥沙吸附、河流降解等，所以模型对流域损失也应该考虑（蔡明等，2004）。引入流域损失系数，即可输出系数模型改进为

$$L_i = \lambda \left\{ \alpha \sum_{j=1}^{n} E_{ij} A_j \right\} \tag{2.2}$$

式中，λ为流域损失系数；α为降雨影响系数。

2.4.1.3 面源污染计算

1）输出系数的确定

根据国内实际情况，结合鄱阳湖污染的特点，确定鄱阳湖面源污染中土地利用、农村生活和畜禽养殖三方面的输出系数，分别用 E_a、E_b 和 E_c 表示。

几乎所有的面源污染来源都与土地利用变化紧密联系，由于过度垦殖、开发建设等人为生产活动的破坏，水土流失严重，水土流失造成了面源污染。作者团队基于参考资料（李根和毛锋，2008；王秀娟等，2009；李兆富等，2007），考虑到水土流失和降雨

的影响，结合江西省国土资料调查结果，将影响鄱阳湖面源污染的土地利用类型分为耕地、园地、林地、草地和建设用地五种类型。农村生活输出系数根据全国污染源普查城镇生活源产排污系数确定。由于鄱阳湖环湖区的畜禽养殖以猪和鸡为主，参考全国污染源普查畜禽养殖源产排污系数和相关参考文献（蔡明等，2004）确定畜禽养殖输出系数。面源污染输出系数见表 2.2。

表 2.2　鄱阳湖环湖区土地利用的面源污染输出系数

参数	土地利用/[t/（km^2·a）]					畜禽/[t/（10^4·ca·a）]		人/[t/（10^4·ca·a）]
	耕地	园地	林地	草地	建设用地	猪	鸡	
COD	4.7	1.5	0.98	2.4	6.7	601.848	8.723	182.5
TN	2.9	0.23	0.19	1	1.6	41.427	0.459	31.12
TP	0.09	0.015	0.005	0.02	0.12	5.256	0.054	2.044
NH_3-N	0.2655	0.1185	—	—	—	4.964	—	25.55

注：1 ca=1 J/K。

2）输出系数模型修正

在水土流失外营力类型中，水力侵蚀与面源污染密不可分。降雨是水土流失的直接动因，影响着土壤侵蚀、产汇流、污染物迁移等过程（李根和毛锋，2008）。式（2.2）中引入降雨影响系数，对输出系数模型进行修正，则能够计算出水土流失面源污染，即

$$\alpha = \frac{R_j}{\overline{R}} \tag{2.3}$$

式中，R_j 为第 j 年的降雨侵蚀因子；$\overline{R}$ 为多年平均降雨侵蚀因子。

降雨侵蚀因子通过式（2.4）计算（Renard et al.，1997）：

$$R_k = 1.735 \times 10^{\left(1.5 \times \lg \frac{P_k^2}{P} - 0.8188\right)} \tag{2.4}$$

式中，R_k 为第 k 月的降雨侵蚀因子；P_k 为当年第 k 月的降水量；P 为年降水量。降雨侵蚀因子则为 12 个月的 R_k 之和。经计算可以得出降雨影响系数 α=0.96。

2.4.1.4　鄱阳湖环湖区面源污染估算

根据以上确定的面源污染输出系数，结合江西省自然资源厅 2008 年土地资源调查数据、《江西统计年鉴（2008）》、环鄱阳湖各县国民经济和社会发展统计公报，可以估算出鄱阳湖环湖区的面源污染。其中土地利用数据采用土地资源调查数据；生活污水计算的人口数采用农业（乡村）人口数；城市生活污水假设全部通过点源排出；畜禽养殖面源污染计算中，南昌和九江市区未计算，假设其全部通过点源排出；畜禽养殖和农村生活污染产生量按流域损失系数折算。

根据以上方法和数据，可计算出 2008 年鄱阳湖环湖区面源污染负荷，计算结果如表 2.3 所示。从计算结果可以看出，2008 年鄱阳湖环湖区面源污染产生量合计，COD 为 204520.70 t，TN 为 35210.24t，TP 为 2224.06t，NH_3-N 为 10696.10t。可见，面源污染产

生量巨大。

表 2.3　鄱阳湖环湖区 2008 年面源污染产生量　（单位：t）

参数	土地利用	畜禽养殖	农村生活	合计
COD	36760.19	104329.60	61899.23	204520.70
TN	16658.89	6962.96	10894.27	35210.24
TP	627.77	876.87	693.27	2224.06
NH_3-N	1229.57	749.41	8665.89	10696.10

2.4.2　区域水土流失与面源污染的关系

2.4.2.1　污染负荷总量分析

由土地利用引起的水土流失面源污染占 COD、TN、TP、NH_3-N 产生量的比例分别 18%、47%、28%和 11%。可见水土流失面源污染在鄱阳湖污染中占了很大比例，特别是 TN、TP 产生量，TN 面源污染中土地利用的产生量最大，说明农用地化肥农药的施用伴随水土流失对鄱阳湖造成较大的污染。鄱阳湖周边及鄱阳湖流域土地利用的变化对鄱阳湖水环境及其调节能力产生重要的影响。土地利用变化导致水土流失和土地沙化程度的变化。由于过去长期毁林开荒、开发建设，包括鄱阳湖区在内的全流域森林植被受到较大破坏，尽管近十多年来加强森林保护和建设，目前仍然存在林种、树种、林分等结构性矛盾，水土流失、土地沙化仍然较为严重。

2.4.2.2　污染产生量时间分布

面源污染产生量受降雨影响很大，与降水量呈正相关。可以估算出鄱阳湖环湖区 2008 年每月面源污染产生量，如图 2.26 所示。其中 6 月面源污染产生量最大，而 4～6 月为鄱阳湖“五河”主汛期，“五河”入湖年最大流量出现在 6 月，占 52.6%（徐德龙等，2001），说明面源污染受鄱阳湖水文特征地表径流影响。

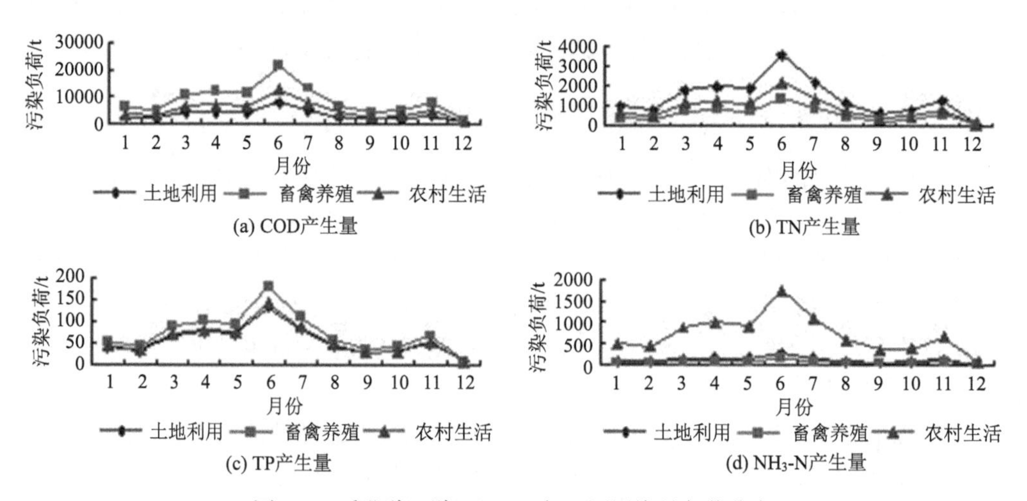

图 2.26　鄱阳湖环湖区 2008 年面源污染月负荷分布

2.4.2.3　污染产生量空间分布

2008年鄱阳湖环湖区各河流及直接入湖面源污染负荷所占比例如图2.27所示，赣江占比最大，COD、TN、TP、NH_3-N分别占面源污染总产生量的31.7%、29.1%、30.9%、26.5%。由于鄱阳湖环湖区处于滨湖地区，直接入湖的面源污染负荷总量均在20%左右。而“五河”带来的污染负荷占了环湖区的大部分，若加入环湖区外由“五河”带来的污染，污染负荷总量将更大，所以鄱阳湖的污染主要是由“五河”产生的。

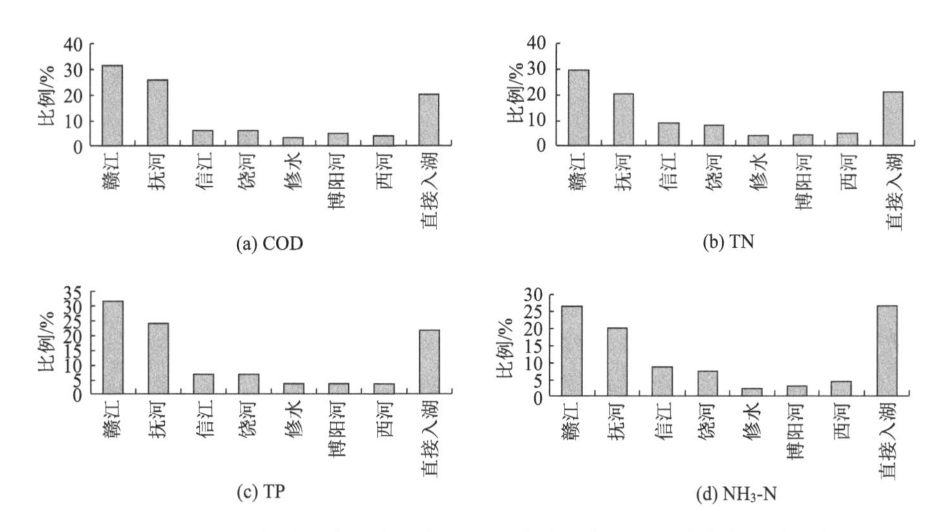

图2.27　2008年鄱阳湖环湖区各河流及直接入湖面源污染负荷所占比例

从2008年基于输出系数模型的估算结果来看，2008年鄱阳湖环湖区面源污染产生量COD为204520.70 t，TN为35210.24 t，TP为2224.06 t，NH_3-N为10696.10 t。面源污染月负荷中6月面源污染产生量最大，空间上赣江产生量最大，鄱阳湖水体污染主要由“五河”产生，不合理的农林开发及农药化肥的施用伴随水土流失对鄱阳湖造成了较大的污染。

参考文献

蔡明, 李怀恩, 庄咏涛, 等. 2004. 改进的输出系数法在流域非点源污染负荷估算中的应用. 水利学报, (7): 40-45.

曹承进, 秦延文, 郑丙辉, 等. 2008. 三峡水库主要入库河流磷营养盐特征及其来源分析. 环境科学, 29(2): 310-315.

丁晓雯, 刘瑞民, 沈珍瑶. 2006. 基于水文水质资料的非点源输出系数模型参数确定方法及其应用. 北京师范大学学报(自然科学版), 42(5): 534-538.

贺缠生, 傅伯杰, 陈利顶. 1998. 非点源污染管理及控制. 环境科学, 19(5): 87-91.

胡宝祥, 马友华. 2008. 水土流失及其对农业非点源污染的影响. 中国农学通报, 24(6): 408-412.

李根, 毛锋. 2008. 我国水土流失型非点源污染负荷及其经济损失评估. 中国水土保持, (2): 9-11.

李兆富, 杨桂山, 李恒鹏. 2007. 西笤溪流域不同土地利用类型营养盐输出系数估算. 水土保持学报, 21(2): 1-4, 34.

刘瑞民, 沈珍瑶, 丁晓雯, 等. 2008. 应用输出系数模型估算长江上游非点源污染负荷. 农业环境科学学报, 27(2): 677-682.

石辉. 1997. 水土流失型非点源污染. 水土保持通报, 17(7): 99-101.

王晓燕. 2003. 非点源污染及其管理. 北京: 海洋出版社.

王秀娟, 刘瑞民, 何孟常. 2009. 土地利用及其变化对松辽流域非点源污染影响研究. 地理科学, 29(4): 555-559.

文军, 骆东奇, 罗献宝, 等. 2004. 千岛湖区域农业面源污染及其控制对策. 水土保持学报, 18(3): 126-129.

吴敬东. 2010. 北京蛇鱼川生态清洁小流域水环境承载力研究. 北京: 北京林业大学.

徐德龙, 熊明, 张晶. 2001. 鄱阳湖水文特性分析. 人民长江, 32(2): 21-22, 27.

杨爱民, 王浩, 孟莉. 2008. 水土保持对水资源量与水质的影响研究. 中国水土保持科学, 6(1): 72-76.

杨新民, 沈冰, 王文焰. 1997. 降雨径流污染及其控制述评. 土壤侵蚀与水土保持学报, 3(3): 58-70.

杨艳霞. 2009. 重庆三峡库区典型小流域面源污染研究. 北京: 北京林业大学.

朱松. 2004. 小流域非点源 N、P 污染排放估算及控制对策研究. 杭州: 浙江大学.

Johnes P J. 1996. Evaluation and management of the impact of land use change on the nitrogen and phosphorus load delivered to surface waters: the export coefficient modeling approach. Journal of Hydrology, (183): 323-349.

Parry R. 1998. Agricultural phosphorus and water quality: a U.S. Environmental Protection Agency perspective. Journal of Environmental Quality, 27(2): 258-261.

Renard K G, Foster G R, Weesies G A, et al. 1997. Predicting Soil Erosion by Water: a Guide to Conservation Planning with the Revised Universal Soil and Loss Equation (RUSLE). Washington D C: National Technical Information Service, United States Department of Agriculture.

第 3 章　水土流失面源污染对水体水质的影响

水土流失面源污染对水体水质的影响分为地表径流污染对水体的影响、营养物质淋溶对水体的影响、营养物质随径流垂向输出对水体的影响、水土流失产生的侵蚀泥沙对水体的影响等，本书通过试验和模拟，主要分析氮、磷两种元素的水土流失面源污染。

3.1　水土流失氮、磷污染物迁移过程

3.1.1　红壤坡面氮、磷输出过程分析与模拟

3.1.1.1　试验小区与方法

试验设在江西水土保持生态科技园坡面径流小区内进行，坡面径流小区设 5m×15m 两个处理小区，分别是百喜草覆盖（百喜草全园覆盖 100%）和裸露（地表完全裸露）对照处理，坡度均为 14°。试验小区土壤为第四纪红黏土，各小区土壤物理性质见表 3.1、表 3.2。通过气象观测站中的虹吸式自记雨量计，记录次降雨过程和降水量；径流过程采用自记水位计测定，由试验站预先率定的公式计算；侵蚀泥沙量通过人工取样烘干法测定；水质数据采用人工取样室内试验测试。

表 3.1　小区土壤结构和土壤水分特征

小区名称	最大持水量/%	毛管持水量/%	田间持水量/%	土壤容重/（g/cm³）	土粒密度/（g/cm³）	孔隙度/%
裸地	34.55	30.66	19.14	1.35	2.53	41.39
草地	44.82	35.04	27.42	1.19	2.55	41.70

表 3.2　小区土壤机械组成　　（单位：%）

小区名称	土壤颗粒组成						砂粒含量	粉粒含量	黏粒含量
	0.1～5mm	0.05～0.1mm	0.01～0.05mm	0.002～0.01mm	0.001～0.002mm	＜0.001mm	0.05～5mm	0.002～0.05mm	＜0.002mm
裸地	3.01	0.78	37.27	24.18	5.30	29.46	3.79	61.45	34.76
草地	3.10	2.30	35.26	25.21	6.32	27.81	5.40	60.47	34.13

试验时间为 2013 年 5～7 月，选取了两场具有代表性的典型性降雨来研究不同降雨条件下红壤坡地的氮、磷流失过程与特征。降雨产流后依据降雨强度大小对各时段产流

水样进行氮、磷养分和泥沙浓度分析，并对次降雨下的降水量、径流量进行观测与计算。

3.1.1.2 坡面氮、磷输出过程分析

2013 年雨季，作者团队对裸地和草地进行了两次降雨地表径流氮、磷浓度输出过程监测，图 3.1 为其中两次典型降雨氮、磷浓度输出演变过程。监测结果显示，裸地和草地的氮、磷输出降雨初期浓度较高，之后下降或平稳，后期抬升至基流浓度。氮、磷浓度随着降雨径流经历了上升—下降—平稳—上升演变过程。这是因为降雨初期侵蚀作用起主导作用，随着降雨的持续，稀释作用逐渐起到主导作用，后期径流量少，淤积的污染物使得氮、磷浓度上升。草地的氮、磷浓度输出显著低于裸地，且较裸地随雨强的变化过程响应不灵敏。

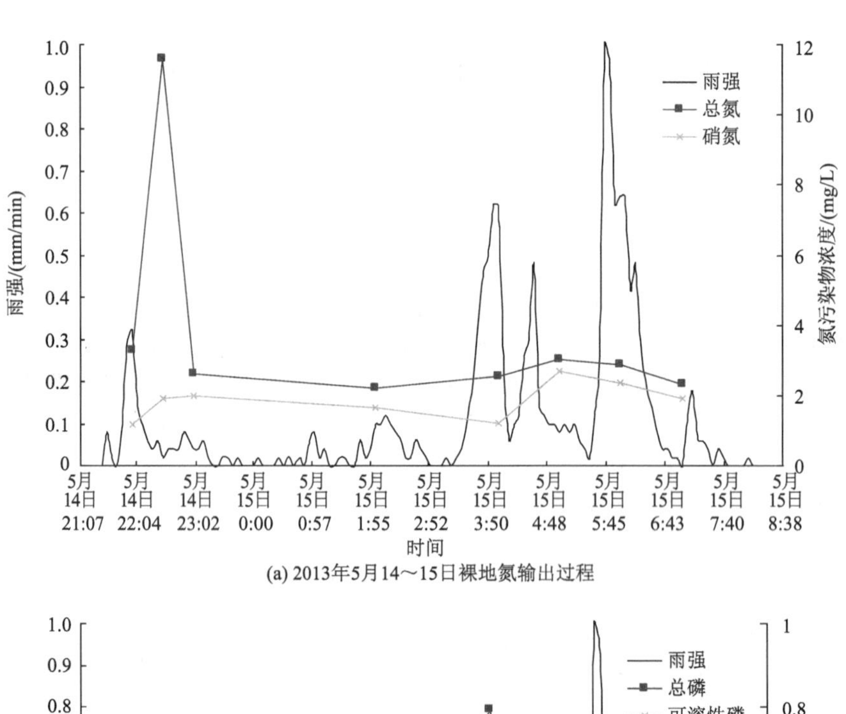

(a) 2013年5月14～15日裸地氮输出过程

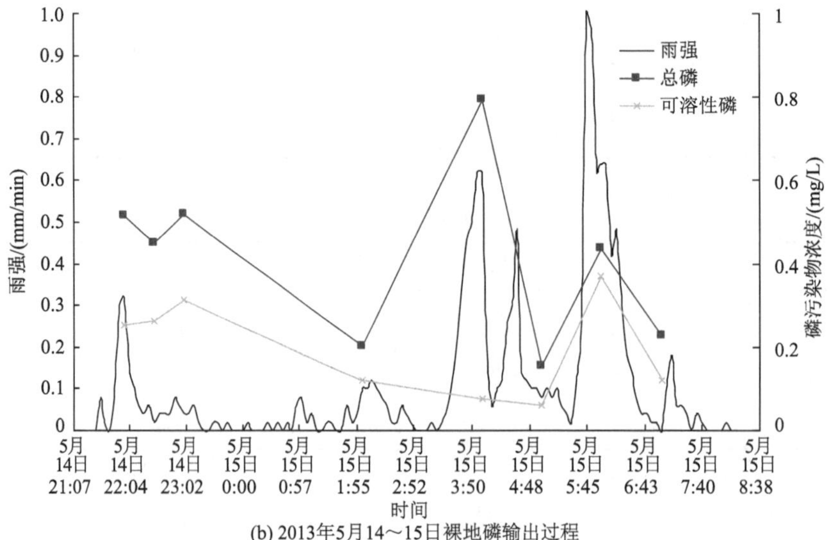

(b) 2013年5月14～15日裸地磷输出过程

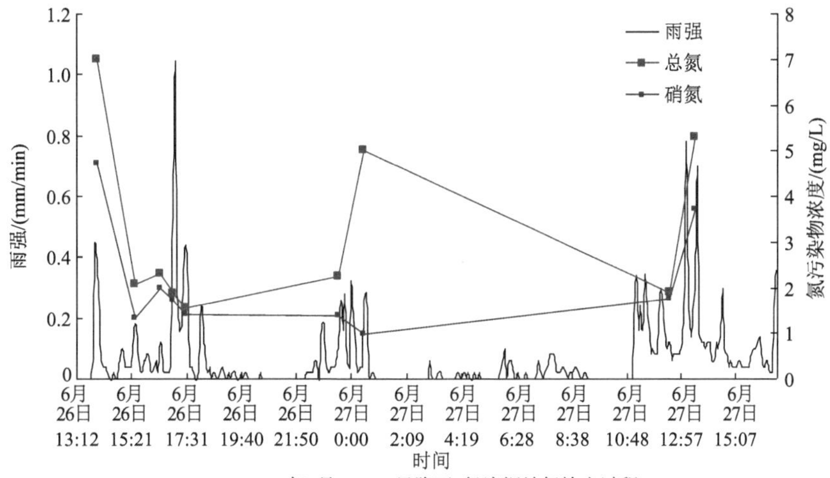

(c) 2013年6月26～28日降雨-径流裸地氮输出过程

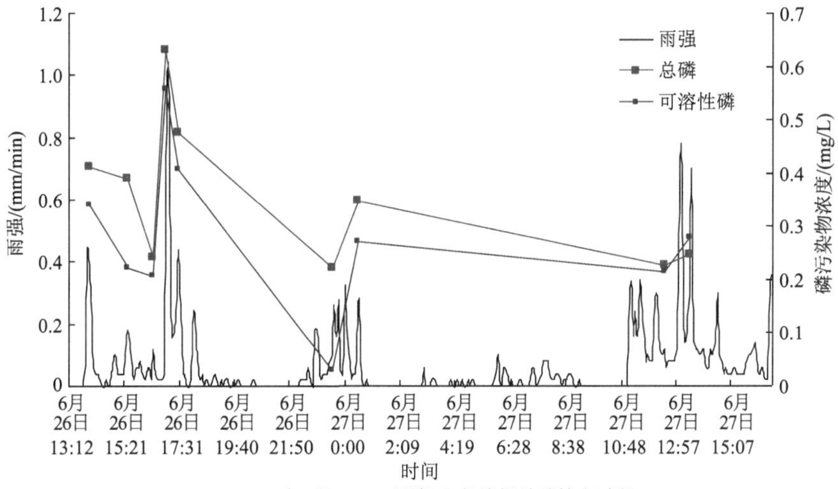

(d) 2013年6月26～28日降雨-径流裸地磷输出过程

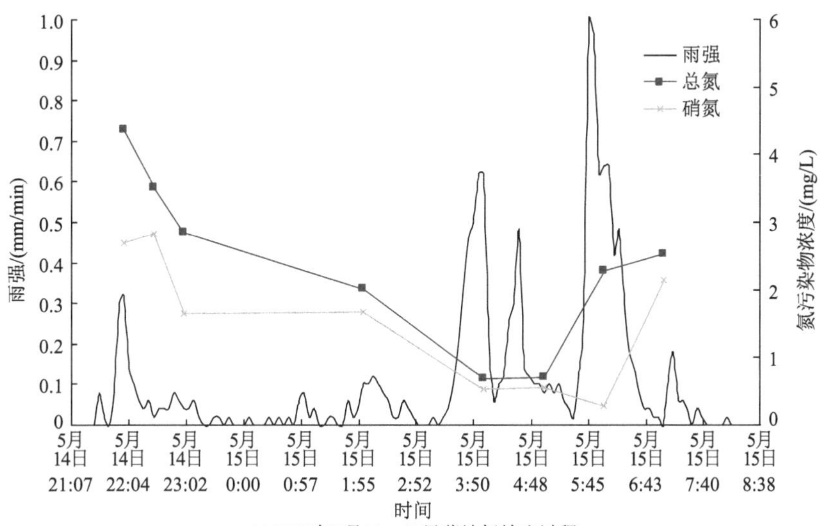

(e) 2013年5月14～15日草地氮输出过程

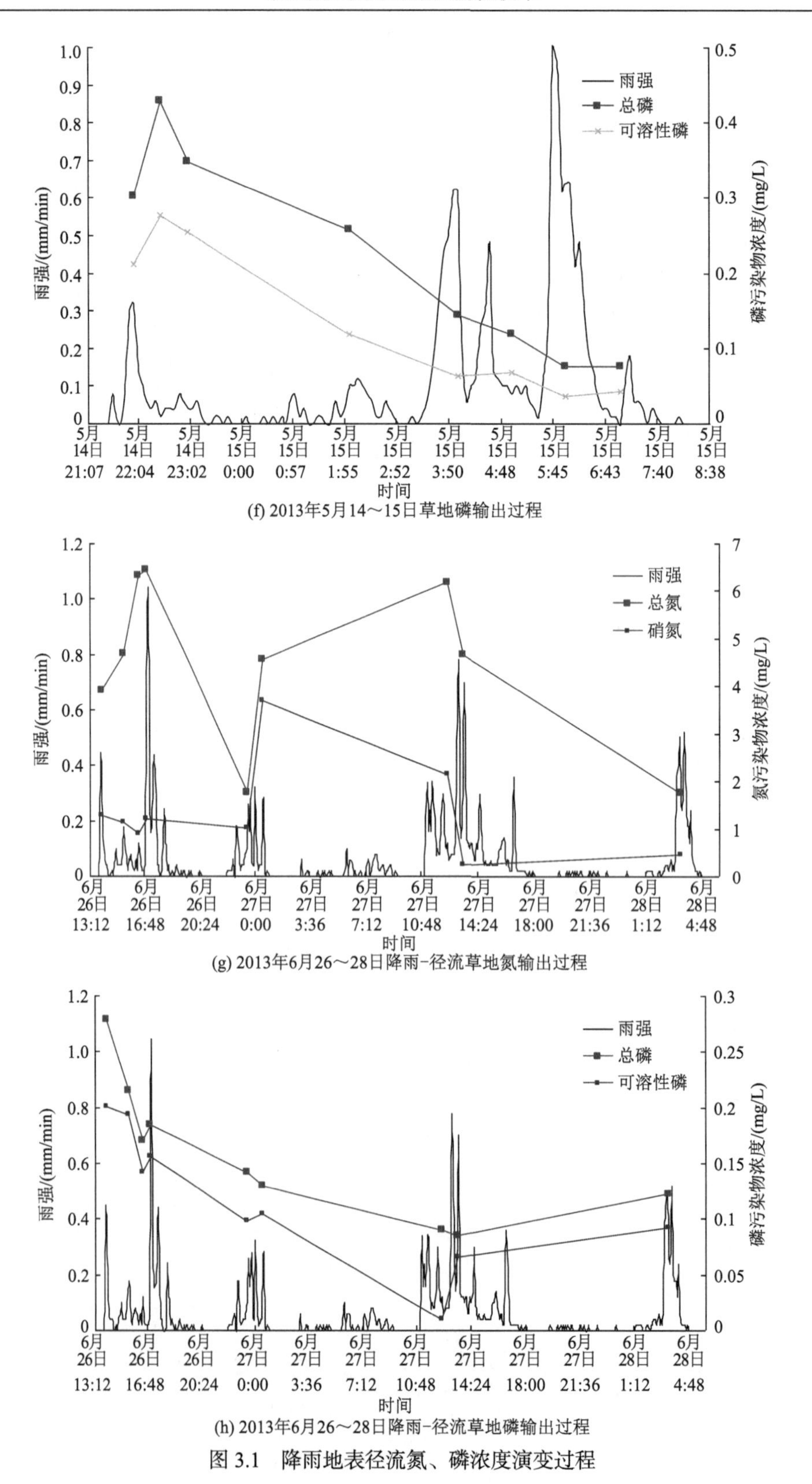

(f) 2013年5月14～15日草地磷输出过程

(g) 2013年6月26～28日降雨-径流草地氮输出过程

(h) 2013年6月26～28日降雨-径流草地磷输出过程

图 3.1　降雨地表径流氮、磷浓度演变过程

裸地和草地的可溶性磷浓度变化过程和总磷的变化过程均具有很好的相关性，它们的 Pearson 相关系数均在 0.881 以上，其中裸地的可溶性磷浓度和总磷浓度 Pearson 相关系数可达 0.975。裸地可溶性磷占总磷的 51.61%～77.57%，草地可溶性磷占总磷的 57.30%～71.55%，且该比例草地较裸地随降雨变化幅度小，可溶性磷是地表径流磷流失的主要形态。

裸地硝态氮为地表径流氮流失的主要形态，其可占总氮的 63.38%～71.69%。在 6 月 26～28 日的降水事件中，草地硝态氮占总氮比例平均为 32.78%，5 月 14～16 日的降水事件中平均为 67.25%。降水量影响氮素的流失形态。

3.1.1.3　坡面氮、磷输出过程模拟

完整的土壤溶质随地表径流迁移的模型一般由 3 个子模型构成：①降雨径流模型，用来描述各类流域和积水区的产汇流问题，即推求净雨、流量过程和径流总量。②侵蚀和泥沙输移模型，用来描述流域产沙和输沙过程。③土壤溶质随地表径流迁移模型，用来研究在雨滴打击和径流冲刷作用下，土壤溶质向地表径流传递并随地表径流迁移的过程，此模型的最终目的是模拟出口断面溶质浓度和质量变化的过程。

1）模型建立

A. 土壤水分入渗模型

随着数值模拟方法在土壤入渗研究方面的不断应用，许多学者通过直接求解土壤水分运动方程，得到土壤入渗过程。更有一些学者探讨了土壤入渗的二维过程。这些方法可以得到比较详细的土壤水分运动方程，但计算较为复杂，所需参数的获取也较为困难，目前虽然被广泛地应用于土壤水分运动的模拟计算，但在产流和侵蚀计算中尚未被广泛使用。本书采用形式简单、物理概念明晰的 Green-Ampt 入渗模型。

Green-Ampt 入渗模型基本形式为

$$f=\frac{\mathrm{d}F}{\mathrm{d}t}=K_{\mathrm{s}}\left(1+\frac{N_{\mathrm{s}}}{F}\right) \tag{3.1}$$

$$F=K_{\mathrm{s}}t+N_{\mathrm{s}}\ln\left(1+\frac{F}{N_{\mathrm{s}}}\right) \tag{3.2}$$

$$N_{\mathrm{s}}=S(\theta_{\mathrm{s}}-\theta_0) \tag{3.3}$$

式中，f 为入渗速率，m/s；K_{s} 为土壤饱和导水率（渗透系数），m/s；θ_{s} 为土壤饱和含水量，即有效孔隙率，%；θ_0 为土壤初始含水量，%；S 为土壤吸力，m；F 为累积入渗量，m；t 为时间，s；N_{s} 为土壤有效基质势，m。

Green-Ampt 入渗模型是干土积水入渗模型，其前提是在整个入渗过程中地表始终有积水。而实际降雨很难满足此假设条件，因而在实际应用时受到限制。Mein 和 Larson（1973）将其推广应用至降雨入渗的情况，使其应用到恒定雨强条件下的入渗计算。设雨强恒为 p，在降雨初始阶段，全部降雨入渗地下；当 p 大于土壤入渗能力时，地表才开始积水。在计算累积入渗量时，由于不是降雨开始时即有积水，故应将无积水的入渗时间换算到有积水的时间。这样，从降雨开始，换算的积水入渗时间 t_{c} 为

$$t_c = t + \frac{F_p - S(\theta_s - \theta_0)\ln\left[1 + \frac{F_p}{S(\theta_s - \theta_0)}\right]}{k} - t_p \tag{3.4}$$

式中，F_p为有积水的累积入渗量，当$f = p$时，可由 Green-Ampt 入渗模型导出，即$F_p = \frac{(\theta_s - \theta_i)S}{(p/k) - 1}$；$t_p$为开始积水的时间，可由$t_p = F_p / p$给出；其余符号意义同上。

非恒定降雨条件下的累积入渗量计算公式为

$$F = kt_c + N_s \ln\left(1 + \frac{F}{N_s}\right) \tag{3.5}$$

因此整个过程的入渗可表示为

$$\begin{cases} f = p & t \leqslant t_p \\ f = k\left[1 + (\theta_s - \theta_i)S / F\right] & t > t_p \end{cases} \tag{3.6}$$

Mein 和 Larson（1973）的最大贡献就是将 Green-Ampt 入渗模型推广到降雨入渗计算中。但是它要求雨强为恒定值，这显然不符合实际降雨情况，因此 Chu（1978）将 Mein 和 Larson（1973）改进的 Green-Ampt 入渗模型再进行推广，提出了变雨强条件下的入渗模型。其基本思路是，首先将降雨分成若干计算时段，然后将每个计算时段的地表状态分为 4 种情况：①开始无积水，结束无积水；②开始无积水，结束有积水；③开始有积水，结束有积水；④开始有积水，结束无积水。当前时段内状态只能取 4 种情况之一。在每个时段针对某种情况应用 Green-Ampt 入渗模型进行计算，从而可以得到整个降雨过程的入渗规律。

B. 坡面产流模型

运动波近似理论在大多数情况下可以很好地描述坡面流运动过程，且计算简单。因此本书仍采用一维运动波理论，即坡面流基本方程为

$$\begin{cases} \frac{\partial h}{\partial t} + \frac{\partial q}{\partial x} = p\cos\alpha - f \\ q = \frac{1}{n} h^{5/3} S_0^{1/2} \end{cases} \tag{3.7}$$

式中，x为沿坡面向下的坐标；t为时间，s；h为水深，m；q为单宽流量，m^2/s；p为降雨强度，m/s，此处假设降雨方向垂直向下；f为入渗率，m/s；S_0为坡面坡度，$S_0 = \sin\alpha$；α为坡面倾角；n为 Mannin 糙率系数。

若令$m = \frac{5}{3}$，$a = \frac{1}{n} S_0^{\frac{1}{2}}$，$q(x,t) = p\cos(-i)$，则由式（3.7）可得

$$\frac{\partial h}{\partial t} + amh^{m-1}\frac{\partial h}{\partial x} = q(x,t) \tag{3.8}$$

式（3.8）中仅当$q(x,t)$为常数时才有解析解，在坡面降雨产流过程中，因雨强和下垫面条件的不均匀性$q(x,t)$变化很大，不为常数，因而只能求其数值解。

根据有限差分原理，采用四点隐式差分方法求解式（3.8），得

$$
\begin{aligned}
&h_{j+1}^{i+1}-h_{j+1}^{i}+h_{j}^{i+1}-h_{j}^{i}+am\frac{2\Delta t}{\Delta x}\{\theta[(h_{j+1}^{i+1})^{m}-(h_{j}^{i+1})^{m}]+(1-\theta)[(h_{j+1}^{i})^{m}-(h_{j}^{i})^{m}]\}\\
&-\Delta t(\overline{q}_{j+1}+\overline{q}_{j})=0
\end{aligned}
\tag{3.9}
$$

式中，θ 为权重系数，$0\leqslant\theta\leqslant1.0$，从计算格式稳定性出发，$\theta$ 宜采用大于 0.5 的值，最好取 $0.6\leqslant\theta\leqslant1.0$。

对于小区而言，初始条件和边界条件为

$$
\begin{cases}
h(0,\mathrm{t})=0 & t>0\\
h(x,0)=0 & 0\leqslant x\leqslant L\\
q(x,t)=0 & t>T\\
q(x,t)=q(x) & 0\leqslant t\leqslant T
\end{cases}
\tag{3.10}
$$

式中，T 为降雨历时；q（x）为净雨过程；L 为小区长度。

C. 土壤侵蚀模型

采用欧洲土壤侵蚀模型模拟坡面土壤侵蚀速率及坡面水流与细沟水流的输沙能力。

$$
\frac{\partial(AC_{\mathrm{s}})}{\partial t}+\frac{\partial(QC_{\mathrm{s}})}{\partial x}-e(x,t)=q(x,t) \tag{3.11}
$$

$$
e=e_{\mathrm{s}}+e_{\mathrm{h}} \tag{3.12}
$$

式中，C_{s} 为泥沙浓度；Q 为径流量；A 为断面面积；e 为泥沙侵蚀速率；q 为细沟侵蚀速率；e_{s} 为溅蚀；e_{h} 为水流侵蚀。

$$
\begin{cases}
e_{\mathrm{s}}=C_{\mathrm{f}}k(h)r^{2} & q>0\\
e_{\mathrm{s}}=0 & q\leqslant0
\end{cases}
\tag{3.13}
$$

$$
k(h)=\mathrm{e}^{-C_{\mathrm{h}}h} \tag{3.14}
$$

式中，C_{f} 为土壤溅蚀系数；C_{h} 为水流减蚀系数。

$$
e_{\mathrm{h}}=C_{\mathrm{g}}(C_{\mathrm{m}}-C_{\mathrm{s}})A \tag{3.15}
$$

式中，C_{m} 为泥沙平衡浓度；C_{g} 为泥沙迁移系数。

$$
C_{\mathrm{m}}=\frac{uu_{*}^{3}}{2g^{2}dh(\gamma_{\mathrm{s}}-1)^{2}} \tag{3.16}
$$

$$
u_{*}=\sqrt{ghS} \tag{3.17}
$$

式中，u 为流速；d 为颗粒直径；γ_{s} 为悬浮颗粒相对密度；h 为水深。

D. 氮、磷输出过程模型

根据质量守恒原理，坡面氮、磷素迁移方程为

$$
\frac{\partial(hC_{\mathrm{tr}})}{\partial t}+\frac{\partial(qC_{\mathrm{tr}})}{\partial x}=k(C_{\mathrm{s}}-C_{\mathrm{r}})+e(\frac{\theta}{\rho}C_{\mathrm{s}}+C_{\mathrm{as}})+pC_{\mathrm{p}}-fC_{\mathrm{r}} \tag{3.18}
$$

$$
C_{\mathrm{tr}}=C_{\mathrm{r}}+C_{\mathrm{on}}C_{\mathrm{ar}} \tag{3.19}
$$

式中，C_{tr} 为地表径流中氮、磷浓度；C_r 与 C_{ar} 分别为地表径流中溶解态氮、磷与吸附态氮、磷浓度；C_s 与 C_{as} 分别为表层土壤中溶解态氮、磷与吸附态氮、磷浓度；C_p 为降水中氮、磷浓度；k 为由浓度梯度导致的溶解态氮、磷自表层土壤向地表径流的扩散系数，可用 Wallach 等（1988）推导的方程计算；e 为土壤侵蚀速率；θ 为土壤容积含水率；ρ 为土壤干重度；C_{on} 为地表径流含沙量。

式（3.18）中，等号右侧第 1 项为溶解态氮、磷自表层土壤溶液向坡面径流的迁移过程，土壤溶液与坡面流间的边界层水力特性和氮、磷浓度梯度决定了该过程的速率；等号右侧第 2 项为土壤侵蚀导致的氮、磷迁移过程，其速率主要取决于土壤侵蚀速率和吸附于土壤颗粒表面的氮、磷含量及土壤孔隙水中溶解态氮、磷浓度；等号右侧第 3 项、第 4 项分别为降水与下渗过程所导致坡面径流中氮、磷含量的变化。

溶解态氮、磷在土壤中的迁移主要取决于下渗与扩散过程，可采用一维对流-扩散方程描述：

$$\frac{\partial C_{ts}}{\partial t} = \frac{\partial}{\partial z}\left(D_s \frac{\partial C_s}{\partial z} - iC_s\right) \tag{3.20}$$

$$C_{ts} = \theta C_s + \rho C_{as} \tag{3.21}$$

$$D_s = \frac{\theta^{\frac{10}{3}}}{\phi^2} D_w \tag{3.22}$$

式中，C_{ts} 为土壤中氮、磷浓度；D_s 为氮、磷在土壤中的扩散系数；z 为土壤垂向深度；ϕ 为土壤孔隙度；D_w 为氮、磷在水中的扩散系数。

式（3.20）的初始条件为 $C_s = C_0$，边界条件为

$$iC_s - D_s \frac{\partial C_s}{\partial z} = iC_p \quad z = 0,\ 0 < t < t_p \tag{3.23}$$

$$iC_s - D_s \frac{\partial C_s}{\partial z} = iC_r - k(C_s - C_r) \quad z = 0,\ t > t_p \tag{3.24}$$

$$\frac{\partial C_s}{\partial z} = 0 \quad z = \infty \tag{3.25}$$

式中，C_0 为初始土壤溶解态化学物浓度。

式（3.20）采用 Crank-Nicholson 中心差分格式求解。

2）模型验证

土壤初始含水量、土壤机械组成、坡度、土壤孔隙分布、表土层厚度等则通过直接测量获得。率定参数主要包括饱和导水率（k_s）、曼宁系数（n）、毛细管张力（G）、雨滴溅蚀系数（C_f）、土壤聚合系数（COH）、初始土壤溶解态化学物浓度（C_0）、氮磷吸附系数（k）、氮磷扩散系数（D_s）。模拟径流过程时通过不断改变输入参数，并与实际观测结果进行比较，从而确定各参数值。模型检验采用模型修正后参数模拟降雨事件试验，并与实测数据对比，模拟结果见图 3.2。模拟效果用模型效率（model efficiency，ME）系数来评价：

$$\mathrm{ME}=1-\frac{\sum_{i=1}^{n}(Q_i-p_i)^2}{\sum_{i=1}^{n}(Q_i-\overline{Q})^2} \tag{3.26}$$

式中，Q_i 为实测值；p_i 为模拟值；$\overline{Q}$ 为实测值均值；n 为资料长度。

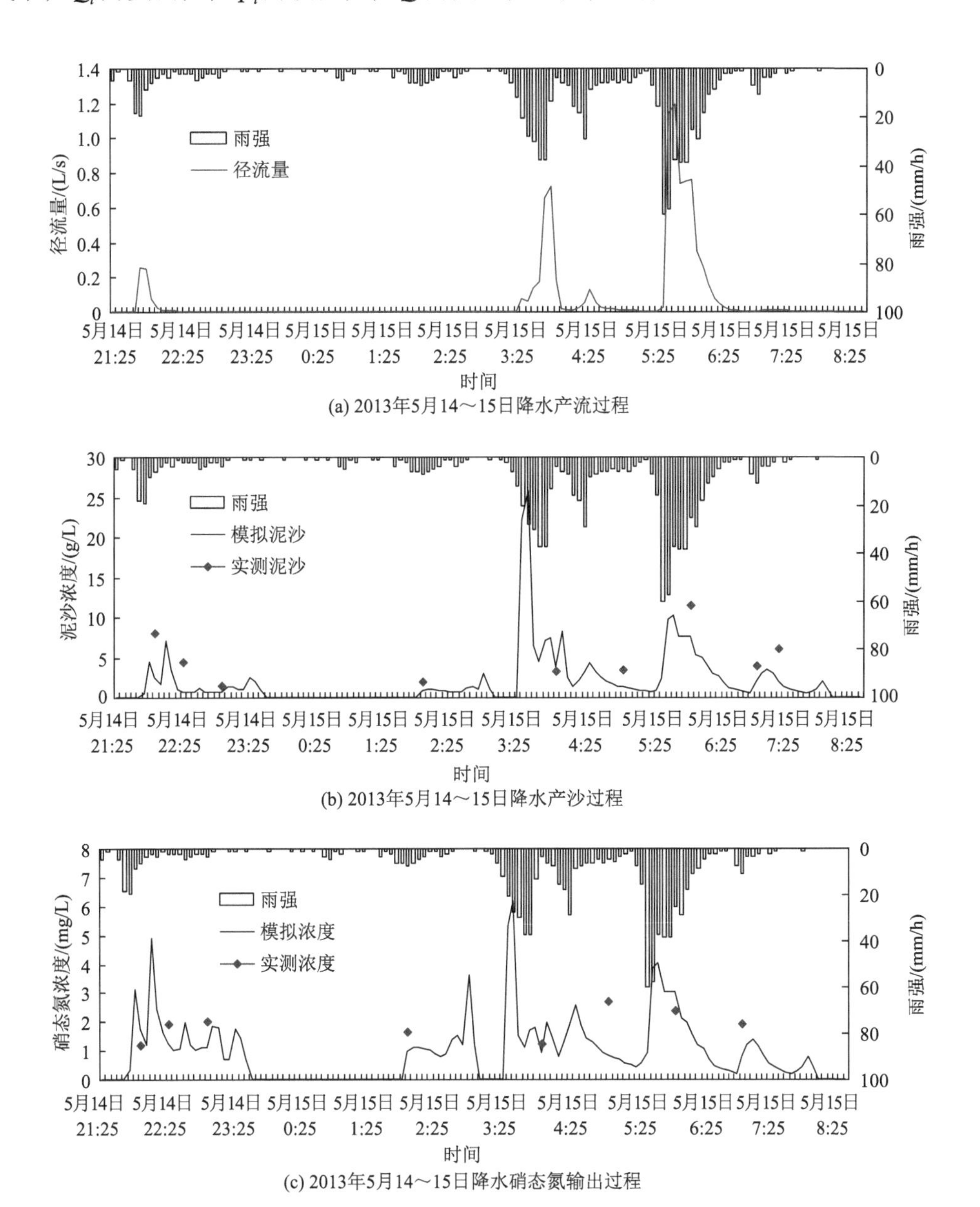

(a) 2013年5月14～15日降水产流过程

(b) 2013年5月14～15日降水产沙过程

(c) 2013年5月14～15日降水硝态氮输出过程

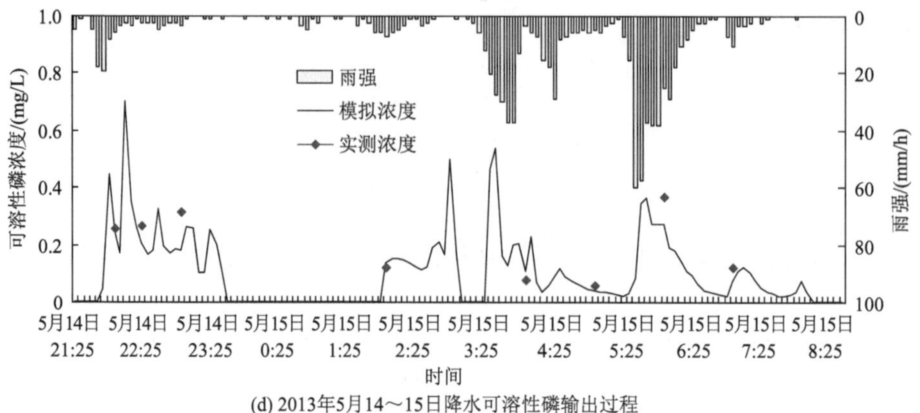

(d) 2013年5月14～15日降水可溶性磷输出过程

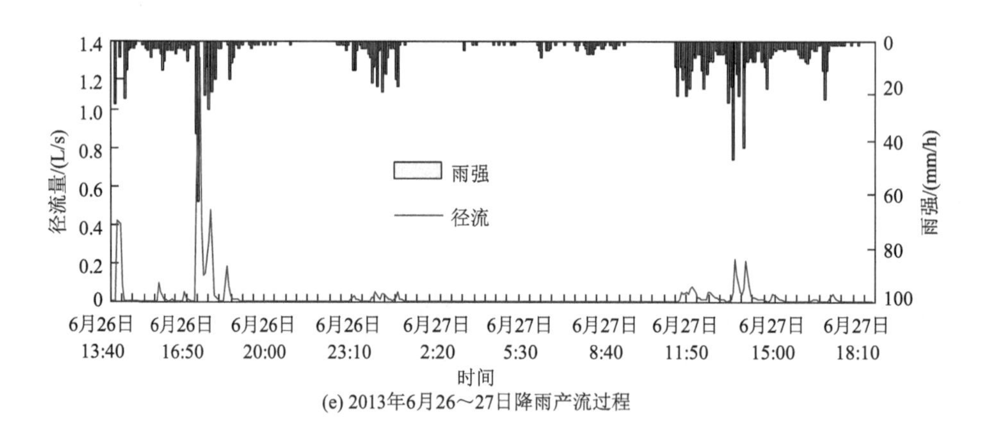

(e) 2013年6月26～27日降雨产流过程

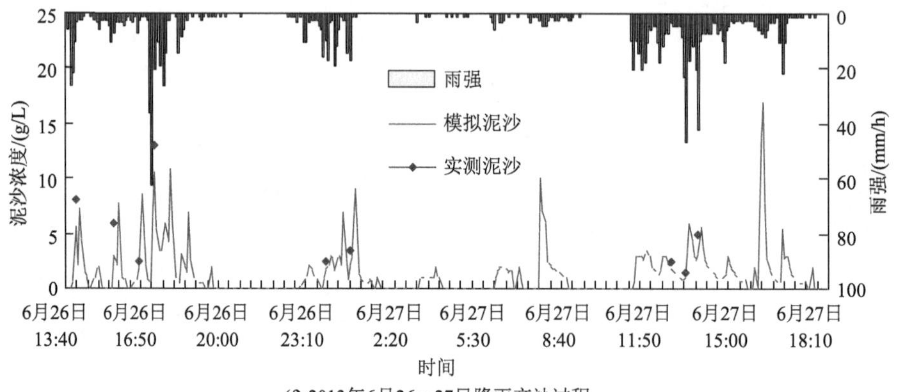

(f) 2013年6月26～27日降雨产沙过程

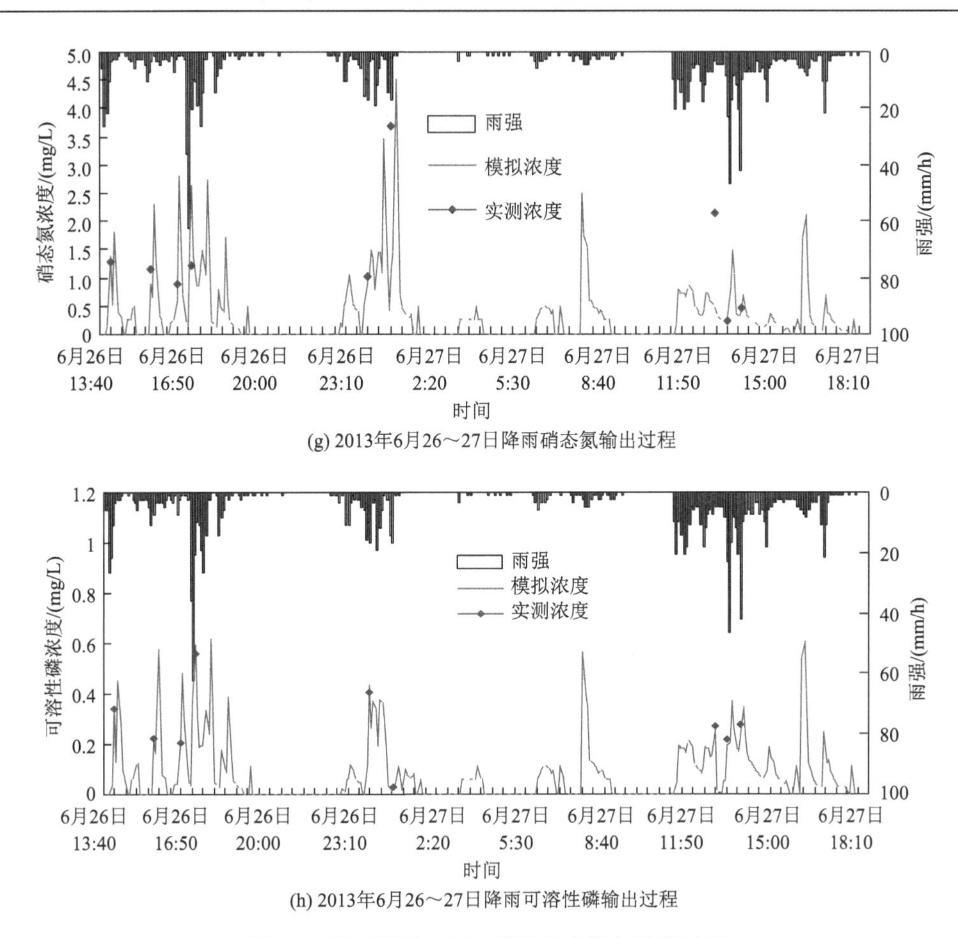

(g) 2013年6月26～27日降雨硝态氮输出过程

(h) 2013年6月26～27日降雨可溶性磷输出过程

图3.2　坡面泥沙、氮、磷输出实测与模拟过程

结果表明，采用该模型水文曲线模拟值与实测值吻合。对于泥沙和氮、磷浓度，模型模拟结果在大多数时间内与实测值存在一些差异，尤其是降雨初期，降雨后期这种差异较小，率定期与验证期模型效率系数均在0.74以上。实际上，侵蚀率模拟精度差是大多数侵蚀模型普遍存在的缺陷，Folly等（1999）也同样发现对径流模拟效果要优于对侵蚀的模拟。

3）氮磷输出过程

由式（3.20）和模拟结果可以看出，地表径流中氮、磷等化合物浓度与降雨、下渗、侵蚀及化学物扩散过程之间均存在密切的联系。雨强增大对坡面径流中氮、磷浓度的影响主要表现在四方面：①降水动能加大，雨滴溅蚀能力增强，被侵蚀土壤颗粒上的吸附态氮、吸附态磷以及土壤溶液中的溶解态氮、溶解态磷加速进入地表径流；②产流时间提前，表层土壤中溶解态氮、溶解态磷随降水入渗过程向土壤下层迁移的时间缩短，产流期间表土中氮、磷含量相对较高，在水流侵蚀作用下进入地表径流的土壤颗粒上吸附的氮、磷量较多，同时溶解态氮、溶解态磷自土壤溶液向地表径流的扩散速度也较快；③坡面径流流速增大，水流的侵蚀与挟沙能力增加，侵蚀速度加快，土壤中吸附态与溶解态氮、磷以更快的速度进入坡面流；④坡面径流流量增加，径流中溶解态与吸附态氮、磷浓度相对降低。因此，雨强变大时，地表径流中溶解态或吸附态氮、磷浓度既可能增大，又可能减小或没有明显变化。图 3.2 中后期硝态氮浓度随雨强增大而低于降雨前期的原因是由雨强增大引起的硝态氮自土壤表层进入径流的速率低于径流本身的增加速率。因此，坡面径流氮、磷浓度同时存在“稀释效应”和“富集效应”。

3.1.2　流域水沙运动对污染物输移作用

3.1.2.1　流域径流泥沙对降水的响应

赣江流域内的 9 个降水站的平均值作为流域降水，外洲站径流、泥沙作为流域径流和泥沙输出。赣江流域降水与径流关系十分密切，降水强度和降水量均与径流量有着很好的正相关关系，相关系数分别为 0.828 和 0.922，均达到 99%的显著性水平。分析结果表明，赣江流域入湖径流量不仅与降水量有关，而且与降水强度有密切关系。对月平均降水量和径流量进行拟合的结果是二者基本为指数函数关系（图 3.3），其表达式为

$$y = 547.85e^{0.0072x} \quad (R^2 = 0.893, \quad P < 0.0001) \tag{3.27}$$

式中，y 为月平均径流量，亿 m^3；x 为月平均降水量，mm。

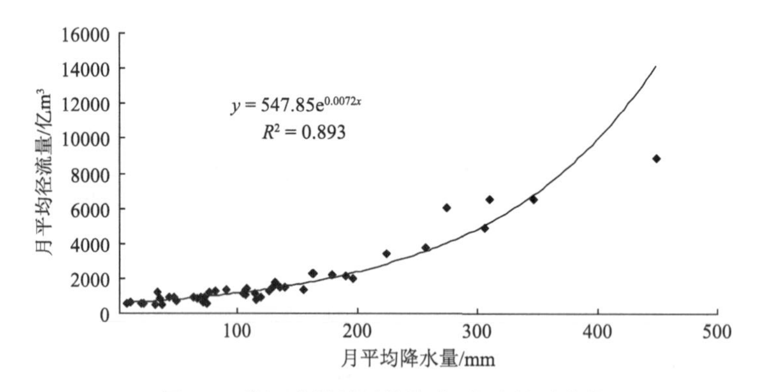

图 3.3　赣江流域月平均降水-径流关系曲线

降水变化是引起径流量变化的直接原因，而径流量与输沙量有着较为密切的关系。表 3.3 中的相关分析结果显示，1970～2012 年赣江入湖泥沙总量与径流量、降水量、降水强度均具有很好的正相关关系，显著性水平达 99%以上；水体中的泥沙含量与径流系数具有很好的负相关关系，相关系数为−0.531。说明流域降水量和降水强度均对流域产沙和输沙有促进作用，而水体含沙量是降水和径流综合作用的结果。

表 3.3　泥沙与降水相关系数

类别		降水量	径流量	径流系数	降水强度
泥沙总量	相关系数	0.560**	0.649**	−0.17	0.393**
	显著性水平	0	0	0.26	0.007
泥沙含量	相关系数	0.066	0.129	−0.531**	−0.072
	显著性水平	0.665	0.392	0	0.634

** 在 0.01 水平下显著。

为了进一步探究降水和泥沙的关系，对赣江流域降水量和输沙量进行了曲线拟合，其结果见图 3.4。图 3.4 中月降水量与月输沙量基本符合指数函数关系，其关系表达式为

$$y = 11.142e^{0.01x} \quad (R^2 = 0.8723, \quad P < 0.0001) \tag{3.28}$$

式中，y 为月输沙量，kg/s；x 为月降水量，mm。

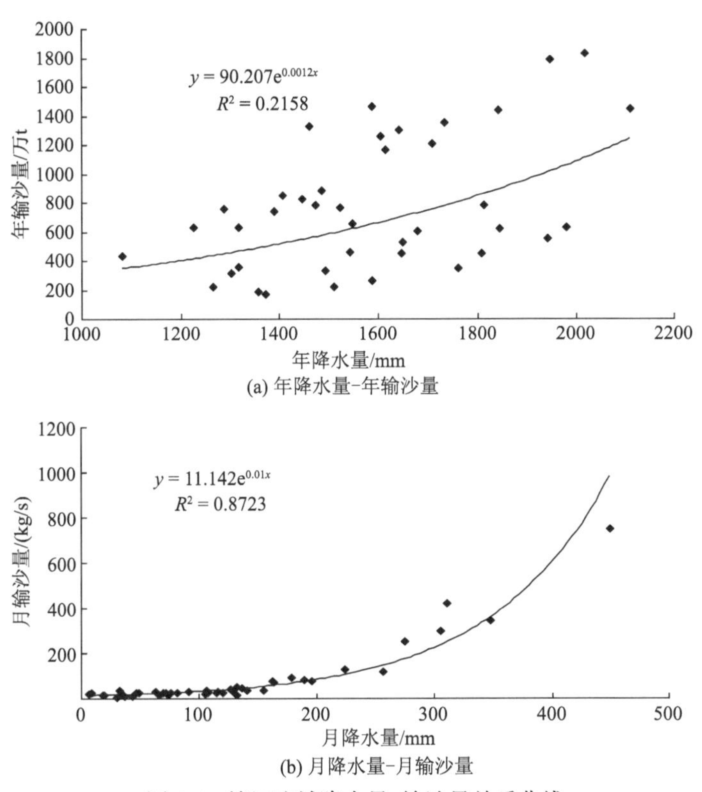

图 3.4　赣江流域降水量-输沙量关系曲线

月降水量与月输沙量基本符合指数函数关系，说明降水量变化对赣江流域的泥沙量具有很大的影响。流域水沙变化主要受自然因素中气候变化和人类活动两方面的作用，自然因素主要是气候和下垫面因子的影响，其中以气候因子的影响最为明显。降水是土壤侵蚀的直接动力，是气候因子中影响泥沙产生的最主要因子。由图 3.4 可知，年输沙量与年降水量的密切关系明显低于月输沙量与月降水量的关系，这说明该流域产沙是降水量和降水强度综合作用的结果。因为月降水量不仅反映降水量，而且也反映降水强度的分布。已有的研究表明，内陆水体泥沙变化主要由降水变化与人类活动两大因素造成，且其长期变化（多年变化）主要由人为因素引起。

3.1.2.2　流域污染物对降水的响应

根据外洲站和峡江站 2008～2012 年降雨径流量和 TP 年负荷量，建立外洲站和峡江站 TP 的污染负荷回归方程。TN 参考王全金等（2011）建立的外洲站、峡江站的 TN 与径流的关系式。已有的研究结果显示，随着降雨径流的增大，水体污染负荷急剧加大，

与指数型趋势线有类似之处。因此本书选择指数型曲线进行非线性回归，模拟曲线见图 3.5。本书将下游的外洲站污染负荷减去中游的峡江站污染负荷作为赣江下游污染负荷，赣江下游降雨径流面源 TP 污染负荷的计算公式见式（3.29）和式（3.30）。

$$W_{TP} = 675.64e^{0.0024x} - 369.88e^{0.0031x} \quad (3.29)$$

$$W_{TN} = 17828e^{0.0023x} - 9662e^{0.0036x} \quad (3.30)$$

式中，W_{TP} 为赣江下游 TP 产生量，万 t；W_{TN} 为赣江下游 TN 产生量，万 t；x 为年径流量，亿 m^3。

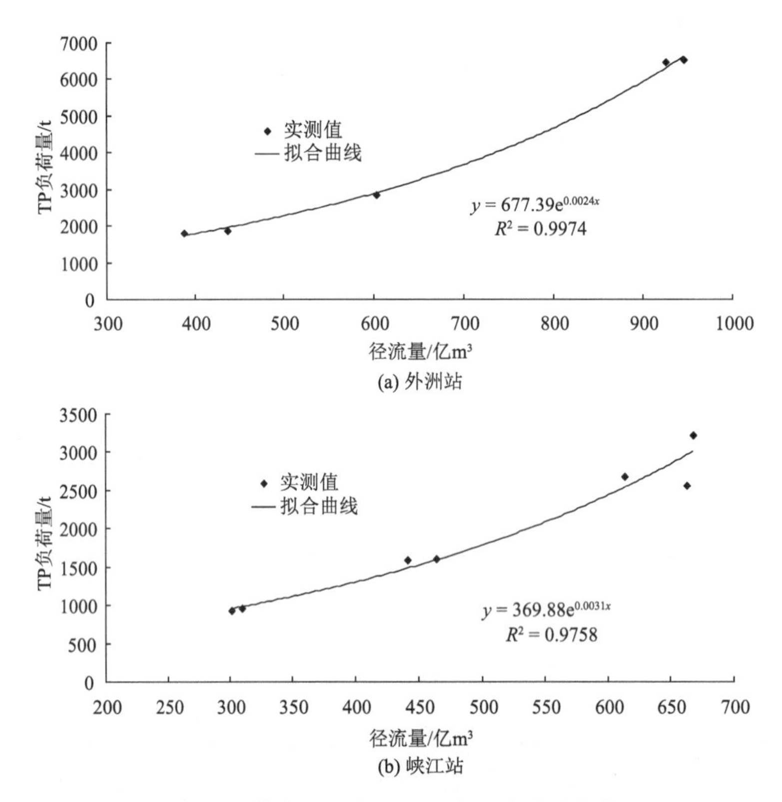

图 3.5　外洲站和峡江站 TP 与径流关系曲线

由降雨影响系数定义，分别得到氮、磷的降雨影响系数如下：

$$\alpha_N = \frac{W_{Ni}}{W_N} = \frac{17828e^{0.0023x_1} - 9662e^{0.0036x_2}}{17828e^{0.0023\overline{x_1}} - 9662e^{0.0036\overline{x_2}}} \quad (3.31)$$

$$\alpha_P = \frac{W_{Pi}}{W_P} = \frac{675.64e^{0.0024x_1} - 369.88e^{0.0031x_2}}{675.64e^{0.0024\overline{x_1}} - 369.88e^{0.0031\overline{x_2}}} \quad (3.32)$$

将外洲站和峡江站 2006～2009 年的年降雨径流量代入式（3.31）和式（3.32），得到赣江下游面源污染氮、磷输出的降雨影响系数，结果见表 3.4。

表 3.4　赣江下游面源 TN、TP 输出的降雨影响系数

年份	α_N	α_P
2008	0.84	0.77
2009	0.82	0.56
2010	2.13	2.12
2011	0.64	0.45
2012	2.00	2.02

3.2　红壤坡面氮、磷垂向输出规律

3.2.1　坡耕地红壤氮、磷淋溶特征

氮淋溶是坡耕地土壤中氮素损失的重要途径之一，而淋溶损失也是地下水硝态氮污染的重要原因（王荣萍等，2006；串丽敏等，2010）；在降雨或灌溉作用下，氮素养分易产生淋溶，施入土壤中的肥料中氮素有 30%～50%发生淋溶损失而进入地下水（李卓瑞和韦高玲，2016）。许多研究认为土壤磷流失的主要途径是地表径流和土壤侵蚀（吕家珑，2003），也有报道农田土壤中磷素以淋溶形式损失的量与以地表径流和土壤侵蚀形式损失的量相当或淋溶量更大（吕家珑，2003；McDowell et al.，2001；Heckrath et al.，1995）；农田磷流失已成为引起农业面源污染的重要原因（Dong et al.，2016；高超等，2001），坡耕地是其重要的策源地。随着我国社会经济的发展和对生态文明建设的日益重视，氮、磷淋溶成为农田生态系统重要的生态和环境问题，是南方红壤丘陵区广泛分布的坡耕地生态系统亟待解决的问题。

3.2.1.1　*材料与方法*

1）试验材料

供试土壤采自江西水土保持生态科技园内坡耕地，质地为第四纪红黏土，其基本理化性质见表 3.5。为研究坡耕地土壤表层淋溶特征，取样土壤深度为 20cm。根据当地坡耕地农业生产氮肥、磷肥施用量配制添加溶液模拟施肥量，取 0.1700g KNO_3 和 0.1034g KH_2PO_4 配制成 10mL 的混合溶液（平衡 1h），使得氮、磷的施用量分别为 200kg/hm^2、60kg/hm^2。试验所用秸秆为稻草秸秆，取自德安县。

表 3.5　试验土壤理化性质

pH	全磷含量/（g/kg）	有机质含量/（g/kg）	全氮含量/（g/kg）	铵态氮含量/（mg/kg）	硝态氮含量/（mg/kg）	速效磷含量/（mg/kg）	饱和含水量/%	机械组成/%		
								黏粒（<0.002mm）	粉粒（0.002～0.05mm）	砂粒（0.05～2.0mm）
5.05	0.15	11.38	0.45	0.82	6.46	3.56	35.56%	19.19	56.13	24.68

2）试验方法

用 200 目的滤布封住亚克力管（高 50cm、内径 10cm、厚 0.5cm，底部带有若干直径 2mm 的圆孔）底口，取风干土壤过 2mm 筛，分四次填入亚克力管中，每次填入 510.25g，压实至厚度为 5cm，最终填土 2041g，土壤厚度为 20cm，容重为 1.3g/cm^3（当地红壤坡耕地容重）。试验装置如图 3.6 所示。试验设两种处理，各三个重复，一种处理为裸露坡耕地红壤（无覆盖），编号为 CK；另一种处理将秸秆覆在土壤表面（全覆盖，厚度为 2cm），编号为 JG（欧阳祥等，2019）。

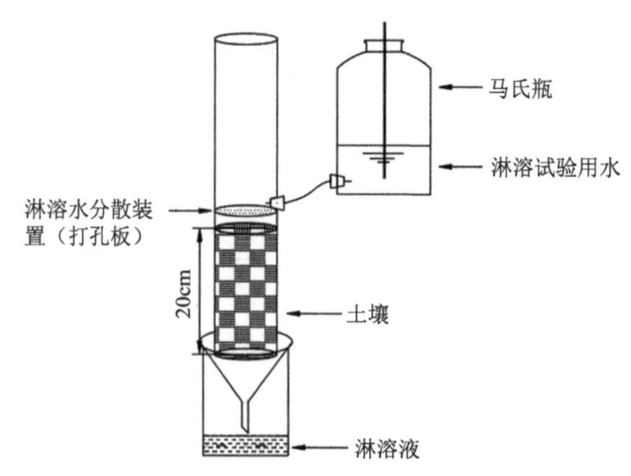

图 3.6　室内土壤淋溶土柱试验装置

A. 间歇淋溶法

采用间歇淋溶法测定氮、磷淋溶量及浓度。预先在带有连通装置的马氏瓶中加入超纯水使马氏瓶中超纯水达到最低液面，然后将马氏瓶与亚克力管用橡皮管连接，亚克力管底部放有 1000mL 容量瓶，两者用漏斗连接，用于接收淋溶液。淋溶总量模拟江西省德安县月最大降水量（4 月，190mm），经计算淋溶总水量约为 1600mL。分八次淋溶，每次淋溶水量为 200mL，淋溶周期为 24h。淋溶试验前，向马氏瓶中加入 600mL 超纯水使土壤饱和，然后将配置好的氮、磷溶液加入土壤中，再用保鲜膜将亚克力管顶部封住，防止水分蒸发。随后进行第一次淋溶，将 200mL 超纯水加入马氏瓶中，进行试验。第 2d 取出淋溶液测出体积装入取样瓶，进行水样氮、磷的测试分析。此后，重复此步骤进第二次淋溶，直至 8 次淋溶结束。

B. 单次过程取样法

为了进一步了解单次淋溶过程中不同处理在开始时段氮、磷的淋失特征，采用单次过程取样法对土柱试验收集淋溶液进行检测。从淋溶试验开始后每隔 15min 取一次样，共取样四次，即在 15min、30min、45min、60min 时取样。每次取样后测量淋溶液的体积，再测定总氮和总磷的浓度，以便计算每次淋溶出的氮、磷量及最终淋溶总量。

C. 样品测试与数据处理

水样总氮采用碱性过硫酸钾氧化-紫外分光光度法，氨氮采用水杨酸钠比色法，硝态氮采用紫外分光光度法测定，有机氮采用差减法（凯氏氮-氨氮）获得；总磷采用过硫酸钾氧化-钼锑抗比色法测定。

3.2.1.2　总氮淋失特征

两种处理下淋溶液中的总氮浓度随时间变化曲线见图3.7，随着淋溶次数的增加，淋溶液中总氮的浓度均呈现先降低后增高再降低的趋势。第1～3d，CK淋溶液总氮浓度一直降低，而第4d的浓度又上升，但是没有超过第1d的浓度，从第4d到试验结束总氮的浓度一直处于降低状态。JG淋溶液在第1～2d，总氮浓度急剧下降，比CK处理提前一天到达拐点，第2～4d，总氮浓度增高，此后持续降低。两种处理之间比较发现，两种处理淋溶液中总氮浓度的变化趋势大致相同，但是两者发生转折的时间有所不同，CK处理总氮浓度从降低到增高的时间发生在第3d，而JG发生在第2d。这可能是由于添加剂与土壤本身都有氮淋溶。JG处理的淋溶液总氮浓度始终要小于CK处理的淋溶液总氮浓度。从表3.6可以看出，总氮淋出量的变化趋势与浓度的变化趋势一致。试验结果表明，采用秸秆覆盖的水土保持措施能够抑制红壤在淋溶过程中总氮的淋失。

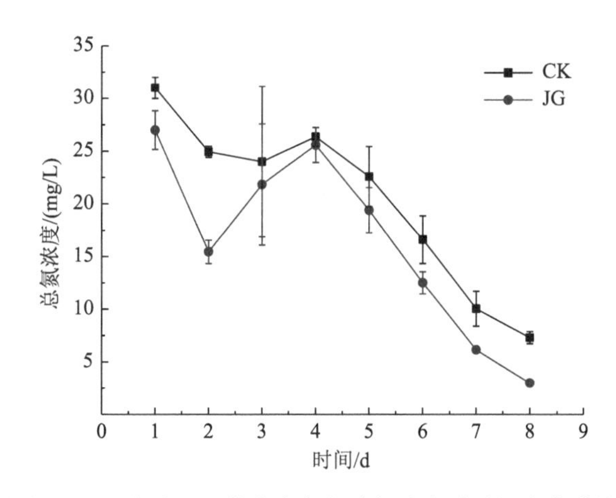

图3.7　两种处理下淋溶液中的总氮浓度随时间变化曲线

表3.6　总氮及各氮素形态淋出量　（单位：mg）

时间	处理	总氮淋出量	有机氮淋出量	硝态氮淋出量	氨氮淋出量
1d	CK	6.045±0.197	0.181±0.047	4.486±0.178	1.377±0.066
	JG	5.289±0.357	0.197±0.069	3.798±0.261	1.293±0.094
2d	CK	4.962±0.107	0.114±0.027	3.412±0.114	1.401±0.065
	JG	3.088±0.222	0.162±0.058	1.988±0.150	0.937±0.039
3d	CK	4.630±1.376	0.075±0.013	3.108±1.126	1.446±0.261
	JG	4.235±1.114	0.083±0.009	3.076±0.991	1.074±0.140
4d	CK	5.271±0.176	0.131±0.019	3.630±0.192	1.508±0.095
	JG	5.113±0.332	0.165±0.028	3.744±0.213	1.203±0.149
5d	CK	4.471±0.563	0.171±0.045	3.054±0.488	1.244±0.037
	JG	3.880±0.428	0.131±0.011	2.660±0.351	1.088±0.098
6d	CK	3.319±0.453	0.147±0.031	2.254±0.413	0.917±0.084
	JG	2.500±0.208	0.155±0.028	1.681±0.227	0.663±0.075

续表

时间	处理	总氮淋出量	有机氮淋出量	硝态氮淋出量	氨氮淋出量
7d	CK	1.947±0.321	0.087±0.062	1.066±0.189	0.793±0.104
	JG	1.156±0.049	0.059±0.046	0.546±0.045	0.550±0.051
8d	CK	1.425±0.112	0.042±0.008	0.756±0.070	0.626±0.039
	JG	0.576±0.021	0.024±0.005	0.156±0.015	0.395±0.026
总量	CK	32.071±0.236	0.948±0.023	21.767±0.117	9.313±0.262
	JG	25.837±1.084	0.975±0.138	17.650±0.999	7.203±0.142

3.2.1.3 不同形态氮素的淋失特征

总氮由有机氮与无机氮组成，而无机氮主要由氨氮和硝态氮组成。两种处理下淋溶液中的有机氮浓度随时间变化曲线见图 3.8，CK 处理的淋溶液中有机氮浓度整体处于波动状态，但是结束时浓度为 0.287mg/L，要低于开始时的 0.928mg/L。同样地，JG 处理下的淋溶液中有机氮浓度在 0.126～1.006mg/L 波动。两种处理之间的比较发现，第一次淋溶液中，JG 处理有机氮浓度（1.006mg/L）大于 CK 处理有机氮浓度（0.927mg/L），此后两种处理的淋溶液中有机氮浓度并无太大差异。出现这种结果可能是由于在配制氮肥时并没有添加有机氮，而淋溶液中的有机氮大部分是土壤中原有的，导致淋溶液中有机氮浓度偏低；而 JG 处理表面覆盖的秸秆中的有机氮可能淋溶出。

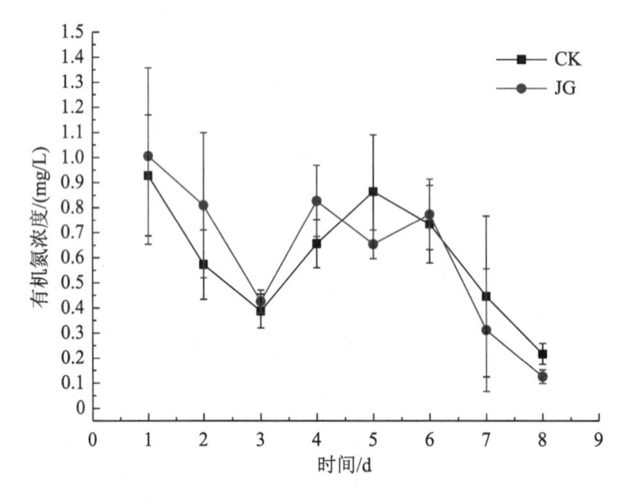

图 3.8 两种处理下淋溶液中的有机氮浓度随时间变化曲线

由图 3.9 可知，两种处理下淋溶液中硝态氮的浓度变化趋势与总氮的变化趋势一致。两种处理之间比较发现，JG 处理下的淋溶液中硝态氮浓度大部分时间都要小于 CK 处理下的淋溶液中硝态氮浓度。如图 3.10 所示，JG 处理下的淋溶液中氨氮浓度始终都要小于 CK 处理下的淋溶液中氨氮浓度，说明秸秆对土壤中的硝态氮和氨氮都具有良好的保持作用。

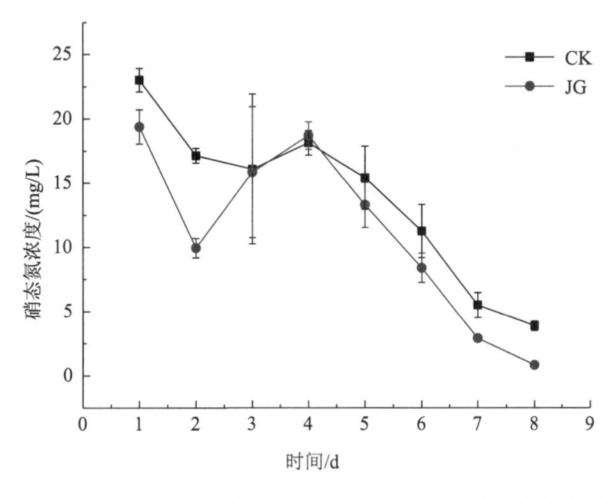

图 3.9　两种处理下淋溶液中的硝态氮浓度随时间变化曲线

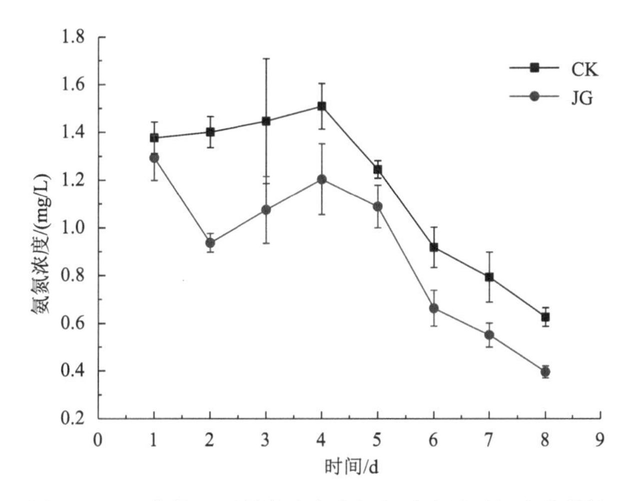

图 3.10　两种处理下淋溶液中的氨氮浓度随时间变化曲线

由表 3.7 可知，经过 8 次的淋溶试验，各形态氮量的大小顺序基本一致，大体为硝态氮＞氨氮＞有机氮。经过分析发现，CK 处理淋溶液中总氮的累积量是 JG 处理淋溶液中总氮的累积量的 1.24 倍。同时，CK 处理淋溶液中硝态氮和氨氮分别是 JG 处理的 1.23 倍和 1.29 倍。各形态氮的量在总氮量中的占比相差比较明显。从每次淋溶液中各氮素形态量占比发现，JG 处理淋溶液中硝态氮占总氮的 27.149%～73.214%，氨氮占总氮的 23.535%～68.526%，有机氮占总氮的 1.953%～6.182%；CK 处理淋溶液中硝态氮占总氮的 53.056%～74.211%，氨氮占总氮的 22.777%～43.921%，有机氮占总氮的 1.619%～4.446%。从各氮素形态 8 次淋溶的累积量在总氮中的占比发现，JG 处理淋溶液中硝态氮累积量占总氮的 68.313%，氨氮累积量占总氮的 27.879%，有机氮累积量占总氮的 3.774%；CK 处理淋溶液中硝态氮累积量占总氮的 67.871%，氨氮累积量占总氮的 20.039%，有机氮累积量占总氮的 2.956%。可见，在淋溶过程中氮素主要以硝态氮的形态淋出，采用秸秆覆盖的水土保持措施能够抑制红壤在淋溶过程中氮素特别是硝态氮的淋失。

表 3.7　各形态氮素淋出量占总氮淋出量的比例　　（单位：%）

时间	处理	有机氮	硝态氮	氨氮
1d	CK	2.992	74.211	22.777
	JG	3.728	71.809	24.440
2d	CK	2.297	68.754	28.227
	JG	5.247	64.379	30.337
3d	CK	1.619	67.128	31.232
	JG	1.953	72.651	25.369
4d	CK	2.490	68.872	28.611
	JG	3.234	73.214	23.535
5d	CK	3.831	68.313	27.830
	JG	3.370	68.560	28.037
6d	CK	4.424	67.905	27.637
	JG	6.182	67.232	26.536
7d	CK	4.446	54.754	40.736
	JG	5.069	47.269	47.598
8d	CK	2.968	53.056	43.921
	JG	4.227	27.149	68.526
总量	CK	2.956	67.871	29.039
	JG	3.774	68.313	27.879

3.2.1.4　磷素淋失特征

从图 3.11 可以看出，两种处理下淋溶液中总磷的浓度都处于波动状态，且总磷浓度较小，均在 0.1mg/L 以下，相当于《地表水环境质量标准》中规定的地表水质的 I 类或 II 类水平。对比两种处理可以发现，JG 处理下淋溶液中总磷浓度大小波动较 CK 处理相对平稳，但是两种处理下总磷浓度未达到显著水平，这是由于土壤和磷素之间能发生剧烈的反应，土壤吸附、固定磷素的容量很大，磷素在土壤中很难移动（马良等，2010；吕

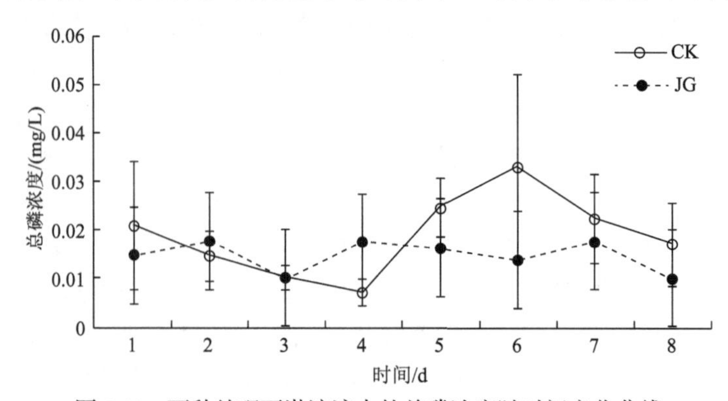

图 3.11　两种处理下淋溶液中的总磷浓度随时间变化曲线

家珑等，1999）。经计算，CK处理下淋溶液中总磷的累积量是JG处理的1.3倍，说明采用秸秆覆盖的水土保持措施在红壤的淋溶过程中对磷素的淋失也有抑制效果。

3.2.1.5　单次过程中氮淋溶特征

由图3.12可知，CK和JG处理下的单次淋溶过程中总氮浓度均呈现持续降低的状态。比较两种处理发现，JG处理下的总氮浓度与CK处理下的总氮浓度并没有严格的大小关系。由表3.8可知，经过60min的淋溶，总氮的累积量相差甚小。这可能是由于秸秆覆盖的作用在短时间内并不能体现出来。

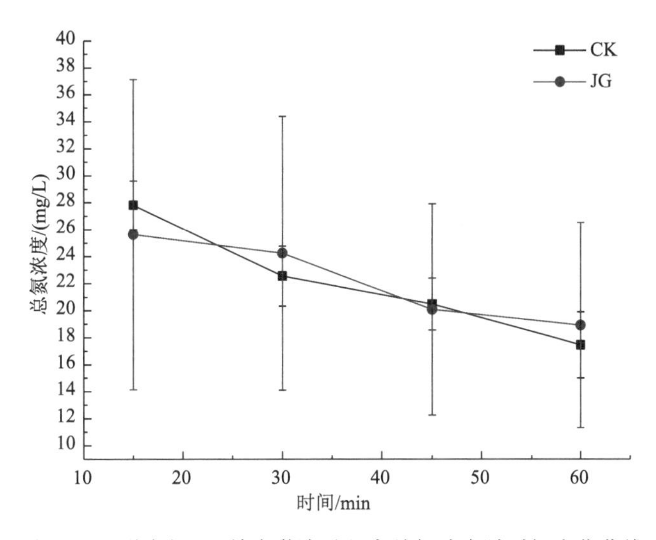

图3.12　不同处理下单次淋溶过程中总氮浓度随时间变化曲线

表3.8　单次淋溶过程中总氮的淋出累积量　（单位：mg）

时段	处理	总氮淋出累积量
0～15min	CK	1.203±0.426
	JG	1.043±0.189
15～30min	CK	1.018±0.315
	JG	0.956±0.088
30～45min	CK	0.703±0.316
	JG	0.931±0.350
45～60min	CK	0.677±0.229
	JG	0.753±0.148
总量	CK	3.601±1.016
	JG	3.682±0.670

3.2.2　红壤坡面氮素垂向输移形态

3.2.2.1　试验设计

试验地设在江西水土保持生态科技园内，园区属鄱阳湖流域博阳河水系，属亚热带湿润季风气候区，1960～2014 年年均降水量为 1399mm，多年平均气温为 16.7℃，年日照时数为 1650～2100h，多年平均无霜期为 249d。土壤为第四纪红黏土发育的红壤，土壤呈酸性至微酸性，土壤剖面从上至下典型土体构型为 Ah-Bs-Bsv-Csv，其中 0～30cm 为 Ah 层，30～60cm 为 Bs 层，60～200cm 为 Bsv 层。

本书采用大型土壤水分渗漏装置，设两个处理小区，即Ⅰ-裸露（地表完全裸露，无植被，简称裸露）和Ⅱ-干草敷盖（将刈割的百喜草横向敷盖于地表，不种植植被，覆盖度 100%，厚度约 15cm，简称敷盖）。小区相邻且坡向一致，坡度均为 14°，每个小区投影面积为 5m×15m。对土壤背景值进行检测，结果如表 3.9、表 3.10 所示。

表 3.9　不同处理小区土壤氮素背景值

土壤养分	$Ⅰ_{0}$	$Ⅰ_{30}$	$Ⅰ_{60}$	$Ⅰ_{90}$	$Ⅱ_{0}$	$Ⅱ_{30}$	$Ⅱ_{60}$	$Ⅱ_{90}$
全氮/（g/kg）	0.44	0.69	0.57	0.60	1.06	0.73	0.67	0.34
碱解氮/（mg/kg）	80.44	62.99	58.76	68.53	89.54	81.13	55.97	61.57

注：下标数字表示土层深度，各层土样的采样厚度约 10cm。

表 3.10　试验地土壤物理性状

处理	最大持水量/%	田间持水量/%	土壤容重/（g/cm^3）	土壤总孔隙度/%
裸露	34.55	19.14	1.35	46.64
敷盖	40.94	24.65	1.25	51.17

小区周围及底部采用 20cm 厚钢筋混凝土浇筑，坡脚修筑挡土墙，形成一个封闭排水式土壤渗漏装置。按照原状土的土体构型取自然土壤表层 25cm，后按每层 40cm，分三层将原土体取出并分层堆放，填土时分层填充，小区于 2000 年填筑完成。小区坡底断面自上至下总共设置 4 个出水口承接径流和泥沙，分别为地表径流，地下 30cm、60cm 深的壤中流和地下径流出口（按照第四纪红黏土的土体构型将 30cm 和 60cm 深的径流归为壤中流，在出水口底部设有凹槽，使不同层的壤中流能够被截断汇流至出流口；将最底层的径流归为地下径流）。径流池根据当地可能发生最大暴雨（50 年一遇，24h 暴雨）和径流量频率设计成 3 个池，每池均按五分法分流、方柱形构筑，试验小区剖面图如图 3.13 所示。

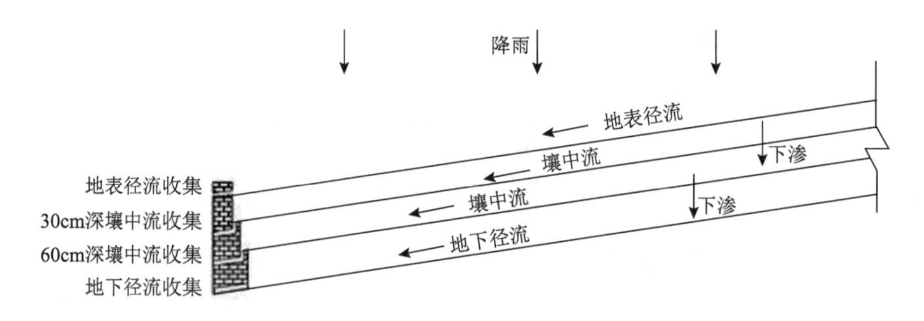

图 3.13　试验小区剖面图

地下径流指 105cm 出口处的水量，壤中流指 30cm、60cm 出口处的水量，地表径流为 0cm 出口处的水量

3.2.2.2　分层产流规律

对2016年和2017年7场次自然降雨的地表径流、壤中流和地下径流进行分析。如表3.11所示，地表径流并不是红壤坡面径流的主要途径，占比仅为2%～11.3%；地下径流占比最大，达到85.7%以上，而30cm和60cm土层中的水流仅占总径流的3%～6.7%。采取敷盖措施后，总径流量增大20.1%，壤中流和地下径流占比均增加，而地表径流量却减少为裸露处理的21.1%。

表3.11　径流分层输出量

处理	地表径流量/L	壤中流量/L	地下径流量/L	径流系数/%	占总径流比例/%		
					地表径流	壤中流	地下径流
裸露	462.8	123.8	3502.6	54.7	11.3	3.0	85.7
敷盖	97.5	328.6	4487.0	65.7	2.0	6.7	91.3

3.2.2.3　不同形态氮素输出浓度规律

两种试验处理的各径流组分不同形态氮素浓度状况如图3.14所示。敷盖措施地下径流总氮和硝态氮平均浓度高于裸露措施40%左右，可能是由于秸秆氮素分解到土壤中。然而，两措施间的其余各径流组分不同形态氮素浓度差异不太明显。就各径流组分而言，各形态氮素浓度均呈现地下径流＞壤中流＞地表径流的趋势。就氮素形态而言，在同一组分径流和同一措施条件下，硝态氮的浓度最高，其次是有机氮，氨氮浓度最低。

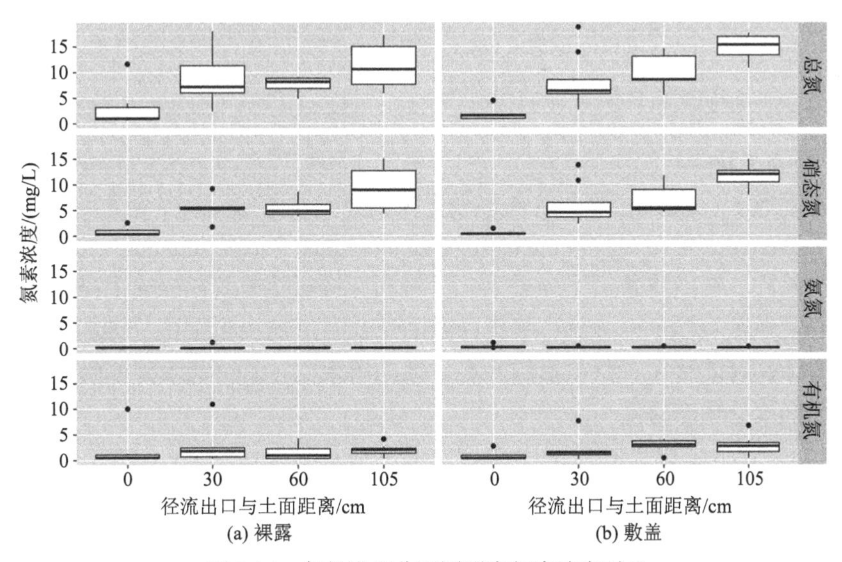

图3.14　各径流组分不同形态氮素浓度对比

如图3.15所示，单次降雨产流过程中氮素浓度结果表明，硝态氮、氨氮在不同措施不同径流组分中的输出浓度较为稳定，即受降雨历时的影响较小。有机氮和总氮在地表径流与浅层（30cm）壤中流中的输出浓度呈现由较高水平逐渐降低为一个稳定值，说明有机氮在降雨初期更容易流失，并且是氮素输出的主要形态。但是，有机氮和总氮在地下径流和深层（60cm）壤中流中的输出浓度较为平稳，说明土层越深，氮素输出浓度受降雨历时的影响就越小。就不同措施而言，敷盖措施下小区中的各形态氮素浓度波动均低于裸露小区，表明敷盖措施具有调控氮素输出的功能。但值得注意的是，通过前述分析，敷盖措施由于养分还田作用，又会增加氮素输出。

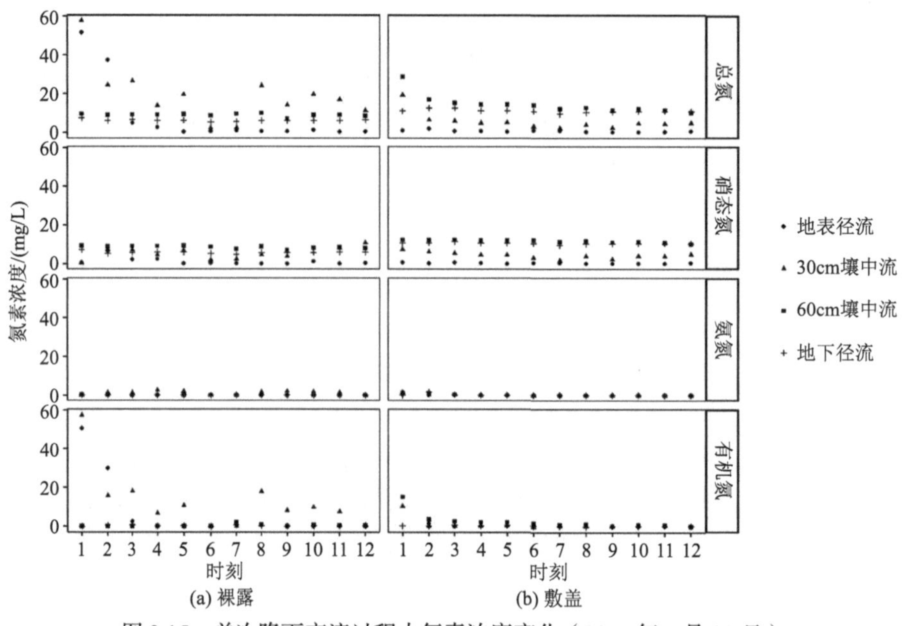

图 3.15　单次降雨产流过程中氮素浓度变化（2017 年 6 月 23 日）

3.2.2.4　不同氮素形态输出总量规律

前述 2016 年和 2017 年 7 场次自然降雨事件不同径流组分、不同形态氮素输出总量的计算结果如表 3.12 所示。地下径流是氮素输出的主要途径，各形态氮素随地下径流输出量占该形态总输出量的 66.8%～94.5%，主要原因是地下径流量及地下径流中各形态氮素浓度均为最高。在裸露条件下，总氮、氨氮和有机氮随地表径流输出量略高于壤中流输出量；而在敷盖条件下，各形态氮素含量随地表径流输出量则低于其随壤中流输出量一个数量级。这可能是由于敷盖措施改变坡地土壤水文过程，大大降低地表径流量，而增加土壤中的水分活跃程度。

表 3.12　7 次自然降雨条件下氮素随不同径流组分总输出量　（单位：g）

处理	氮素形态	输出路径			
		地表径流	30cm 壤中流	60cm 壤中流	地下径流
裸露	总氮	14.48	5.27	3.77	185.03
	硝态氮	3.92	1.95	3.23	146.99
	氨氮	0.54	0.30	0.06	1.82
	有机氮	10.02	3.02	0.49	36.23

续表

处理	氮素形态	输出路径			
		地表径流	30cm 壤中流	60cm 壤中流	地下径流
敷盖	总氮	0.30	22.12	5.18	390.01
	硝态氮	0.18	13.55	3.95	301.96
	氨氮	0.03	0.27	0.08	4.08
	有机氮	0.09	8.30	1.15	83.97

就氮素形态而言，如表 3.12 和图 3.16 所示，在裸露小区，地表径流和浅层（30cm）壤中流以有机氮为主，深层（60cm）和地下径流则以硝态氮为主；而在敷盖小区，不同组分径流均是以硝态氮输出为主。氨氮在不同措施处理和不同组分径流中的输出量均最小，约占总氮输出量的 1.0%～11.4%。

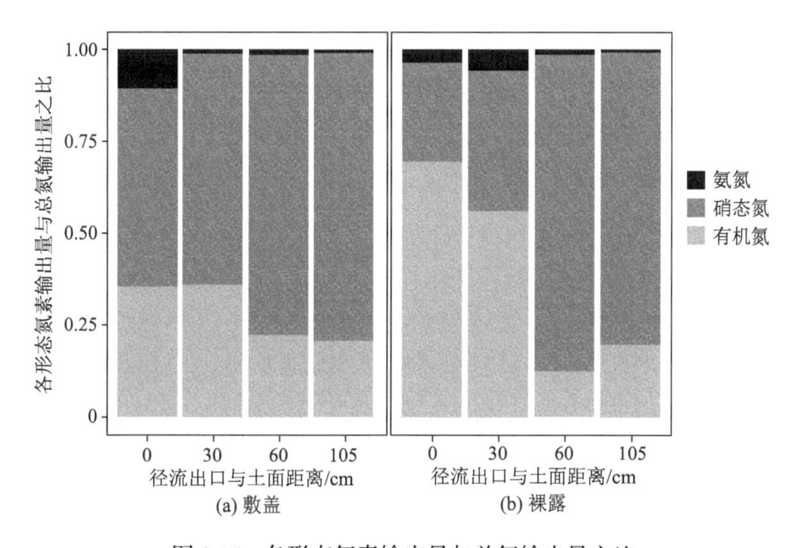

图 3.16　各形态氮素输出量与总氮输出量之比

3.3　水土流失面源污染氮、磷的赋存形态

在江西水土保持生态科技园共布设 12 个 5m×20m 坡耕地标准径流试验小区，编号为 1～12，坡度均为 10°，设立了裸露对照、顺坡耕作、横坡耕作、顺坡耕作+植物篱、稻草覆盖等几种处理措施，每个措施设 3 个重复。作物为花生-油菜轮作，花生 4 月种植，8 月收割；油菜 9 月种植，次年 4 月收割。试验设施于 2011 年建成并投入使用。坡耕地径流小区各处理措施实效图见图 3.17，各小区处理方式见表 3.13。

试验小区为标准径流小区，为阻止地表径流进出小区，每个小区的四周均设有围埂，用混凝土砖块砌成。小区下方设有径流桶，以承接小区径流泥沙，每个径流桶壁安装有水位尺以观测水位。

图 3.17　江西水土保持生态科技园坡耕地径流小区图

表 3.13　坡耕地径流小区措施概况

小区序号	处理	简写编号	农作物	坡度/（°）	宽/m	长/m
1	常规耕作+稻草覆盖	DCFG	花生-油菜	10	5	20
2	顺坡耕作	SP	花生-油菜	10	5	20
3	常规耕作+稻草覆盖	DCFG	花生-油菜	10	5	20
4	顺坡耕作+植物篱	SPZWL	花生-油菜	10	5	20
5	顺坡耕作	SP	花生-油菜	10	5	20
6	裸露对照	LL	无	10	5	20
7	顺坡耕作+植物篱	SPZWL	花生-油菜	10	5	20
8	横坡耕作	HP	花生-油菜	10	5	20
9	裸露对照	LL	无	10	5	20
10	顺坡耕作	SP	花生-油菜	10	5	20
11	横坡耕作	HP	花生-油菜	10	5	20
12	顺坡耕作+植物篱	SPZWL	花生-油菜	10	5	20

注：植物篱为黄花菜。顺坡耕作和横坡耕作的耕作方式均为垄作。

根据红壤坡耕地施肥方式和作物生长的需要在小区内进行施肥，充分利用自动化数据采集系统，长期定位监测采集气象条件数据，径流泥沙过程数据通过自动和人工相结合。

小区管理方法和观测方法均按《水土保持试验规范》进行，观测内容包括降水量、降雨历时、降雨场次、径流量和含沙量、产沙量等项目。径流量观测根据径流池中水位尺的读数由试验站预先率定的公式计算；土壤侵蚀量通过采用烘干法测定含沙水样计算。氮、磷赋存形态测定方法按环境分析法进行。

3.3.1　氮、磷在径流和泥沙中的分配特征

取样检测了各措施小区 2018 年的氮、磷数据，LL 措施小区的径流和泥沙中总氮流失量分别为 8.01g 和 50.52g，SP 措施小区的径流和泥沙中总氮流失量分别为 4.09g 和 29.45g，DCFG 措施小区产生的径流和泥沙中总氮流失量分别为 2.72g 和 3.25g，HP 措施

小区的径流和泥沙中总氮流失量分别为 1.38g 和 3.98g，SPZWL 措施小区的径流和泥沙中总氮流失量分别为 1.24g 和 10.91g。

如图 3.18 所示，LL 措施小区产生的径流和泥沙中总氮的占比分别为 13.69%和 86.31%，SP 措施小区产生的径流和泥沙中总氮的占比分别为 12.19%和 87.81%，DCFG 措施小区产生的径流和泥沙中总氮的占比分别为 45.53%和 54.47%，HP 措施小区产生的径流和泥沙中总氮的占比分别为 25.82%和 74.18%，SPZWL 措施小区产生的径流和泥沙中总氮的占比分别为 10.17%和 89.83%，氨氮和硝态氮也有类似的规律。

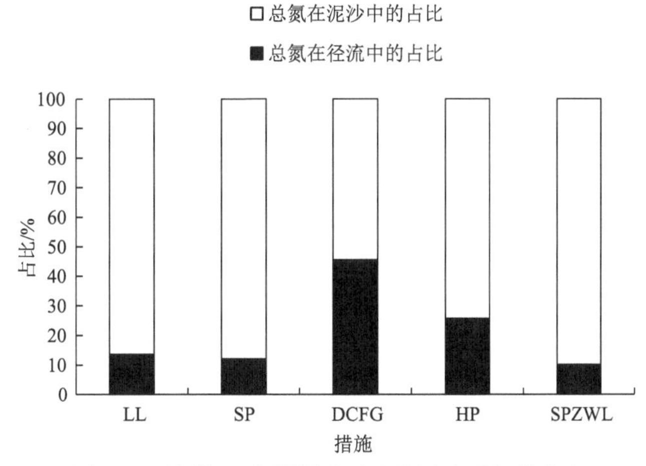

图 3.18　坡耕地不同措施径流和泥沙中总氮的占比

LL 措施小区的径流和泥沙中总磷分别为 2.712g 和 67.00g，SP 措施小区的径流和泥沙中总磷分别为 0.885g 和 42.14g，DCFG 措施小区的径流和泥沙中总磷分别为 0.303g 和 1.62g，HP 措施小区的径流和泥沙中总磷分别为 0.087g 和 4.41g，SPZWL 措施小区的径流和泥沙中总磷分别为 0.176g 和 10.96g。如图 3.19 所示，LL 措施小区产生的径流和泥沙中总磷的占比分别为 3.89%和 96.11%，SP 措施小区产生的径流和泥沙中总磷的占比分别为 2.06%和 97.94%，DCFG 措施小区产生的径流和泥沙中总磷的占比分别为 15.76%

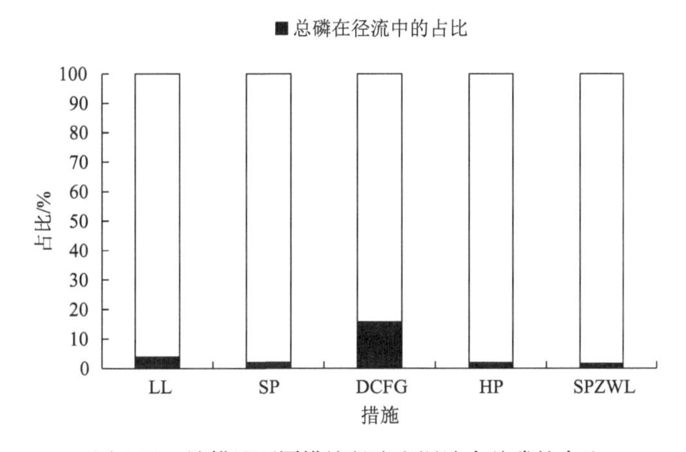

图 3.19　坡耕地不同措施径流和泥沙中总磷的占比

和 84.24%，HP 措施小区产生的径流和泥沙中总磷的占比分别为 1.94%和 98.06%，SPZWL 措施小区产生的径流和泥沙中总磷的占比分别为 1.58%和 98.42%。

由上述分析可以得出，在地表径流中氮素大多随侵蚀泥沙流失，随侵蚀泥沙流失的氮素占地表总流失氮素的 54.47%～89.83%。磷素的迁移特征更加明显，在径流和泥沙中的分配存在显著差异（$P<0.01$），磷素随侵蚀泥沙的流失量要远大于径流，除了 DCFG 措施小区为 84.24%，其他四个措施小区均达到 96.00%以上，这是因为磷素更容易被土壤固持与土壤颗粒结合。

3.3.2 地表径流中各形态氮的输出特征

对 2018 年各措施地表径流中总氮、氨氮、硝态氮的分析如下。各措施小区地表径流中总氮、氨氮、硝态氮的产生量如表 3.14 所示，LL 措施小区地表径流中氨氮和硝态氮在总氮中的占比分别为 42.21%和 28.80%，氨氮和硝态氮的浓度分别为 0.083～3.056mg/L 和 0.119～1.927mg/L，平均浓度分别为 0.510mg/L 和 0.759mg/L；SP 措施小区氨氮和硝态氮在总氮中的占比分别为 27.52%和 32.29%，氨氮和硝态氮的浓度分别为 0.051～5.650mg/L 和 0.075～2.318mg/L，平均浓度分别为 0.516mg/L 和 0.637mg/L；DCFG 措施小区氨氮和硝态氮在总氮中的占比分别为 31.56%和 31.66%，浓度分别为 0.010～1.398mg/L 和 0.100～1.690mg/L，平均浓度分别为 0.474mg/L 和 0.654mg/L；HP 措施小区氨氮和硝态氮在总氮中的占比分别为 26.73%和 26.88%，浓度分别为 0.059～1.823mg/L 和 0.070～1.357mg/L，平均浓度分别为 0.491mg/L 和 0.624mg/L；SPZWL 措施小区氨氮和硝态氮在总氮中的占比分别为 26.73%和 26.88%，浓度分别为 0.059～1.823mg/L 和 0.070～1.357mg/L，平均浓度分别为 0.491mg/L 和 0.624mg/L。由上述分析可知，LL 的地表径流中氨氮的量要高于硝态氮，而 SP、DCFG、HP、SPZWL 产生的地表径流中氨氮的量要比硝态氮小，其原因在于氨氮主要吸附于土壤颗粒表面，而硝态氮则主要存在于土壤溶液中，随着植被覆盖率的增加，径流和泥沙呈现递减趋势，导致地表径流中微小泥沙颗粒减少，从而减少地表径流中氨氮的含量。

表 3.14 2018 年各措施小区地表径流中各形态氮的输出量

措施	总氮/（kg/hm^2）	氨氮/g	硝态氮/g
LL	8.014	3.383	2.308
SP	4.088	1.125	1.320
DCFG	2.716	0.857	0.860
HP	1.384	0.370	0.372
SPZWL	1.235	0.337	0.459

2018 年不同措施下地表径流中各形态氮素的占比如图 3.20 所示，LL、SP、DCFG、HP、SPZWL 五种处理下地表径流中无机氮的占比分别为 71.01%、59.81%、63.22%、53.61%、64.45%。由此可以得出，地表径流中的氮素以无机氮为主，无机氮中硝态氮和氨氮的含量相当。

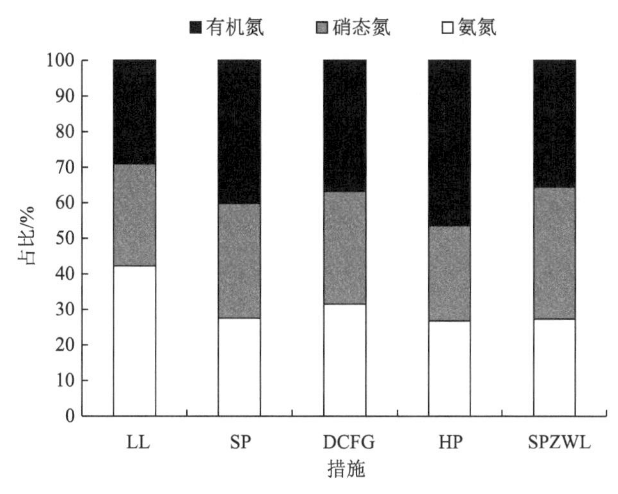

图 3.20　2018 年不同措施下地表径流中各形态氮素的占比

3.3.3　侵蚀泥沙中氮的赋存形态

采用 2017 年 6 月 22 日、8 月 16 日和 9 月 26 日以及 2018 年 7 月 2 日、7 月 6 日、7 月 30 日、8 月 3 日、8 月 30 日、9 月 18 日共 9 场降雨后的泥沙数据进行分析，降水量如表 3.15。图 3.21 为 9 场降雨侵蚀泥沙中无机氮和有机氮的浓度分配情况，从图 3.21 可以看出，泥沙中的有机氮和无机氮的浓度差异显著，侵蚀泥沙中以有机氮流失为主，

表 3.15　9 场降雨的降水量情况　　　　（单位：mm）

项目	2017 年			2018 年					
	6 月 22 日	8 月 16 日	9 月 26 日	7 月 2 日	7 月 6 日	7 月 30 日	8 月 3 日	8 月 30 日	9 月 18 日
降水量	68.6	42.2	34.5	41.1	31.1	16.9	13.8	14.7	19.0

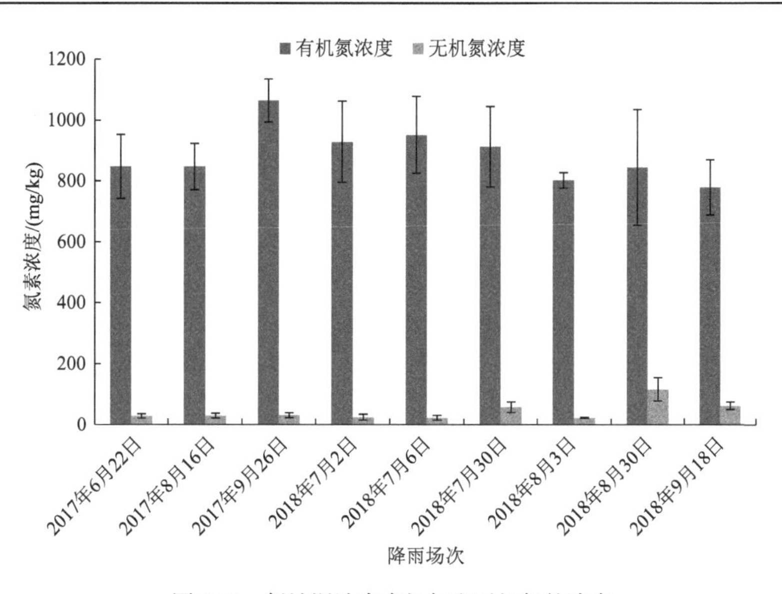

图 3.21　侵蚀泥沙中有机氮和无机氮的浓度

9 场降雨产生的侵蚀泥沙中有机氮的浓度是无机氮浓度 7.24～41.02 倍，这主要是因为有机氮容易附着在土壤颗粒表面，而无机氮则易溶于水。从图 3.22 可以得出，9 场降雨下侵蚀泥沙中氨氮和硝态氮的浓度配比之间无明显大小关系，氨氮浓度最高发生在 2018 年 8 月 30 日的场降雨。以上分析可以得出，红壤坡耕地在降雨产生的侵蚀泥沙中，随侵蚀泥沙流失的氮素以有机氮的形式为主，无机氮在侵蚀泥沙中的含量较低。

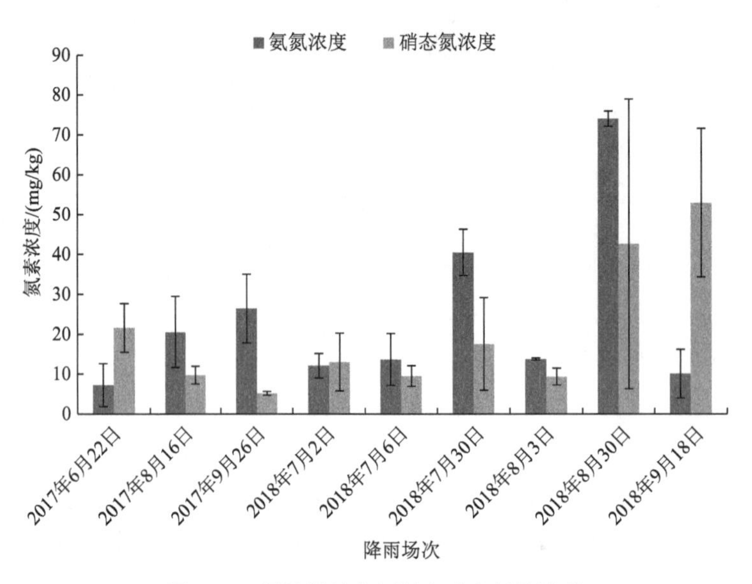

图 3.22　侵蚀泥沙中氨氮和硝态氮的浓度

3.4　侵蚀泥沙在水体中的吸附解吸

（1）氮素吸附动力学实验：准备若干 250mL 塑料样品瓶，加入 1g 备用泥沙，再分别往其中加入 200mL 浓度为 1.0mg/L、2.0mg/L、10.0mg/L（依据水质标准及面源污染中氮的浓度选择低、中、高三个浓度）的氯化铵溶液，从而得到一系列含沙量为 5.0g/L，氮初始浓度为 1.0mg/L、2.0mg/L、10.0mg/L 的试样。将其置于恒温磁力加热搅拌器（振荡器）上搅拌，间隔一定时间从试样中取样。取样时间为 0h、0.5h、1h、2h、4h、6h、12h、24h、48h。取 10mL 浑水样至离心管，用离心机在 3000r/min 转速下离心 5min，取 5mL 上清液，用碱性过硫酸钾氧化-紫外分光光度法测定氮素浓度。

（2）磷素吸附动力学实验：准备若干 250mL 塑料样品瓶，加入 1g 备用泥沙，再分别往其中加入 200mL 浓度为 0.2mg/L、0.4mg/L、0.5mg/L（依据水质标准及面源污染中磷的浓度选择低、中、高三个浓度）的磷酸二氢钾溶液，从而得到一系列含沙量为 5.0g/L，氮初始浓度为 1.0mg/L、2.0mg/L、10.0mg/L 的试样。将其置于恒温磁力加热搅拌器（振荡器）上搅拌，间隔一定时间从试样中取样。取样时间为 0h、0.5h、1h、2h、4h、6h、12h、24h、48h。取 10mL 浑水样至离心管，用离心机在 3000r/min 转速下离心 5min，取 5mL 上清液，用碱性过硫酸钾消解-钼蓝比色法测定磷素浓度。

（3）氮素、磷素解吸动力学实验：准备若干 250mL 塑料样品瓶，加入 1g、2g 备用泥沙，再分别往其中加入 200mL 蒸馏水，从而得到一系列含沙量为 0.5g/L、5g/L、10g/L 的试样。其后步骤同吸附动力学实验，所取水样氮、磷测定方法分别同以上氮、磷测定方法。吸附解吸试验过程如图 3.23 所示。

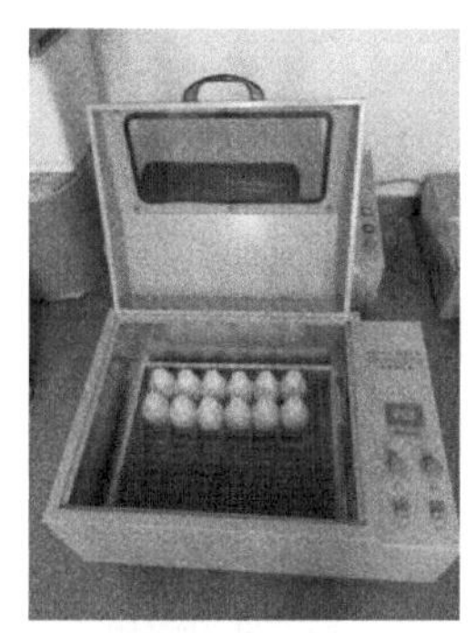

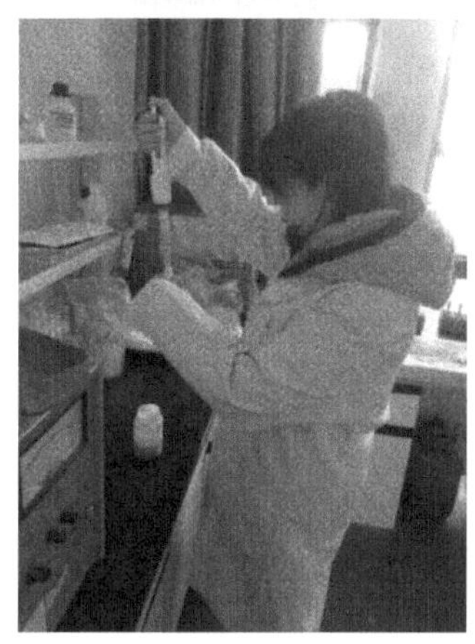
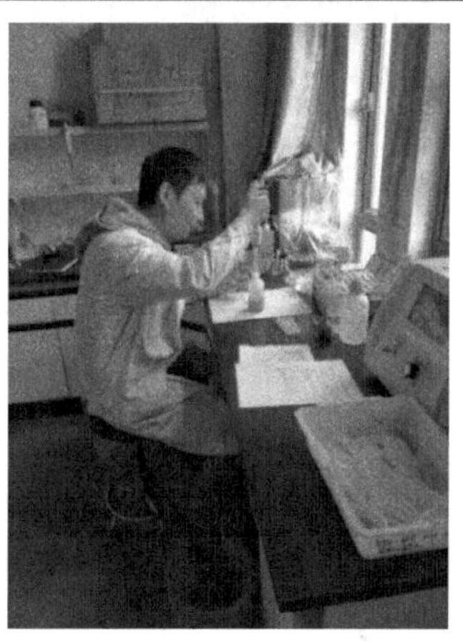

图 3.23　吸附解吸试验过程

本书选取裸露（LL）、横坡耕作（HP）、顺坡耕作（SP）、常规耕作+稻草覆盖（DCFG）和顺坡耕作+植物篱（SPZWL）5 种不同措施坡耕地小区流失到集流槽中的泥沙开展吸附解吸试验。其土壤及泥沙养分含量、机械组成背景值如表 3.16 所示。

表 3.16　不同措施小区土壤及泥沙养分含量、机械组成背景值

小区	土壤养分含量/（g/kg）		泥沙养分含量/（g/kg）		机械组成/%		
	全氮	全磷	全氮	全磷	砂粒	粉粒	黏粒
LL	0.57	0.36	0.62	0.50	21.37	59.23	19.40
HP	0.72	0.38	0.88	0.50	22.20	60.62	17.18
SP	0.72	0.44	0.89	0.53	19.35	61.26	19.40
DCFG	0.70	0.43	0.92	0.55	17.20	65.42	17.38
SPZWL	0.86	0.53	0.88	0.46	17.30	63.30	19.40

土壤氮、磷吸附量的计算按照式（3.33）：

$$Q=(C_0-C_e)V/W \tag{3.33}$$

式中，Q 为吸附量，mg/kg；C_0 为初始氮、磷浓度，mg/L；C_e 为平衡氮、磷浓度，mg/L；

V 为加入样品中氮、磷溶液的体积，L；W 为称取土壤样品的干重，kg。

3.4.1 不同处理条件下泥沙对氮素的吸附解吸特征

3.4.1.1 泥沙对氮素的吸附特征

以《地表水环境质量标准》为参照标准，设置了 1.0mg/L、2.0mg/L、10.0mg/L 三种浓度的氯化铵溶液来模拟不同水质条件下不同措施小区流失泥沙对氮素的吸附特征。

由图 3.24 可知，在添加不同浓度氯化铵溶液条件下，不同措施小区流失泥沙对氮素的吸附主要集中在 1h 之内，并且基本在氯化铵溶液与泥沙接触瞬间即产生吸附，这与“大多数铵的固定发生在第一分钟内”结论相近（曾文龙，2001）。1mg/L 氯化铵溶液经泥沙瞬时吸附后，溶液中剩余氮素浓度为 0.32～0.48mg/L，浓度降低 52%～68%；2mg/L 氯化铵溶液经泥沙瞬时吸附后，溶液中剩余氮素浓度为 0.54～0.96mg/L，浓度降低 52%～73%；10mg/L 氯化铵溶液经泥沙瞬时吸附后，溶液中剩余氮素浓度为 3.16～3.54mg/L，浓度降低 65%～68%。由此可以看出，泥沙对氮素的瞬时吸附程度可达 50%以上，对溶液中氮素吸附比例也相近。但总体来说，随着溶液中氮素浓度的增大，经泥沙吸附后，溶液中剩余的氮素浓度也越大。说明泥沙对水体中氮素有一定的吸附能力，可在一定程度上减少水体中氮素浓度，但是超过泥沙的吸附能力后，剩余存在于径流中的氮素仍会对水体造成较大的影响。

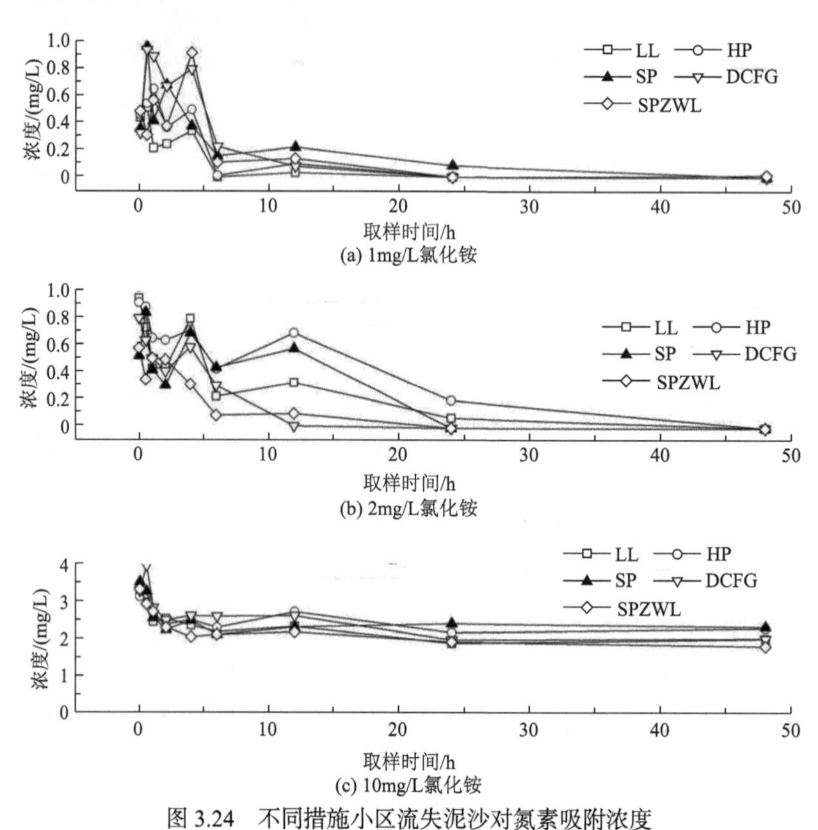

图 3.24 不同措施小区流失泥沙对氮素吸附浓度

泥沙对氮素的吸附过程呈波动下降，即吸附与解吸过程交替进行，并在 24 h 达到吸附平衡。但波动趋势随浓度的增加逐渐减弱，在 10.0mg/L 氯化铵溶液条件下以吸附为主。同时可以看出，在氮素浓度较低的条件下（1.0mg/L 和 2.0mg/L 氯化铵溶液）最后均能达到完全吸附，即溶液中剩余氮素浓度为 0mg/L。而在氮素浓度较高时（10.0mg/L 氯化铵溶液），泥沙对溶液中的氮素并不能达到完全吸附，最后稳定在 1.5mg/L。说明在低浓度时，泥沙对水体中氮素有完全的吸附能力，能减少其对水体的污染程度，但达到泥沙的吸附阈值后，剩余氮素仍然会对水体水质产生影响。

不同措施小区流失泥沙对氮素的吸附程度也有所不同，但差距并不明显。在氮素浓度低（1.0mg/L 和 2.0mg/L 氯化铵溶液）时，所有措施小区流失泥沙对氮素吸附前期略有差别，但最终都达到完全吸附；在氮素浓度高（10.0mg/L 氯化铵溶液）时，SP 小区及 LL 小区流失泥沙对氮素的吸附程度较弱，而 DCFG 及 SPZWL 小区流失泥沙对氮素的吸附程度较强。这可能由不同水保措施导致小区流失泥沙机械组成的差异造成。

通过图 3.25 可以看出，不同措施小区流失泥沙对氮素吸附量的趋势与吸附浓度一致，各小区流失泥沙对氮素的吸附主要集中在 1h 之内，并且在氯化铵溶液与泥沙接触瞬间即产生吸附。泥沙对 1mg/L 氯化铵溶液瞬间吸附量为 103.20～135.60mg/kg，吸附比例为 52%～68%；对 2mg/L 氯化铵溶液瞬间吸附量为 208.64～292.88mg/kg，吸附比例为 52%～73%；对 10mg/L 氯化铵溶液瞬间吸附量为 1292.15～1368.75mg/kg，吸附比例为 65%～68%。由此可以看出，泥沙对氮素的瞬时吸附量可达 50%以上，并且随氮素浓度的增大

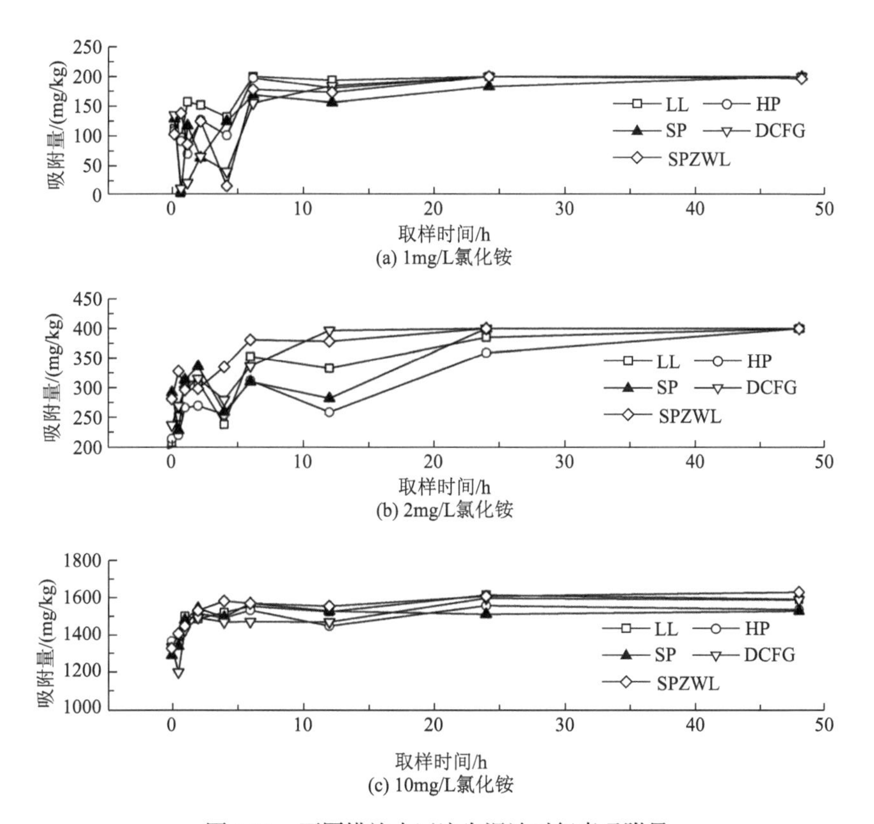

图 3.25　不同措施小区流失泥沙对氮素吸附量

而增大。在低浓度氮素条件下（1.0mg/L 和 2.0mg/L 氯化铵溶液）各小区流失泥沙对溶液中的氮素在 48h 时均达到完全吸附，即分别达到 200mg/kg 和 400mg/kg。而在高浓度氮素条件下（10.0mg/L 氯化铵溶液），各小区流失泥沙对氮素均未达到完全吸附，其中 SPZWL 小区流失泥沙对氮素吸附量最大，为 1632.88mg/kg；SP 小区泥沙对氮素吸附量最小，为 1529.92mg/kg。但总体来看，在高浓度氮素条件下泥沙对氮素吸附量均在 1500mg/kg，吸附比例在 75%以上。

3.4.1.2 泥沙对氮素的解吸特征

解吸的快慢和多少直接关系到氮素从泥沙解吸释放到水体的快慢和缓冲能力的大小，也影响水中氮素含量，对面源污染有直接影响。本书设置两种含沙量（5g/L 和 10g/L）来模拟不同含沙量径流中氮素的解吸特征。

由图 3.26 可知，泥沙加入蒸馏水的瞬间即发生解吸。除泥沙浓度为 5g/L SPZWL 小区泥沙解吸浓度呈下降趋势外，其余 4 个小区均出现了解吸浓度上升趋势，到 48h 仍然没有达到解吸平衡。氮素解吸呈现出前期解吸速率增大、后期趋缓的趋势，与相关研究结论一致（孙大志等，2007）。与泥沙对氮素的吸附特征相比，泥沙氮素的解吸特征规律性则不明显，吸附与解吸交替进行，不同措施小区流失泥沙对氮素的解吸均在 12h 出现低值，即发生吸附，但没有明显的解吸平衡点。

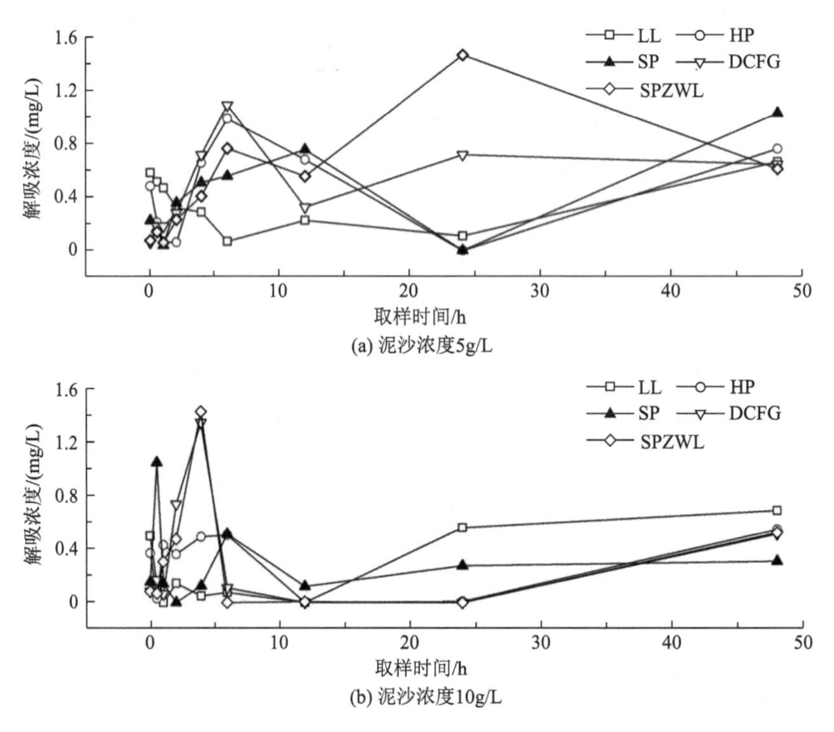

图 3.26 不同措施小区流失泥沙对氮素解吸浓度

如表 3.17、表 3.18 所示，对比不同措施小区不同浓度泥沙（5g/L、10g/L）氮素解吸初始浓度及 48h 解吸浓度后发现，不同浓度泥沙对氮素均呈现出解吸特征，但随泥沙浓度的增加，泥沙氮素的解吸浓度整体呈现下降趋势。在 5g/L 泥沙浓度条件下，SP 小区泥沙氮素解吸浓度变化幅度最大从 0.2250mg/L 增加至 1.0300mg/L，其 48h 泥沙氮素解吸浓度也最大，为 1.0300mg/L；10g/L 泥沙浓度条件下，SPZWL 小区泥沙氮素解吸浓度变化范围最大从 0.0850mg/L 增加至 0.5250mg/L，但 48h 泥沙氮素解吸最大浓度为 LL 小区，为 0.6900mg/L。可见，氮素的解吸浓度与泥沙浓度关系不明显。

表 3.17　不同浓度泥沙对氮素解吸浓度对比　（单位：mg/L）

处理	泥沙浓度 5g/L		泥沙浓度 10g/L	
	氮素解吸初始浓度	48h 氮素解吸浓度	氮素解吸初始浓度	48h 氮素解吸浓度
LL	0.5813	0.6650	0.5000	0.6900
HP	0.4813	0.7600	0.3700	0.5500
SP	0.2250	1.0300	0.1550	0.3100
DCFG	0.0600	0.6450	0.0850	0.5150
SPZWL	0.0756	0.6100	0.0850	0.5250

表 3.18　不同浓度泥沙对氮素解吸量对比　（单位：mg/kg）

处理	泥沙浓度 5g/L		泥沙浓度 10g/L	
	氮素初始解吸量	48h 氮素解吸量	氮素初始解吸量	48h 氮素解吸量
LL	116.25	133.00	50.00	69.00
HP	96.25	152.00	37.00	55.00
SP	45.00	206.00	15.50	31.00
DCFG	12.00	129.00	8.50	51.50
SPZWL	15.13	122.00	8.50	52.50

如图 3.27 所示，不同措施小区流失泥沙对氮素解吸量趋势与泥沙对氮素解吸浓度趋势一致。不同泥沙浓度溶液氮素吸附与解吸交替进行，并且没有解吸平衡点。氮素解吸量随泥沙浓度增加而降低。LL 小区 5g/L 泥沙氮素瞬间解吸量最大，为 116.25mg/kg；SP 小区 5g/L 泥沙 48h 氮素解吸量最大，为 206.00mg/kg；LL 小区 10g/L 泥沙瞬间解吸量及 48h 氮素解吸量均最大，分别为 50.00mg/kg 和 69.00mg/kg；而 SP 小区 10g/L 泥沙 48h 氮素解吸量反而最小，为 31.00mg/kg。说明不同水土保持措施对流失的氮素解吸有一定影响。

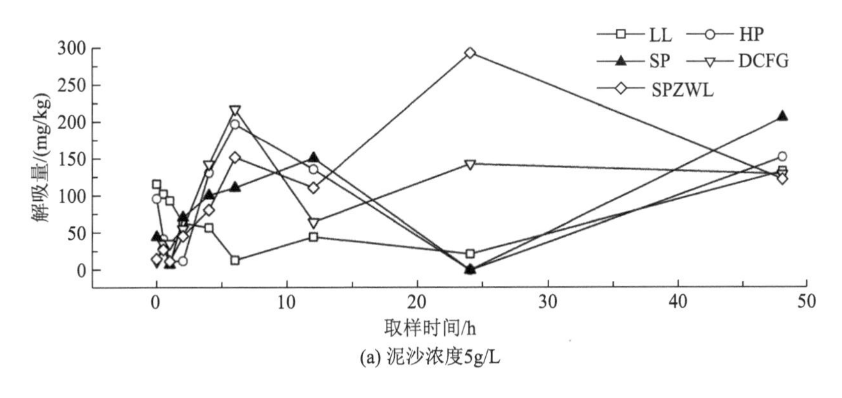

(a) 泥沙浓度5g/L

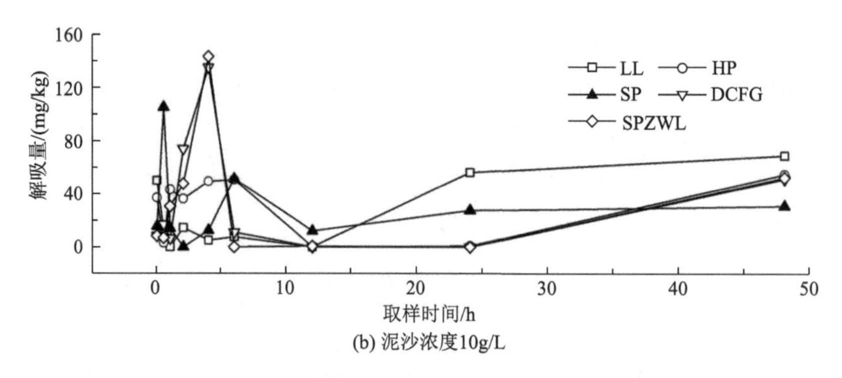

(b) 泥沙浓度10g/L

图 3.27 不同措施小区流失泥沙对氮素解吸量

3.4.2 不同处理条件下泥沙对磷素的吸附解吸特征

3.4.2.1 泥沙对磷素的吸附特征

同样以《地表水环境质量标准》为参照标准，设置了 0.2mg/L、0.4mg/L、0.5mg/L 三种浓度的磷酸二氢钾溶液来模拟不同水质条件下不同措施小区流失泥沙对磷素的吸附特征。

由图 3.28 可知，在添加不同浓度磷酸二氢钾条件下，不同措施小区流失泥沙对磷素的吸附主要集中在 6h 之内，并且在磷酸二氢钾溶液与泥沙接触瞬间即产生吸附。主要原

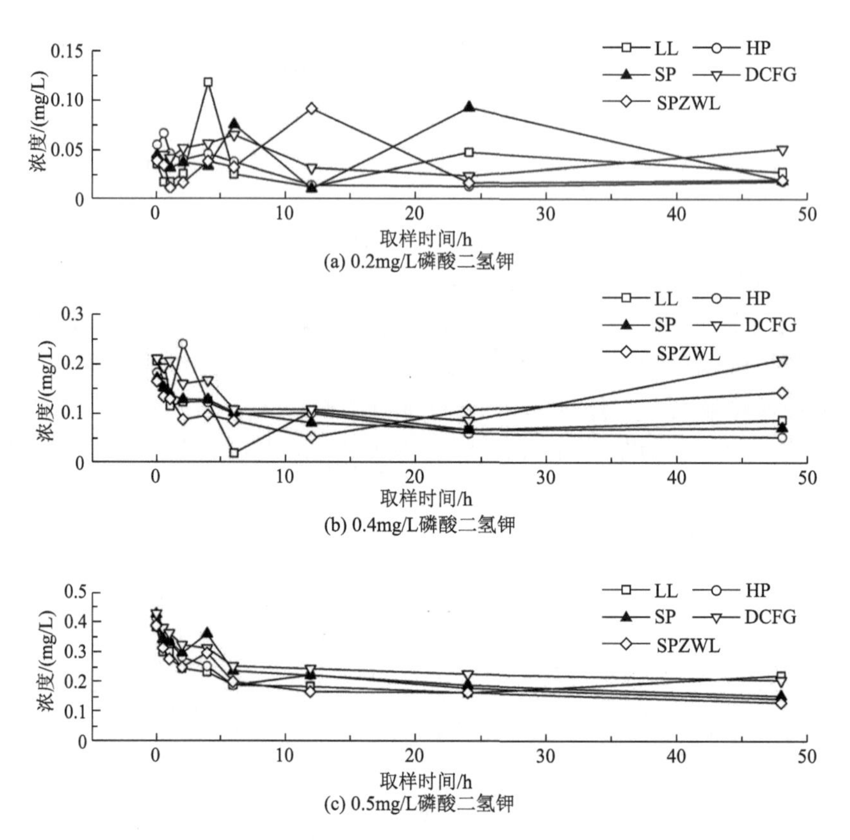

(a) 0.2mg/L磷酸二氢钾

(b) 0.4mg/L磷酸二氢钾

(c) 0.5mg/L磷酸二氢钾

图 3.28 不同措施小区流失泥沙对磷素吸附浓度

因为土壤对磷的吸附可分为快速和较缓慢两个过程：快速吸附过程可能是以土壤中无定形铁、铝对磷酸根的化学吸附作用为主导，而随泥沙颗粒上的磷浓度的逐渐增大，泥沙对磷的吸附量开始趋于平缓，此时泥沙对磷的吸附以物理吸附为主（杨艳芳等，2014）。此结果与相关研究相近，但平衡时间则更提前，可能与添加的磷素溶液浓度较低有关（夏婷婷，2015）。

0.2mg/L 磷酸二氢钾溶液经泥沙瞬时吸附后，溶液中剩余磷素浓度为 0.0382～0.0573mg/L，浓度降低 71%～81%；0.4mg/L 磷酸二氢钾溶液经泥沙瞬时吸附后，溶液中剩余磷素浓度为 0.1661～0.2128mg/L，浓度降低 47%～58%；0.5mg/L 磷酸二氢钾溶液经泥沙瞬时吸附后，溶液中剩余磷素浓度为 0.3864～0.4309mg/L，浓度降低 14%～23%。由此可以看出，与泥沙对氮素的吸附不同，泥沙对磷素的瞬时吸附能力随溶液中磷素浓度的增加而降低。由于磷素对泥沙颗粒有很强的亲和性，进入水体的磷素大部分以颗粒态的形式吸附于泥沙表面，因此随着水体中磷素浓度的增加，泥沙颗粒表面点位逐渐减少，达到阈值后则吸附能力会下降（赵汗青等，2015）。

泥沙对磷素的吸附过程呈波动下降，即吸附与解吸过程交替进行，并且泥沙对不同浓度磷素溶液均不能达到完全吸附。但波动幅度随磷素浓度的增加逐渐减弱，在 0.5mg/L 磷酸二氢钾溶液条件下以吸附为主，且只在该浓度下磷素达到吸附平衡（在 24h）。LL 小区和 DCFG 小区溶液中磷素浓度稳定在 0.2mg/L，其他小区稳定在 0.15mg/L。然而其他研究中，在未种植植物的湿地生态系统中，以土壤基质吸附为主的湿地生态系统可使上覆水流可溶性磷的去除率接近 100%，与本书结论存在差异。主要原因为本书测定的是经泥沙吸附后水溶液中的总磷浓度，其中除包括可溶性磷外还包括悬移质胶体上一些其他形态的磷（杨艳芳等，2014）。

由图 3.29 可知，不同措施小区流失泥沙对磷素吸附量的趋势与吸附浓度一致，各小区流失泥沙对磷素的吸附主要集中在 6h 之内，并且在磷酸二氢钾溶液与泥沙接触瞬间即产生吸附。泥沙对 0.2mg/L 磷酸二氢钾溶液瞬间吸附量为 28.54～32.36mg/kg，吸附比例为 71%～81%；对 0.4mg/L 磷酸二氢钾溶液瞬间吸附量为 37.44～46.78mg/kg，吸附比例 47%～58%；对 0.5mg/L 氯化铵溶液瞬间吸附量为 13.82～22.72mg/kg，吸附比例 14%～23%。由此可以看出，溶液中磷素浓度对泥沙吸附磷素的影响较大，并且随溶液中磷素浓度的增大，泥沙对磷素的吸附量降低。

不同措施小区流失泥沙对磷素均未达到完全吸附，但均随着时间延长吸附量逐渐增大。在 0.2mg/L、0.4mg/L 磷酸二氢钾溶液条件下，HP 小区泥沙对磷素吸附量最大，48h 最终吸附量分别为 35.71mg/kg、69.01mg/kg；在 0.5mg/L 磷酸二氢钾溶液条件下，SPZWL 小区泥沙对磷素吸附量最大，48h 最终吸附量为 73.13mg/kg。

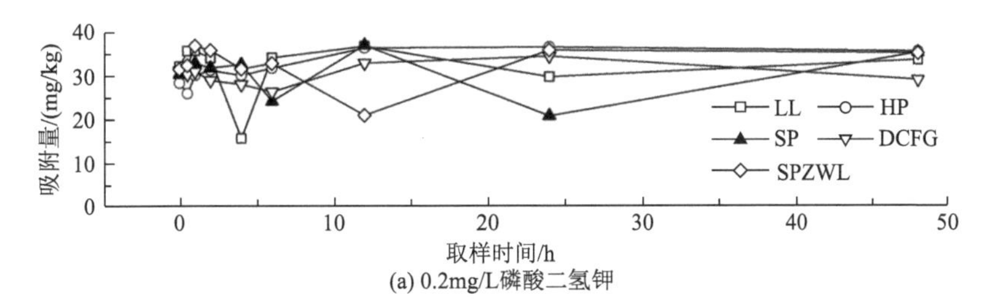

(a) 0.2mg/L磷酸二氢钾

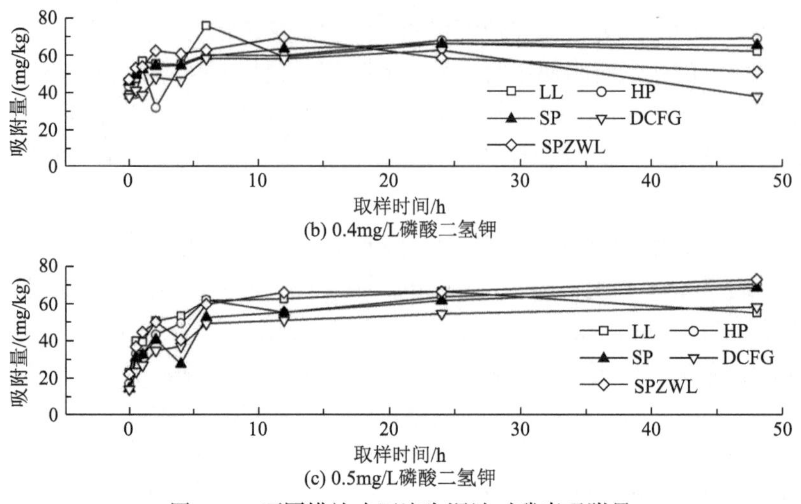

(b) 0.4mg/L磷酸二氢钾

(c) 0.5mg/L磷酸二氢钾

图 3.29　不同措施小区流失泥沙对磷素吸附量

3.4.2.2　泥沙对磷素的解吸特征

设置两种泥沙浓度（5g/L 和 10g/L）模拟不同措施小区流失泥沙对磷素的解吸特征。由图 3.30 可知，与泥沙对磷素的吸附特征相比，泥沙磷素的解吸特征规律性则不明显，吸附与解吸交替进行。5g/L 泥沙浓度条件下各小区在 6h 和 24h 出现磷素解吸的高峰，10g/L 泥沙浓度条件下各小区在 4h 和 24h 出现磷素的解吸高峰，但没有明显的解吸平衡过程。这与相关研究结论一致（赵美芝，1988）。除 LL 小区及 HP 小区 5g/L 泥沙浓度外，其余小区泥沙均在 48h 浓度接近 0mg/L，即泥沙呈现对磷素的吸附。主要原因

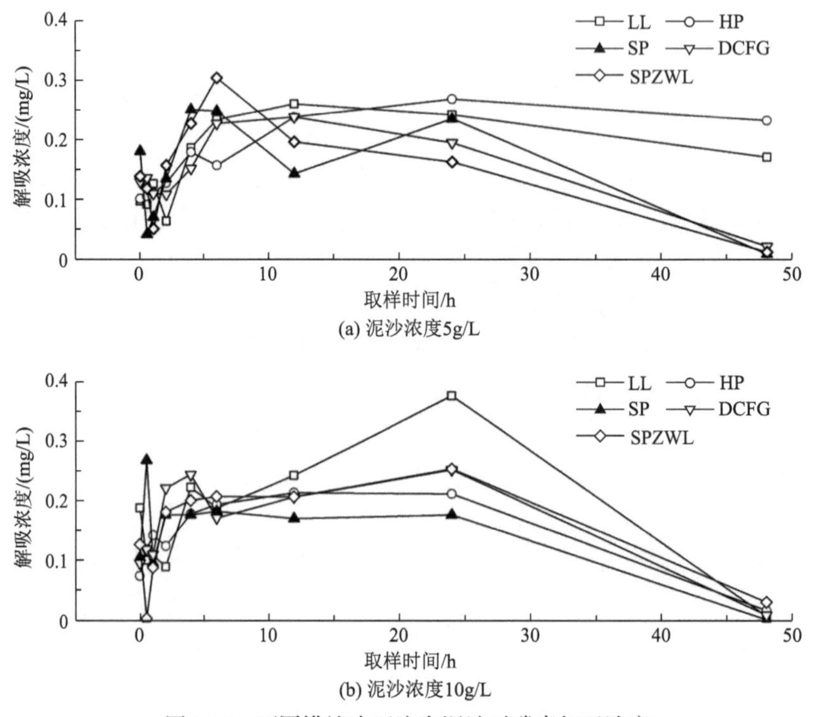

(a) 泥沙浓度5g/L

(b) 泥沙浓度10g/L

图 3.30　不同措施小区流失泥沙对磷素解吸浓度

为磷素主要形式为泥沙吸附态，容易被泥沙吸附，泥沙较难出现磷素的解吸现象。

如表 3.19、表 3.20 所示，不同措施小区泥沙对磷素解吸量趋势与其解吸浓度趋势一致。不同泥沙浓度溶液磷素吸附与解吸交替进行，并且没有解吸平衡点。磷素解吸量随泥沙浓度增加而降低。泥沙加入蒸馏水的瞬间即发生解吸。除 LL 小区和 HP 小区 5g/L 泥沙浓度外，其余小区流失泥沙均在 48h 出现磷素解吸量趋于 0mg/kg，即泥沙中的磷素不但没有解吸，反而发生吸附。原因可能是吸附期间的吸附并没有达到平衡，解吸期间产生再吸附现象；也可能是解吸期间的继续振荡，进一步破坏土粒结构，产生新的点位，重新吸附已解吸出来的磷（夏汉平和高子勤，1993a，1993b）。

表 3.19　不同浓度泥沙对磷素解吸浓度对比　（单位：mg/L）

处理	泥沙浓度 5g/L		泥沙浓度 10g/L	
	磷素解吸初始浓度	48h 磷素解吸浓度	磷素解吸初始浓度	48h 磷素解吸浓度
LL	0.1015	0.1750	0.1890	0.0081
HP	0.1055	0.2360	0.0750	0.0180
SP	0.1845	0.0135	0.1055	0.0025
DCFG	0.1335	0.0260	0.0960	0.0100
SPZWL	0.1430	0.0165	0.1275	0.0315

表 3.20　不同浓度泥沙对磷素解吸量对比　（单位：mg/kg）

处理	泥沙浓度 5g/L		泥沙浓度 10g/L	
	磷素初始解吸量	48h 磷素解吸量	磷素初始解吸量	48h 磷素解吸量
LL	20.30	35.00	18.90	0.81
HP	21.10	47.20	7.50	1.80
SP	36.90	2.70	10.55	0.25
DCFG	26.70	5.20	9.60	1.00
SPZWL	28.60	3.30	12.75	3.15

如图 3.31 所示，泥沙浓度为 5g/L 时，SP 小区磷素瞬间解吸量最大，36.90mg/kg；HP 小区 48h 解吸量最大，47.20mg/kg。泥沙浓度为 10g/L 时，LL 小区磷素瞬间解吸量最大，18.90mg/kg；SPZWL 小区 48h 解吸量最大，为 3.15mg/kg。对比磷素吸附特征可知，SPZWL 小区吸附量也最大。由此可知，磷素吸附量大的小区，遇到低浓度径流稀释时其解吸量也大。

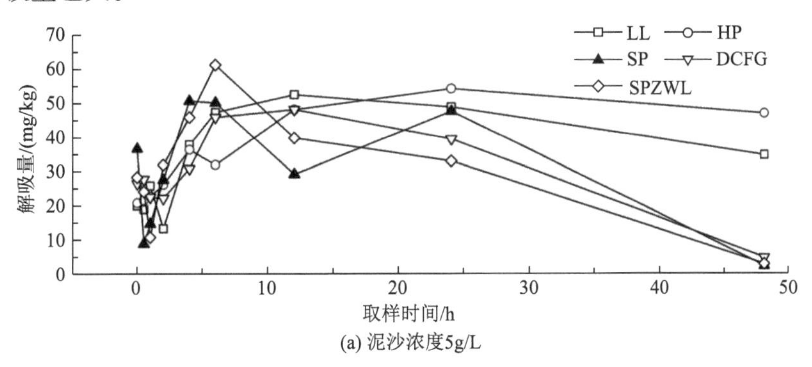

(a) 泥沙浓度5g/L

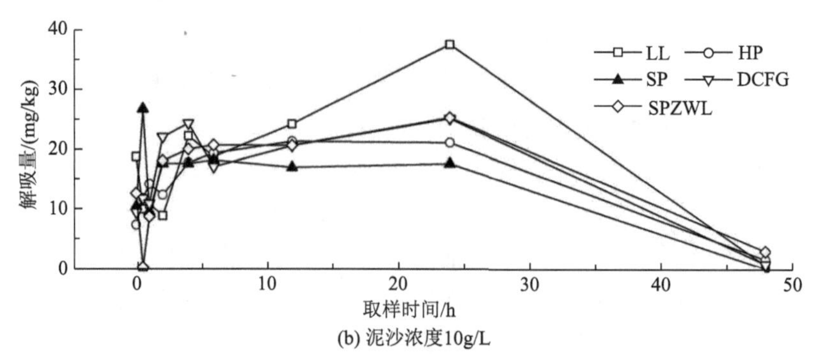

(b) 泥沙浓度10g/L

图 3.31　不同措施小区流失泥沙对磷素解吸量

3.5　面源污染对流域水质影响模拟

3.5.1　一维河流水质模型模拟

3.5.1.1　水质模型构建

污染负荷在河道的迁移转化可归纳为 3 种运动：①随流输移；②扩散运动，包括分子扩散、紊动扩散和纵向离散扩散；③衰减转化，随流运动只改变污染负荷的空间位置，不影响污染物浓度变化；扩散运动在一维水质模型中通常不予考虑；衰减运动改变污染负荷的物质总量。因此，综合分析并参照相关研究，本次模拟采用 QUAL2K 水质综合模型构建一维河流水质模型。QUAL2K 水质综合模型的水质基本方程是一维平流-扩散物质迁移方程，该方程考虑平流扩散、稀释、水质组分自身反应、水质组分间的相互作用以及组分的外部源和汇对组分浓度的影响。

QUAL2K 水质综合模型要对模拟河流和污染源进行概化。QUAL2K 水质综合模型首先将模拟河道划分为一系列恒定非均匀流河段，再将每个河段划分为若干等长的计算单元。河道数据以河段组织，同一河段具有相同的水力、水质特性和参数，各河段的水力、水质特性则各不相同。计算单元是 QUAL2K 水质综合模型进行水质模拟的最小单位，QUAL2K 水质综合模型要求各个河段上的计算单元是等长的，每个河段由整数个计算单元构成。河流划分原则包括：①水力特性有显著变化处；②主、支流交汇处；③流域污染源排入点；④桥梁或具有水质监测资料处；⑤水源取水口上游；⑥水质水体分类界限处；⑦平直河段若干间隔处。

本次模拟主要模拟赣江下游的主干流，将汇入干流的袁河和锦江支流概化成点源排入，非点源和非点出水口被模拟成线源和线出水口，以它们的起始点和终点为分界线，河段划分与污染源概化如图 3.32 所示。

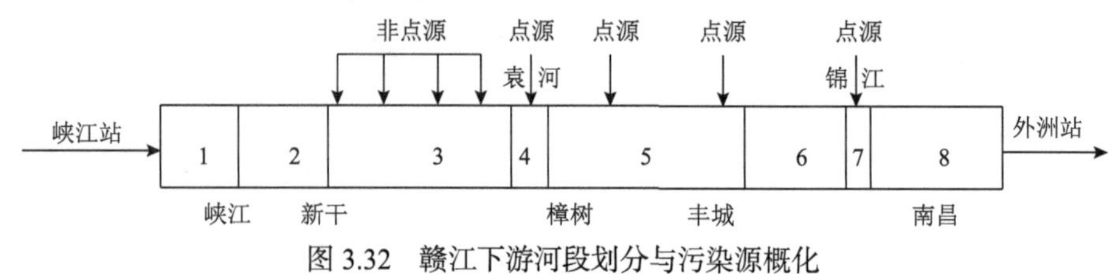

图 3.32　赣江下游河段划分与污染源概化

QUAL2K 水质综合模型的水质基本方程是一维平流-扩散物质迁移方程，该方程考虑平流扩散、稀释、水质组分自身反应、水质组分间的相互作用以及组分的外部源和汇对组分浓度的影响。对于任意一种水质组分，有

$$\frac{\partial c}{\partial t}=\frac{\partial(A_x D_{\mathrm{L}}\frac{\partial c}{\partial x})}{A_x\partial x}-\frac{\partial(A_x uc)}{A_x\partial x}+\frac{\partial c}{\partial t}+\frac{S}{V} \tag{3.34}$$

式中，c 为组分浓度；x 为距离；t 为时间；A_x 为距离 x 处的河流断面面积；D_{L} 纵向弥散系数；u 为平均流速；S 为源汇项；V 为水体容积。

在每个时间步长上，对任意一种水质组分，QUAL2K 水质综合模型在每个计算单元上列出形如式（3.34）的水质方程；对于复杂的河流系统，可采用有限差分法求得其数值解：

$$\frac{\mathrm{d}c_i}{\mathrm{d}t}=\frac{Q_{i-1}}{V_i}c_{i-1}-\frac{Q_i}{V_i}c_i-\frac{Q_{\mathrm{out},i}}{V_i}c_i+\frac{D_{i-1}}{V_i}(c_{i-1}-c_i)+\frac{D_i}{V_i}(c_{i+1}-c_i)+\frac{W_i}{V_i}+S_i \tag{3.35}$$

$$W_i=\sum_{j=1}^{\mathrm{ps}i}Q_{\mathrm{ps},i,j}c_{\mathrm{ps},i,j}+\sum_{j=1}^{\mathrm{nps}i}Q_{\mathrm{nps},i,j}c_{\mathrm{nps},i,j} \tag{3.36}$$

$$Q_i=Q_{i-1}+Q_{\mathrm{in},i}-Q_{\mathrm{out},i} \tag{3.37}$$

$$Q_{\mathrm{in},i}=\sum_{j=1}^{\mathrm{ps}i}Q_{\mathrm{ps},i,j}+\sum_{j=1}^{\mathrm{nps}i}Q_{\mathrm{nps},i,j} \tag{3.38}$$

$$Q_{\mathrm{out},i}=\sum_{j=1}^{\mathrm{pa}i}Q_{\mathrm{pa},i,j}+\sum_{j=1}^{\mathrm{npa}i}Q_{\mathrm{npa},i,j} \tag{3.39}$$

式中，W_i 为进入河段 i 的总污染负荷；Q_i 为河段 i 的流出量，也是河段 i+1 的流入量；Q_{i-1} 为上游河段 i–1 的流入量；$Q_{\mathrm{in},i}$ 为点源和非点源流进入河段 i 的总流量；$Q_{\mathrm{out},i}$ 为通过点源和非点源出水口流出河段 i 的总流量；$Q_{\mathrm{ps},i,j}$ 为第 j 个点源流进河段 i 的流量；$c_{\mathrm{ps},i,j}$ 为第 j 个点源流进河段 i 的浓度；$Q_{\mathrm{nps},i,j}$ 为第 j 个非点源流进河段 i 的流量；$c_{\mathrm{nps},i,j}$ 为第 j 个非点源流进河段 i 的浓度；$Q_{\mathrm{pa},i,j}$ 为河段 i 第 j 个点源出水口的出水量；$Q_{\mathrm{npa},i,j}$ 为河段 i 第 j 个非点源出水口的出水量；ps$i$ 为河段 i 所有点源进水口的数量；nps$i$ 为河段 i 所有非点源进水口的数量；pa$i$ 为河段 i 所有点源出水口的数量；npa$i$ 为河段 i 所有非点源出水口的数量。

3.5.1.2　边界条件及参数率定

（1）初始条件。根据干流各水文站及水位站的实测资料和水质监测资料，通过内插得到初始流量沿程分布，由此确定一维水质模型的初始条件。

（2）边界条件。上边界取赣江峡江站的水质浓度，下边界取赣江外洲站的水质浓度。

（3）水力参数确定。在已知速度 u 、流量 Q 、水深 H 的情况下，通过公式及经验值，可以求得系数 a 、b 、α 和 β 的值，如表 3.21、表 3.22 所示。

表 3.21 水力参数计算

计算方程	指数	经验值	取值范围
$U = aQ^b$	b	0.43	0.4～0.6
$H = \alpha Q^\beta$	β	0.45	0.3～0.5

表 3.22 水力参数估算

河段	速度		水深	
	系数	指数	系数	指数
峡江段	0.0278	0.462	0.1608	0.441
樟树段	0.0397	0.4165	0.2129	0.445
南昌段	0.0304	0.4777	0.2231	0.449

（4）水质参数的确定。水质参数包括氨氮降解系数 k_N、总磷平衡系数 k_P、河流纵向弥散系数 D_L。本书用 2011 年 2 月的测量数据来进行水质参数的率定，通过上述计算方法，得到各河段氨氮降解系数 k_N、总磷平衡系数 k_P、河流纵向弥散系数 D_L。

3.5.1.3 结果分析

为了验证模型的适用性与可靠性，以赣江中下游 2012 年枯水期（11 月至次年 2 月）水质实测结果与模拟结果进行验证，验证结果见图 3.33。结果表明，本书建立的一维水质模型的计算值与实际断面的监测值具有一致的变化趋势，能够较好地拟合赣江中下游水质变化状况。预测模型的最大相对误差为 36.2%，平均相对误差为 23.5%，说明本书使用的一维水质模型具有一定的可靠性。

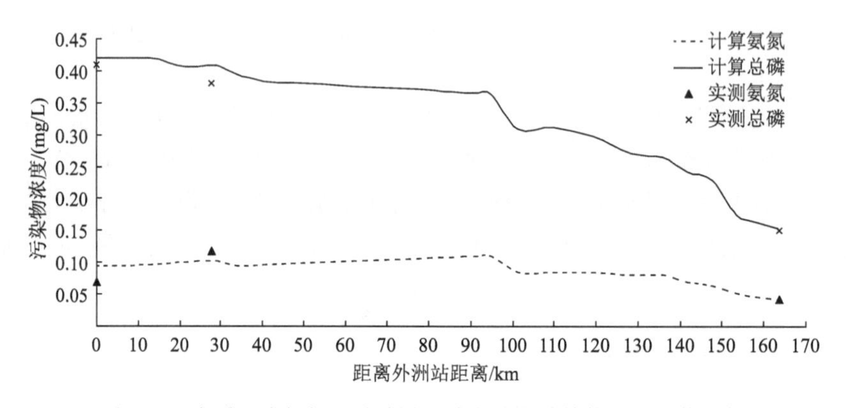

图 3.33 水质污染氨氮和总磷沿程分布浓度计算值与实测值比较

采用建立好的模型及其率定好的参数，模拟计算 2012 年丰水期（3～6 月）赣江下游考虑面源污染与不考虑面源污染两种情景下水质状况，从而分析面源污染对赣江下游水质的影响。模型初始流量采用峡江站 3～6 月流量平均值，初始污染物浓度采用峡江站污染物浓度平均值，面源径流量采用外洲站与峡江站差值的面积平均计算得到。应用王全金等（2011）研究的输出系数模型估算赣江下游面源污染负荷结果。计算结果见图 3.34、图 3.35。

计算结果显示，随着距离上游距离增加，面源污染对水质影响呈增大趋势。这主要是由于随着距离增加，进入水质的面源污染物负荷量增大，使得水质下降。外洲站不考虑面源污染影响，氨氮、总磷浓度分别仅为 0.273mg/L、0.065mg/L，而考虑面源污染影响，氨氮、总磷浓度分别达到 0.517mg/L、0.114mg/L，面源污染对赣江下游水质影响可达 50%左右。

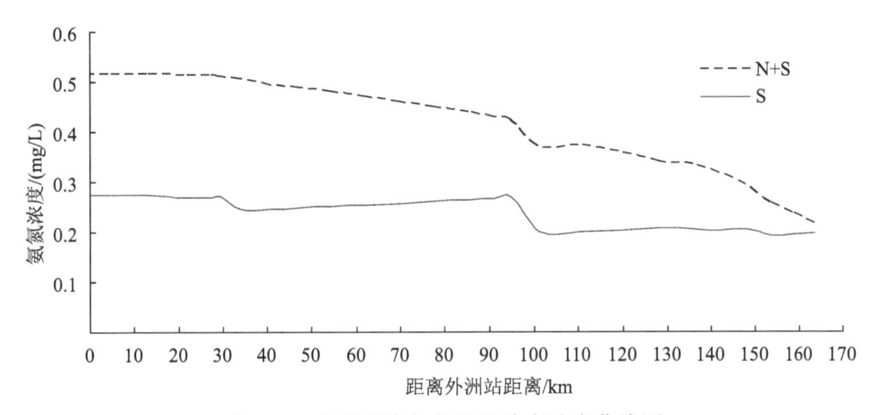

图 3.34　水质污染氨氮沿程分布浓度曲线图

S 是点源；N+S 是面源+点源

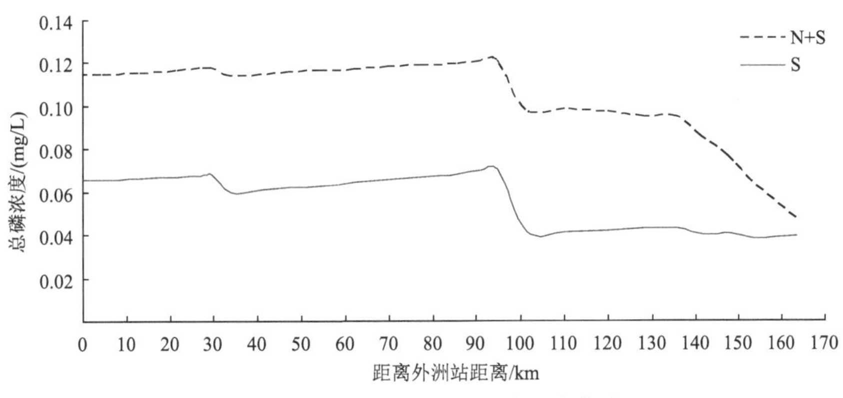

图 3.35　水质污染总磷沿程分布浓度曲线图

S 是点源；N+S 是面源+点源

3.5.2　湖泊水质模型模拟

3.5.2.1　模型建立

鄱阳湖入湖主要由赣江、抚河、信江、饶河、修水、博阳河和西河等支流组成，且它们围绕鄱阳湖分散入湖，因此可以采用完全混合箱式模拟计算鄱阳湖污染物浓度。湖泊中氮和磷等营养盐物质随时间的变化率，是输入、输出和在湖泊内沉积的该种污染物的量的函数，因此营养盐物质容量计算可采用沃伦威得尔（Vollenweider）模型，即可以用质量平衡方程表示。

$$V\frac{\mathrm{d}c}{\mathrm{d}t}=I_{\mathrm{c}}-scV-Qc \tag{3.40}$$

式中，V 为湖泊容积；s 为污染物沉积速度常数；Q 为出流流量；I_{c} 为入湖污染物负荷强度；c 为混合后湖泊污染物浓度。

引入冲刷速度常数 r（令 $r=Q/V$），则得到：

$$\frac{\mathrm{d}c}{\mathrm{d}t}=\frac{I_{\mathrm{c}}}{V}-sc-rc \tag{3.41}$$

在给定初始条件，当 $t=0$，$c=c_0$ 时，求得式（3.41）的解析解为

$$c=\frac{I_{\mathrm{c}}}{V(s+r)}+\frac{V(s+r)c_0-I_{\mathrm{c}}}{V(s+r)}\mathrm{e}^{-(s+r)t} \tag{3.42}$$

3.5.2.2　参数率定

（1）入湖污染强度为赣江、抚河、信江、昌江、乐安河、修水、博阳河和西河等入湖河流源强之和。其中入湖河流源强分为考虑面源污染和不考虑面源污染两种情景，分析面源污染对鄱阳湖水质的影响。具体数值为上述负荷计算结果。

（2）鄱阳湖容积通过江西省水利厅发布的《鄱阳湖水资源动态监测通报》中的星子站水位和鄱阳湖容积回归关系得出，如图 3.36 所示。

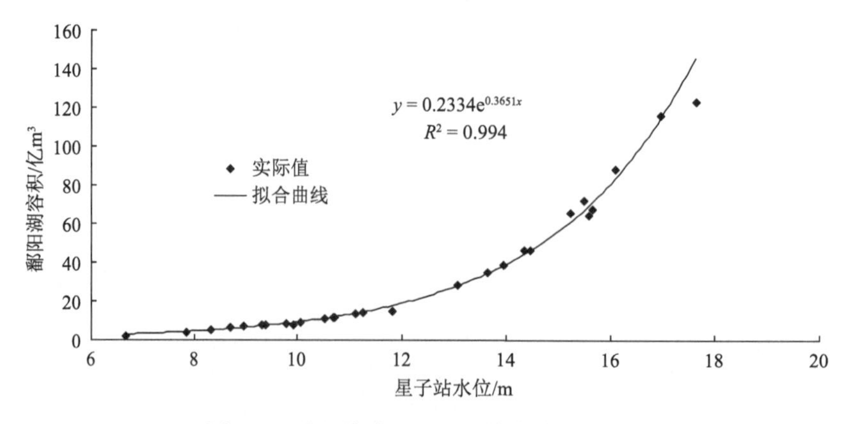

图 3.36　鄱阳湖容积和星子站水位关系曲线

利用鄱阳湖容积和星子站水位关系曲线以及星子站逐日水位，计算统计得出鄱阳湖各时段的容积。

（3）污染物在湖体中的沉积系数采用试错法率定得出，氨氮和总磷沉积速度常数范围为 $1.5\times10^{-7}\sim8.9\times10^{-6}\mathrm{s}^{-1}$。

（4）水质选择鄱阳湖出口湖口站水质代表鄱阳湖实测水质。

3.5.2.3　结果分析

通过对比湖口站 2008 年、2011 年和 2012 年实测氨氮、总磷浓度与模型模拟计算值，

从模型结果可以看出，计算值与实测值吻合较好，除个别月份氨氮和总磷浓度特别高外，其误差大多在10%～56%，平均在22%以内，如图3.37～图3.42所示。模拟结果基本和实测值变化趋势一致，但总体上小于实测值，这可能是水质监测次数较少和没有计算湖区污染负荷从而引起污染负荷偏小所致。虽然单层箱体模型（Vollenweider 模型）考虑因素较少，但计算结果基本可靠，能反应鄱阳湖水质变化趋势，因此Vollenweider模型可以用来计算各特征年份鄱阳湖水质。

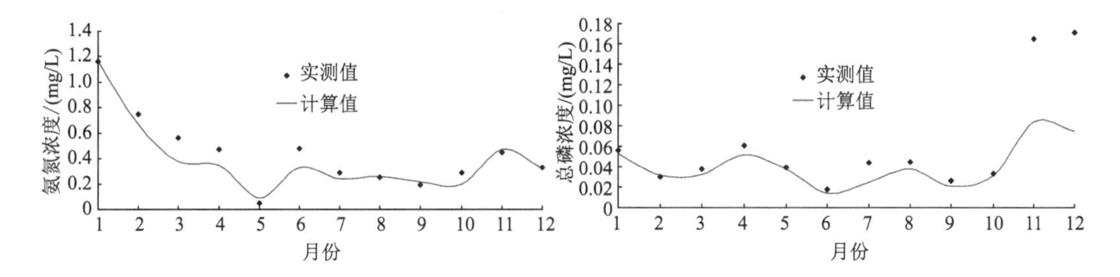

图3.37　丰水年鄱阳湖模拟水质氨氮和总磷浓度状况

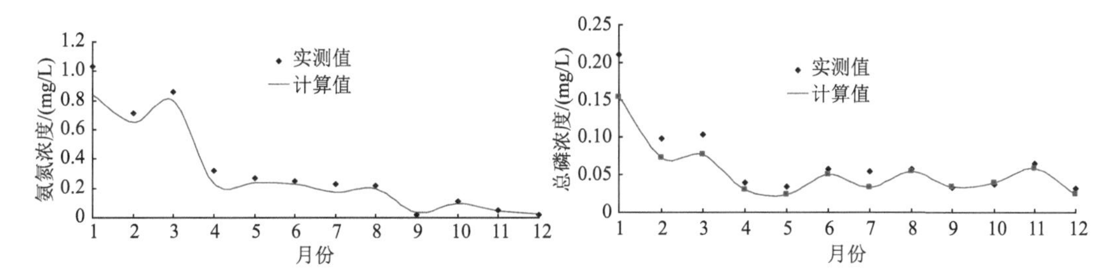

图3.38　平水年鄱阳湖模拟水质氨氮和总磷浓度状况

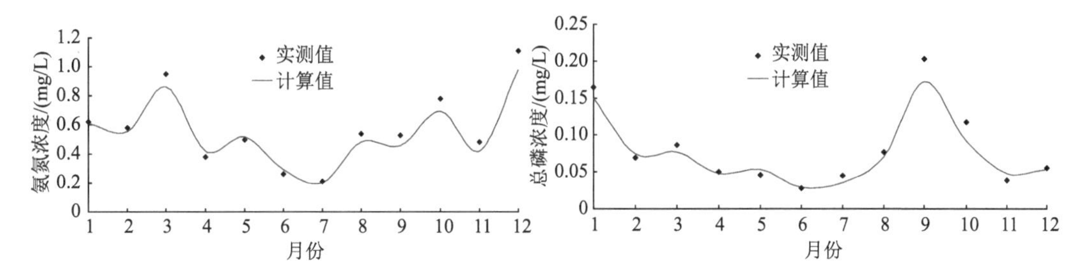

图3.39　枯水年鄱阳湖模拟水质氨氮和总磷浓度状况

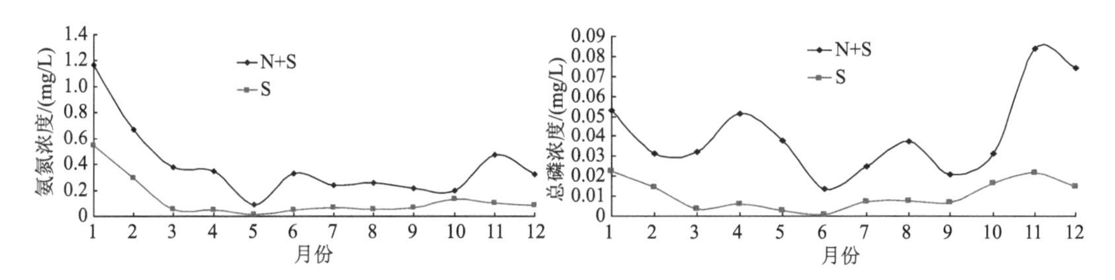

图3.40　丰水年氨氮和总磷面源污染对鄱阳湖水质影响状况

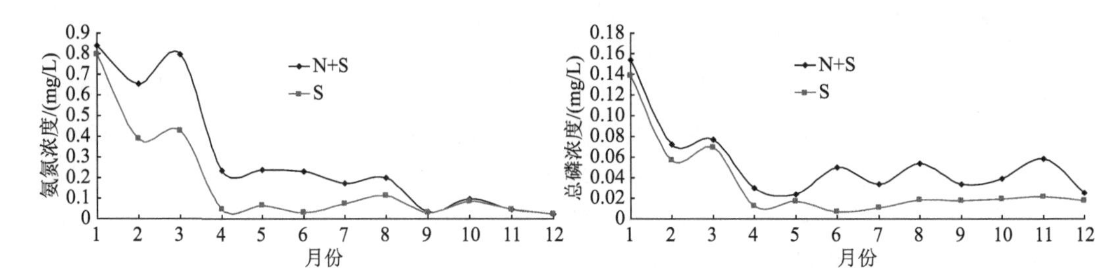

图 3.41 平水年氨氮和总磷面源污染对鄱阳湖水质影响状况

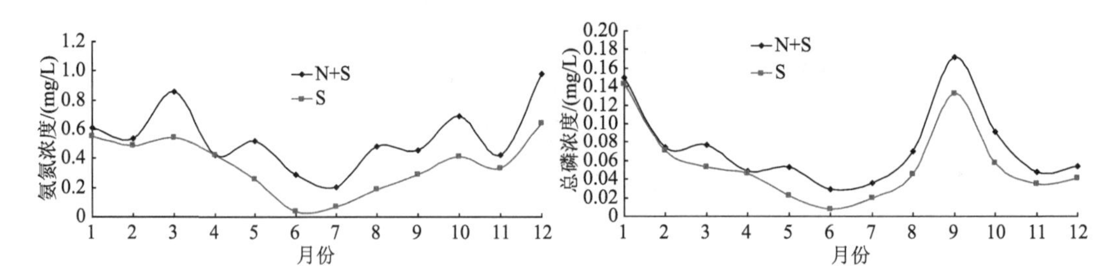

图 3.42 枯水年氨氮和总磷面源污染对鄱阳湖水质影响状况

从上述计算结果可知：

（1）入湖负荷量无论是否考虑面源污染，各水平年的 4～9 月丰水期氨氮和总磷浓度普遍低于其他月份，水质很好。

（2）丰水年 4～9 月水质在考虑与不考虑面源污染负荷量两种情况下的差别较大，5 月和 6 月两种情况下氨氮浓度比分别达到 7.5 倍和 6.8 倍，两种情况下总磷浓度比分别达到 13.2 倍和 16.6 倍。

（3）平水年、枯水年和丰水年相比，4～9 月丰水期考虑面源污染情况下对鄱阳湖水质影响相差不大，其主要区别在非汛期，尤其是枯水期，面源污染对鄱阳湖水质影响丰水年＞平水年＞枯水年。

（4）整体来看，平水年鄱阳湖水质较丰水年、枯水年水质好。这是因为丰水年水量较大，降雨径流挟带的污染负荷大于平水年和枯水年。而枯水年由于降水量少，入鄱阳湖径流量少，点源污染浓度大。

从以上分析可以看出，鄱阳湖存在点源污染和面源污染双重污染，其中丰水期和丰水年以面源污染为主。

参 考 文 献

串丽敏，赵同科，安志装，等. 2010. 土壤硝态氮淋溶及氮素利用研究进展. 中国农学通报，26(11)：200-205.

高超，张桃林，吴蔚东. 2001. 农田土壤中的磷向水体释放的风险评价. 环境科学学报，21(3)：344-348.

李卓瑞，韦高玲. 2016. 不同生物炭添加量对土壤中氮磷淋溶损失的影响. 生态环境学报，25(2)：333-338.

吕家珑. 2003. 农田土壤磷素淋溶及其预测. 生态学报, 23(12): 2689-2701.
吕家珑, 张一平, 张君常, 等. 1999. 土壤磷运移研究. 土壤学报, 36(1): 75-82.
马良, 左长清, 邱国玉. 2010. 赣北红壤坡地侵蚀性降雨的特征分析. 水土保持通报, 30(1): 74-79.
欧阳祥, 莫明浩, 计勇, 等. 2019. 基于室内土柱模拟的坡耕地红壤氮磷淋溶特征. 环境科学与技术, 42(11): 40-46.
孙大志, 李绪谦, 潘晓峰. 2007. 氨氮在土壤中的吸附/解吸动力学行为的研究. 环境科学与技术, (8): 16-18, 111.
王全金, 徐刘凯, 向速林, 等. 2011. 应用输出系数模型估算赣江下游非点源污染负荷. 人民长江, 42(23): 30-33, 106.
王荣萍, 余炜敏, 黄建国, 等. 2006. 田间条件下氮的矿化及硝态氮淋溶研究. 水土保持学报, 20(1): 80-82, 107.
夏汉平, 高子勤. 1993a. 磷酸盐在土壤中的竞争吸附与解吸机制. 应用生态学报, (1): 89-93.
夏汉平, 高子勤. 1993b. 磷酸盐在白浆土中的吸附与解吸特性. 土壤学报, (2): 146-157.
夏婷婷. 2015. 湖泊底泥对氮磷的吸附试验研究. 长春师范大学学报, 34(10): 54-57.
杨艳芳, 孔令柱, 郑真, 等. 2014. 退耕还湖后湿地土壤对磷的吸附解吸特性. 应用生态学报, 25(4): 1063-1068.
曾文龙. 2001. 土壤对铵、钾及磷酸离子吸附固定的研究. 中国烟草科学, (1): 30-34.
赵汗青, 唐洪武, 李志伟, 等. 2015. 河湖水沙对磷迁移转化的作用研究进展. 南水北调与水利科技, 13(4): 643-649.
赵美芝. 1988. 几种土壤和粘土矿物上磷的解吸. 土壤学报, (2): 156-163.
Chu S T. 1978. Infiltration during an unsteady rain. Water Resources Research, 14(3): 461-466.
Dong C, Paul S, Zong S W, et al. 2016. Reduction of orthophosphates loss in agricultural soil by nano calcium sulfate. Science of the Total Environment, (539): 381-387.
Folly A, Quinton J N, Smith R E. 1999. Evaluation of the EUROSEM model using data from the Catsop watershed. The Netherlands Catena, 37(3-4): 507-519.
Heckrath G, Brookes P C, Poulton P R, et al. 1995. Phosphorus leaching from containing different phosphorus concentrations in the Broadbalk experiment. Journal of Environmental Quality, (24): 904-910.
McDowell R, Sinaj S, Sharpley A, et al. 2001. The use of isotopic exchange kinetics to assess phosphorus availability in overland flow and subsurface drainage waters. Soil Science, 166(6): 365-373.
Mein R G, Larson C L. 1973. Modeling infiltration during a steady rain. Water Resources Research, 9(2): 384-394.
Wallach R, William A J, William F S. 1988. Transfer of chemicals from soil solution to surface runoff: a diffusion-based soil model. Soil Science Society of America Journal, 52(3) : 612-618.
Walter M T, Walter M F, Brooks E S, et al. 2000. Hydrologically sensitive areas: variable source area hydrology implications for water quality risk assessment. Journal of Soil and Water Conservation, 55(3): 277-284.

第 4 章　区域面源污染评价模型

主要通过选取鄱阳湖周边典型区域，构建该典型区域的面源污染评价模型，为该研究区进行产流、面源污染物迁移模拟研究提供技术支撑。选取博阳河流域为研究对象，博阳河流域位于鄱阳湖滨湖地区，其面源污染物的排放和迁移转化，直接影响着鄱阳湖区周边水质状况，选取鄱阳湖滨湖地区的博阳河流域开展面源污染评价模型研究，探求鄱阳湖滨湖地区的面源污染评价模型，可以为今后建立鄱阳湖滨湖地区土壤侵蚀及面源污染模型提供科学依据。

流域水文模型是以流域为研究对象，对实际水文过程概化并用数学方法描述，通过模拟计算流域上的降水、地表径流形成及水面流量过程，分析水文要素特征、不同要素间相互影响及作用过程，找出影响该流域产汇流的主要因素及过程，进而系统研究水文规律，合理配置水资源及优化管理。近年来，由于计算机和 3S 技术的不断成熟及广泛应用，分布式流域水文模型获得极大发展，在流域径流模拟、人类活动、土地利用及气候变化影响下的水文响应模拟，以及水土流失及污染物输移模拟等领域均得到了广泛应用（马蒙越等，2019；陆文等，2020；汪伟等，2020）。SWAT 作为机理性模型，能动态反映面源污染的过程，使模拟更加接近实际，同时，模型包括陆域和水域两个过程，在面源污染的定量研究中可进行污染过程的完整模拟，并可得到动态的模拟结果。

根据水文模型的发展方向，本书基于运用较为广泛且具有代表性的分布式水文模型——SWAT 模型，建立博阳河流域水文、面源污染评价模拟模型，用以模拟并研究降雨径流时空分布特征及部分面源污染物的迁移规律。

博阳河属鄱阳湖区水系，发源于瑞昌市和平乡和德安县塘山乡，自西北向东南贯穿全境，流经邹桥、磨溪、聂桥、丰林、宝塔、河东、蒲亭等地，最后流入鄱阳湖西北部的南湖。沿途汇集源里河、爱民水、车桥水、田家河、庐山河、黄女甬河、金带河、庙前港、涂山水等 34 条大小支流，博阳河干流全长 93km，流域面积 1320km^2。据博阳河梓坊站观测资料显示，博阳河多年平均流量为 11.8m^3/s，最大洪峰流量为 960m^3/s，最小洪峰流量为 0.003m^3/s；博阳河德安县城有记录的最高洪峰水位为吴淞高程 22.94m。德安县境内河流水质多属简单型，除田家河、黄女甬河部分支流与河段河水浑浊、泥沙含量高外，其余绝大部分水质较好（郑宁，2011）。

本书的鄱阳湖湖区典型区域面源污染模型以博阳河流域为研究对象，即博阳河梓坊站以上段流域，流域面积约为 618km^2，流域范围涉及德安县大部分地区、瑞昌市东南部分地区及武宁县的小部分地区。该地区地势西高东低，多为低山丘陵，土层浅薄，同时受人类活动的影响，极易发生水土流失和土壤退化，泥沙及各类营养物、重金属等伴随降雨径流进入水体，造成水环境污染。

研究区地处江西省北部，由于该地区以县域、农村为主，人口受教育程度相对较低，人口增长速度偏高于江西省整体增长速度，该地区平均人口密度达 222 人/km^2（2007 年），2009 年平均人口增长率为 13.5‰，比江西省同期人口增长率高 2.7‰；畜禽养殖业总量持续增长；种植业所占比例较大，耕地是该地区主要土地利用方式之一，研究区内土壤主要有红壤、棕红壤、黄红壤、潜育水稻土、棕色石灰土五类。

研究区年平均气温 17.5℃，1 月最冷，平均最低气温 1.76℃；7 月最热，平均最高气温 34.52℃。年日照时数 2000h 左右，年无霜期 240～260d。日平均气温稳定，年太阳总辐射量为 108.06kcal[①]/cm^2，日辐射总量最高值出现在 7 月，为 14.06kcal/cm^2，最低值出现在 1 月，为 5.78kcal/cm^2。年平均日照时数为 1878.6h，日照率 43%，作物生长旺盛的 4～6 月平均日照时数为 183.5h，7～8 月平均日照时数达 249h。研究区内降水量地区分布差异不大，年平均降水量为 1509.27mm，但年际、年内变幅较大，因而易发生旱涝灾害，雨量集中在 4～6 月，达 590mm，占全年降水量的 40%，10～12 月降水量最少，占全年降水量的 13%（郑宁，2011）。

4.1　模型数据库构建

SWAT 模型数据库主要包括空间数据库和属性数据库两部分。其中，空间数据库包括流域 DEM，流域坡度、坡向的空间数据，土地利用/覆被空间数据，以及土壤类型空间分布数据。这些数据均应统一到同一投影和空间坐标系统下，本书采用的空间投影信息详见表 4.1。

表 4.1　空间投影信息表

编号	参数	内容
1	投影坐标系统	WGS_1984_UTM_Zone_50 N
2	投影类型	横轴墨卡托（Mercator）
3	纵轴偏移量	500000
4	横轴偏移量	0
5	中央经线/（°）	117
6	比例系数	0.9996
7	起始纬度	0
8	长度单位	m
9	空间分辨率/m	90

① 1cal=4.1868J。

4.1.1　空间数据库

4.1.1.1　地形因子数据库

地形是地物和地貌的总称，是划分、描述水文过程的重要基础数据，是影响地表径流形成过程的重要因子，地形决定河流的流向，由高处向低处流，因此结合地形坡向可确定河流的具体流向、地形类型、地势落差。坡度决定河流流速、支流发育情况。在地势陡峭的山区一般河流流速大，水流急，有丰富的水能资源。平原地区，一般河网密布，流速平缓，水量丰富的河段有利于航运。山脉往往是相邻两大流域之间的分水岭，因此在等高线地形图上，根据山脊线可确定河流流域的范围（郑宁，2011）。

1）流域 DEM 的提取

DEM 大部分是比较光滑的地形表面模型，但是由于误差及某些特殊地形的存在，DEM 表面会有一些凹陷的地区存在，导致得到精度不高的水流方向结果，使得原始 DEM 数据不能满足研究的需要。因此，在进行绝大多数模拟实验之前，都会将原始 DEM 数据通过 ArcGIS 软件的水文分析模型进行洼地填充，最终得到满足研究需求的无洼地 DEM 数据。本书用到的 DEM 数据是通过国际科学数据服务平台（http://datamirror.csdb.cn）提供的中国 90m 分辨率数字高程产品和 1∶30 万数字地形图得到的（图 4.1），通过 DEM 分析可以看到博阳河流域的海拔处于 18～688m。

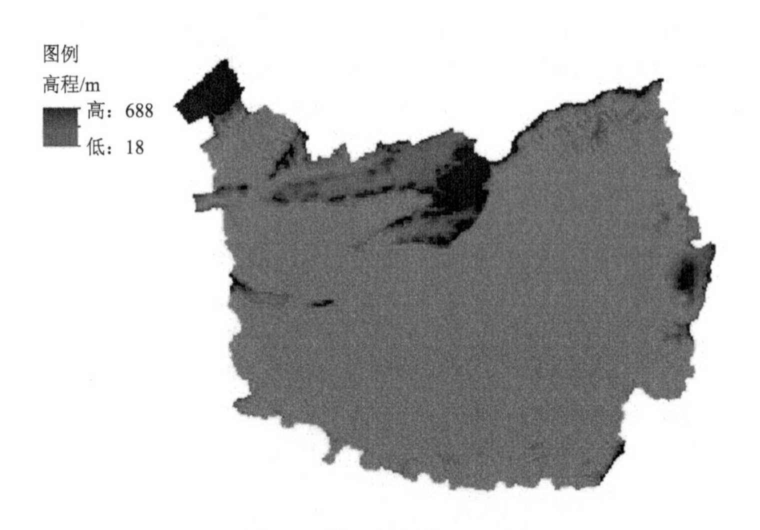

图 4.1　博阳河流域 DEM 图

2）流域坡度因子的提取

坡度即坡面高程差与距离的比值，可以反映地表的陡缓程度，ArcGIS 通过 D8 算法，即计算中心栅格与 8 个邻域栅格间最大坡降比来确定坡度，进而提取水流方向，计算单元汇水累积量，从而定义汇水边界。博阳河流域坡度图如图 4.2 所示。

图 4.2　博阳河流域坡度图

3）流域坡向因子的提取

坡向指坡面法线投影在水平面的矢量方向，对山地日照时数和太阳辐射强度有较大作用，坡向对日照、风速、温度、降水、土壤等水文因素的影响较大，植物和环境的生态关系也由此发生变化，所以坡向深刻影响着小流域内的水文循环（郑宁，2011），同样对博阳河流域坡向因子进行提取。

4.1.1.2　土地利用空间数据库

流域内土地利用/覆被资料是径流模拟所需的重要地理空间信息之一，土地利用数据主要通过 2008 年 1∶10 万的土地利用图和 2012 年 1∶15 万江西省土地利用图获得，博阳河流域土地利用方式多种多样，包括林地、草地、水田、疏林地等 12 种之多，由于 SWAT 模型采用的土地利用分类系统及土地利用属性数据库是美国地质调查局制定的，与国内统一使用的土地利用分类标准存在一定差异，因此本书在实现模拟之前，必须将土地利用空间数据库转换为与模型分类标准相同的数据库。按照模型的输入要求主要分为一般性耕地（AGRL）、林地（FRST）、果园（ORCD）、草地（PAST）、水稻田（RICE）、工业用地（UIDU）、低密度居民地（URLD）、水域（WATR）（表 4.2 和图 4.3）。

表 4.2　流域土地利用情况表

类型	面积/hm^2	比例/%
FRST	44310.124	71.68
AGRL	9363.9395	15.15
RICE	723.0841	1.17
WATR	370.1876	0.60
PAST	1821.8576	2.95
URLD	197.2762	0.32
UIDU	22.0069	0.03
ORCD	5008.9295	8.10

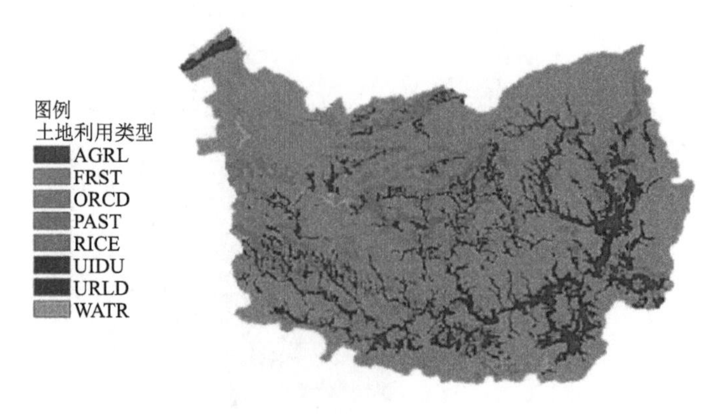

图 4.3 博阳河流域土地利用类型

4.1.1.3 土壤空间数据库

土壤属性分为物理和化学属性两种，物理属性决定土壤中水分和空气的结构形态及运动状况，从而影响水文循环过程，是 SWAT 模型降雨径流模拟必须输入的下垫面条件之一，模型需要输入的土壤物理属性数据包括土壤分层数、土层厚度、土层有效含水量、水文分组、土壤颗粒含量百分比、饱和导水率、土壤容重等。根据 SWAT 模型的土壤数据库要求，该流域主要拥有以下 5 类土壤（表 4.3），分别为红壤、黄红壤、潜育水稻土、棕红壤和棕色石灰土。土壤空间分布如图 4.4 所示。

表 4.3 流域土壤情况表

类型	面积/hm^2	比例/%
红壤	2107.9474	3.41
黄红壤	738.0174	1.19
潜育水稻土	10849.4058	17.55
棕红壤	32452.3302	52.50
棕色石灰土	15669.7047	25.35

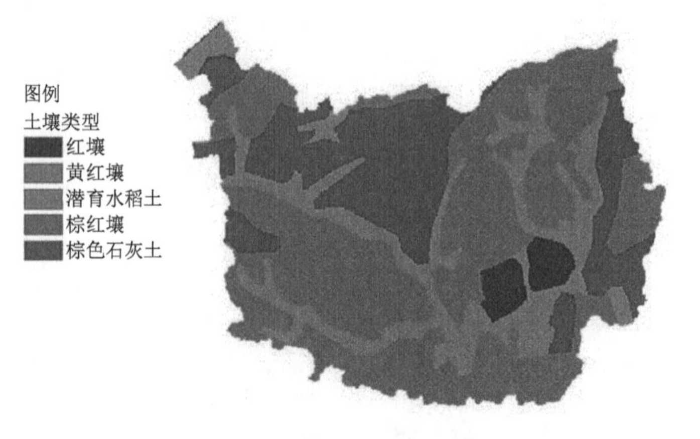

图 4.4 博阳河流域土壤图

4.1.2　属性数据库

属性数据库是模型运算的数据基础，该模型中属性数据库主要是在对地形、气候、土壤、土地利用等数据进行预处理后构建的不同因子的属性数据库，为模型的运算提供基础的输入数据。本书广泛搜集了博阳河流域的地形水文、土地利用/覆被、土壤气象及社会经济等数据，建立基于 SWAT 模型适用于研究区的数据库。

4.1.2.1　土地利用属性数据库

基于研究区的土地利用数据库，将土地利用代码转换为 SWAT 模型能够识别的模型代码。模型中有关土地利用/覆被的属性数据即可直接调用模型自身的数据（阿诺德等，2011）（表 4.4）。

表 4.4　SWAT 模型内部土地利用/覆被属性数据

变量	模型定义
ICNUM	土地利用/植被代码
CPNM	一个由 4 个字母组成的代表土地覆盖/植被名称的代码
IDC	土地覆盖/植被分类
DESCRIPTION	土地覆盖/植被的全称，用于帮助使用者区分植物的种类
BIO_E	辐射利用率或生物能比（kg/hm^2 或 kJ/m^2）
HVSTI	最佳生长条件的收获指数
BLAI	潜在叶面积指数
FRGRW1	对应于最佳叶面积指数生长曲线上第一个点的生长季分数（潜在热单位总量分数）
LAIMX1	对应于最佳叶面积指数生长曲线上第一个点的植物最大叶面积指数分数
FRGRW2	对应于最佳叶面积指数生长曲线上第二个点的生长季分数（潜在热单位总量分数）
LAIMX2	对应于最佳叶面积指数生长曲线上第二个点的植物最大叶面积指数分数
DLAI	叶面积开始减少时的植物生长时间占生长季的分数
RDMX	最大根深（m）
T_OPT	植物生长的最佳温度（℃）
T_BASE	植物生长的最低温度（℃）
CNYLD	产量中的氮的正常比例（kg/kg）
CPYLD	产量中的磷的正常比例（kg/kg）
BN（1）	N 吸收系数#1
BN（2）	N 吸收系数#2
BN（3）	N 吸收系数#3
WSYF	收获指数下限[（kg/hm^2）/（kg/hm^2）]，该值介于 0～HVTSI
USLE_C	土地覆盖/植被的通用土壤流失方程（USLE）中 C 因子的最小值
GSI	高太阳辐射和低饱和差时的最大气孔传导度（m/s）
FRGMAX	对应于气孔传导度曲线上第二个点的最大气孔传导度分数

续表

变量	模型定义
WAVP	单位饱和差增量下的辐射利用效率下降速率
CO2HI	对应于辐射利用效率曲线上第二点的 CO_2 浓度
BIOEHI	对应于辐射利用效率曲线上第二点的生物量/能量比
RSDCO_PL	植物残渣分解系数

4.1.2.2 土壤属性数据库

SWAT 模型内部的土壤属性数据可分为土壤化学属性数据和土壤物理属性数据两大类。其中，化学属性数据用来为模型的初始运行赋值，是可选的；而物理属性数据对土壤剖面中水分和气体的运动以及水文响应单元（hydrological response units，HRUs）中的水循环过程均具有重要作用，各属性数据值的精确与否会对模型模拟结果产生较大影响。因此，建立土壤物理属性数据库是 SWAT 模型建模过程中较为重要的环节。

SWAT 模型中用到的土壤物理属性数据共包括 19 种，可分为“按土壤类型输入”和“按土壤分层输入”两大类，见表 4.5（王学，2012）。

表 4.5 模型土壤物理属性表

变量	模型定义	备注
SNAM	土壤名称	
NLAYERS	土壤分组数目	
HYDGRP	土壤水文性质分组（A、B、C 和 D）	按土壤类型输入
SOL-ZMX	土壤坡面最大根系深度（mm）	
ANION-EXCL	阴离子交换孔隙度，模型默认值为 0.5	
SOL-CRK	土壤最大可压缩量（土壤孔隙比）	
TEXTURE	土壤层的结构	
SOL-Z	土壤表层到底层的深度（mm）	
SOL-BD	土壤湿密度（mg/m^3 或 g/m^3）	
SOL-AWC	有效田间持水量（mm H_2O/mm soil，0.0～1.0）	
SOL-K	饱和水传导系数（mm/h）	
SOL-CBN	土壤有机碳含量	
CLAY	黏土（%），直径＜0.002mm 的土壤颗粒组成	按土壤分层输入
SILT	壤土（%），直径 0.002～0.05mm 的土壤颗粒组成	
SAND	沙土（%），直径 0.05～2.0mm 的土壤颗粒组成	
ROCK	砾石（%），直径＞2.0mm 的土壤颗粒组成	
SOL-ALB	土壤反射率（湿，0.00～0.25）	
USLE-K	美国通用土壤流失方程（USLE）中土壤可蚀性因子 K（0.0～0.65）	
SOL-EC	土壤电导率（dS/m）	

现将各物理属性数据的获得途径简述如下。

（1）土壤分组数目（NLAYERS）、土壤坡面最大根系深度（SOL-ZMX）、土壤最大可压缩量（SOL-CRK）和土壤表层到底层的深度（SOL-Z）均可从《江西红壤》或中国土壤科学数据库中直接查到。

（2）土壤有机碳含量（SOL-CBN）可以根据方精云等（1996）的研究成果，利用土壤有机质含量，乘以 Bemmelen 换算系数（0.58g C/g SOC）获得。其中，土壤有机质含量可从《江西红壤》或中国土壤科学数据库中直接查到。

（3）土壤质地（CLAY、SILT、SAND、ROCK）指土壤中不同直径大小的土壤颗粒的组合情况。土壤质地与土壤通气、保肥、保水状况及耕作的难易程度有密切关系。国际上比较通用的土壤质地分类标准主要有四类：国际制、美国制、威廉-卡庆斯基制（苏联）和中国土粒分级标准。我国土壤普查中采用国际制的土壤粒级划分标准，与 SWAT 模型自带的美国制分类标准存在一定差异（表 4.6），本书依据三次样条插值法进行了转化（郑宁，2011）。

表 4.6　土壤颗粒级配美国制与国际制对比

分类标准	土壤粒径/mm						
	< 0.002	0.002	0.02	0.05	0.2	2	> 2.0
美国制	黏粒		粉砂			砂	砾石
国际制	黏粒	粉砂		细砂		粗砂	砾石

（4）本书从美国农业部（USDA）开发的土壤水特性软件（SPAW）的 Soil Water Characteristics 模块获得土壤湿密度（SOL-BD）、有效田间持水量（SOL-AWC）、饱和水传导系数（SOL-K）。SPAW 即 Soil Plant Atmosphere Water，是在土壤质地和土壤物理属性进行统计分析的基础上研发的（图 4.5），其计算值和实测值有着很好的拟合关系。软件中所需要的计算参数可以从中国土壤科学数据库中查到。

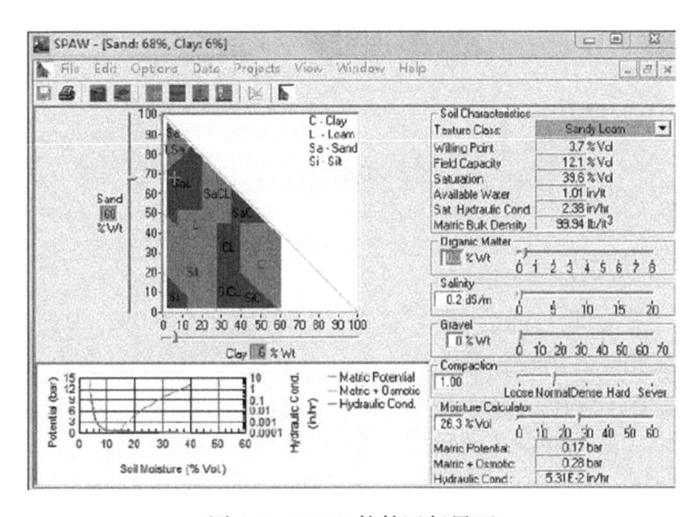

图 4.5　SPAW 软件运行界面

（5）土壤水文性质分组（HYDGRP）是美国自然资源保护署（Natural Resources Conversation Service）在土壤入渗特征的基础上，将在降雨和土地利用/覆被相同的条件下具有相似产流特征的土壤划分成一个水文组，共划分为4组，见表4.7。

表 4.7　土壤水文性质分组及定义

土壤水文性质分组	土壤分组的水文性质	最小下渗率/（mm/h）
A	渗透性强、潜在径流量很低的土壤；主要包括具有良好透水性能的砂土或砾石土；在完全饱和的情况下仍然具有较高的入渗速率和导水率	7.26～11.34
B	渗透性较强的土壤；主要是一些砂壤土（或在土壤剖面一定深度处存在弱不透水层）；在水分完全饱和时仍具有较高的入渗速率	3.81～7.26
C	中等透水性土壤；主要为壤土（或虽为砂性土，但在土壤剖面一定深度处存在一层不透水层）；当土壤水分完全饱和时保持中等入渗速率	1.27～3.81
D	微弱透水性土壤；主要为黏土；具有很低的导水能力	0～1.27

进行水文分组的前提是计算出土壤的最小渗透率，其经验公式如下（杨爱民等，2007）：

$$X=(20Y)^{1.8},\quad Y=\frac{P_{\text{sand}}}{10}\times 0.03+0.002 \tag{4.1}$$

式中，X 为土壤渗透系数；Y 为土壤平均颗粒直径；P_{sand} 为砂粒含量，%。计算得到 X 值，并结合表4.7即可对土壤水文性质进行分组。

（6）土壤可蚀性因子（USLE-K）是美国USLE中评价土壤对侵蚀影响作用的因子。根据USLE中的定义，K 值是标准小区上单位降雨侵蚀力所引起的土壤流失量。其计算公式如下：

$$K=\left\{0.2+0.3\exp\left[-0.0256P_{\text{sand}}\left(1-\frac{P_{\text{slit}}}{100}\right)\right]\right\}\left(\frac{P_{\text{slit}}}{P_{\text{clay}}+P_{\text{slit}}}\right)^{0.3}\left[1-\frac{0.25\text{P}_{\text{orgc}}}{\text{P}_{\text{orgc}}+\exp\left(3.72-2.95P_{\text{orgc}}\right)}\right]$$
$$\left\{1-\frac{0.7\left(1-\frac{\text{P}_{\text{sand}}}{100}\right)}{\left(1-\frac{\text{P}_{\text{sand}}}{100}\right)+\exp\left[-5.51+22.9\left(1-\frac{\text{P}_{\text{sand}}}{100}\right)\right]}\right\} \tag{4.2}$$

式中，P_{sand} 为粒径在0.05～2mm的砂粒含量；P_{silt} 为粒径在0.002～0.05mm的粉粒含量；P_{clay} 为粒径<0.002mm的黏粒含量；P_{orgc} 为各土壤层中有机碳的含量。

（7）土壤反射率（SOL-ALB）是土壤对太阳辐射的反射通量密度与总入射通量密度之比，土壤反射率的经验计算公式如下（王学，2012）：

$$\text{SOL-ALB}=0.2227\exp(-1.8672\text{SOL-CBN}) \tag{4.3}$$

4.1.2.3　天气数据库

SWAT 模型建立时，需输入研究区各站点的日最高气温（℃）、日最低气温（℃）、日降水量（mm）、日平均风速（m/s）、日平均相对湿度（%）、日太阳辐射总量[MJ/（m^2·d）]等气象数据。本书主要收集了流域内梓坊站及周围 12 个站点（由国家、国际气象站插值得到）的气象观测站点的温度、降水量、风速、相对湿度和太阳辐射的逐日气象资料（表 4.8）采用数理统计方法计算得到模型所需输入的多年平均各月数据，并写入模型 user weather 气象数据库，同时，在 dbf 文件中存储气象测站站点位置坐标，并通过在 dbf 数据表中设定相同字段名称，实现与模型 user weather 气象数据库数据的调用和链接。

表 4.8　各气象站信息表

编号	名称	纬度/（°N）	经度/（°E）	高程/m	备注
1	站 1	29.193	115	283	温度、太阳辐射、风速、相对湿度因子采集站（时间：2000～2010 年）
2	站 2	29.506	115	165	
3	站 3	29.818	115	22	
4	站 4	29.193	115.312	338	
5	站 5	29.506	115.312	507	
6	站 6	29.818	115.312	9	
7	站 7	29.193	115.625	15	
8	站 8	29.506	115.625	178	
9	站 9	29.818	115.625	19	
10	站 10	29.193	115.938	8	
11	站 11	29.506	115.938	676	
12	站 12	29.818	115.938	15	
13	梓坊站	29.363	115.674	23	降水量信息采集站（时间：2000～2010 年）

4.2　子流域划分及水文响应单元的生成

4.2.1　子流域划分

SWAT 模型中子流域划分过程主要包括 5 部分：DEM 设置（DEM Setup），水系模拟（Stream Definition），Outlet、Inlet 定义（Outlet and Inlet Definition），流域总出口选择（Watershed Outlet Selection and Definition）及子流域参数计算（Calculation of Subbasin Parameters）。子流域划分过程图如图 4.6 所示。

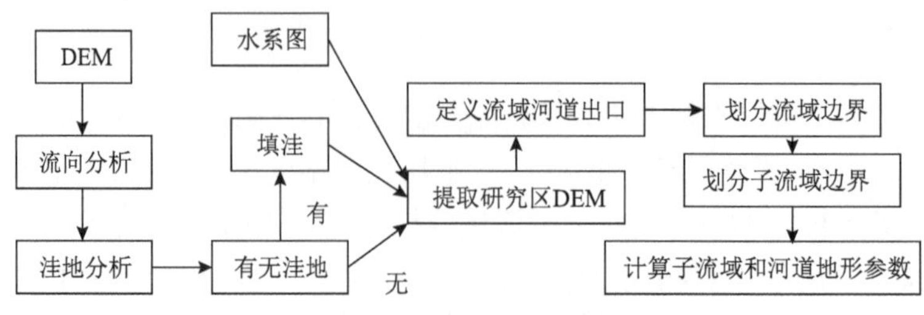

图 4.6　子流域划分过程图

通过模型自带的子流域划分工具，通过设置集水单元的阈值（600hm^2），设定研究区流域的总出口，划定流域边界，划分研究区内子流域共计 57 个（图 4.7）。

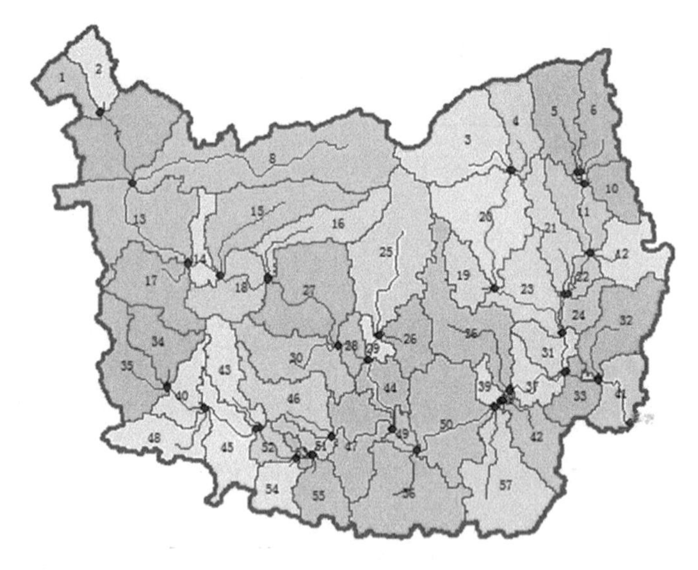

图 4.7　博阳河流域子流域划分图

4.2.2　水文响应单元的生成

SWAT 模型的基本运行单元并非子流域，而是将其再划分为更小的单元，即水文响应单元（HRU），一个子流域内可以包含多个 HRU，反映不同土壤和土地利用类型组合所构成的不同下垫面条件；而一个 HRU 中土壤和土地利用则分别只有一种类型。定义 HRU 时，将重分类后的土壤类型图和重编码后的土地利用图与流域分割图叠加，设定流域内需保留的最小土壤及土地利用类型在流域内所占面积的比例，即忽略子流域内比例小于临界值类型，并将其按比例分配给保留类型。该研究土壤和土地利用类型保留阈值分别取 10%和 5%，研究区共划分为 295 个 HRU。

4.3　模型的运行

4.3.1　数据库文件写入

SWAT 模型需要输入的文件主要包括结构文件（.fig）、土壤（.sol）、气候（.wgn）、水文响应单元（.hru）、子流域（.sub）、主河道（.rte）、地下水（.gw）、水资源利用（.wus）、农业管理（.mgt）等。

4.3.1.1　地形参数

SWAT模型在运行写入模块时将根据数据库中的字段名称自动提取DEM生成的存储在dbf数据表中的子流域地形参数、水网等资料，并录入相应文件。

4.3.1.2　土地利用/土壤类型

SWAT 模型写入模块根据数据图中土地利用/土壤类型代码链接相关属性数据库并将属性数据导入模型计算。土地利用数据库和土壤类型数据库分别如图4.8和图4.9所示。

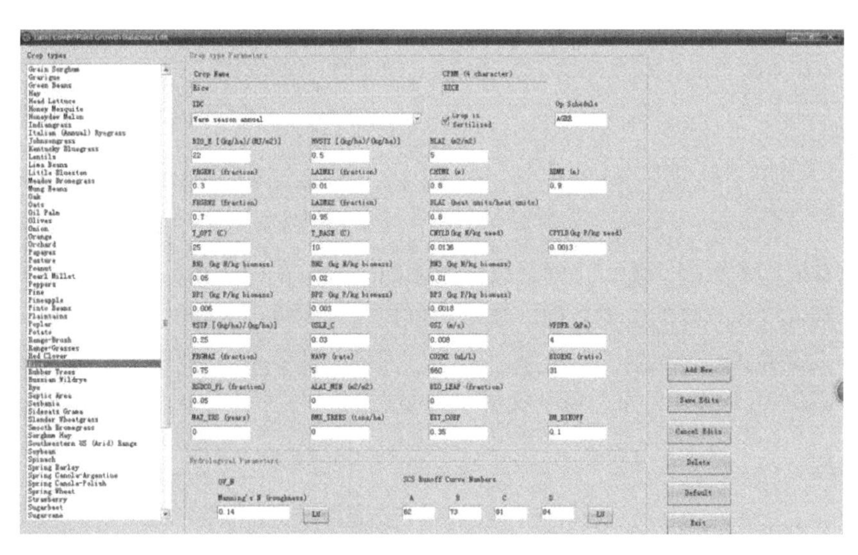

图4.8　土地利用数据库

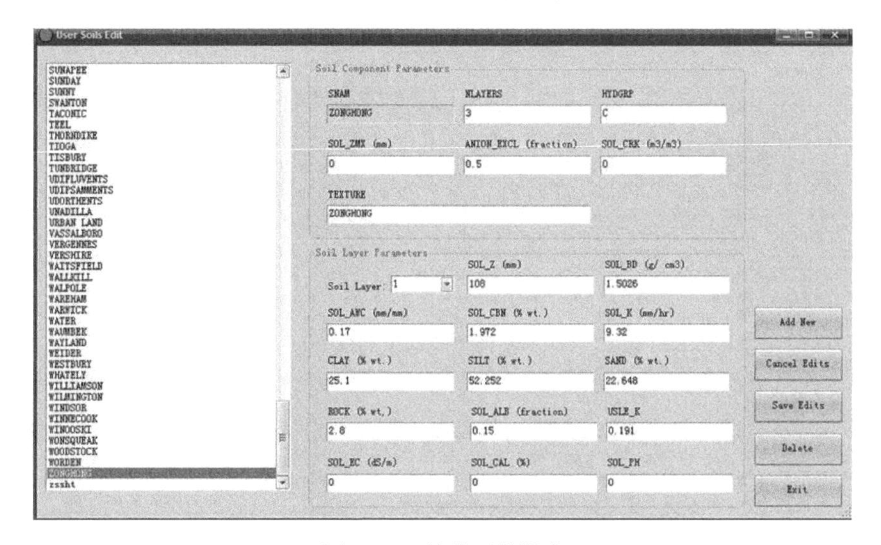

图4.9　土壤类型数据库

4.3.1.3　气象数据

将之前建立好的气象站点、日降水量、温度、相对湿度、太阳辐射、风速等气象数据库导入模型，如图 4.10 所示。

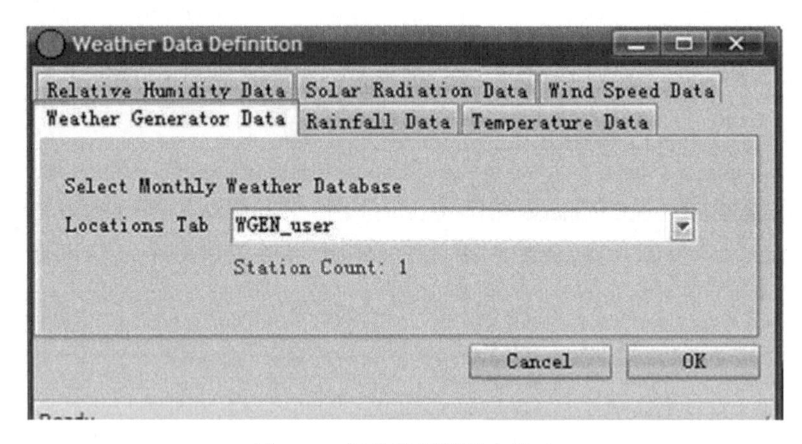

图 4.10　气象数据库导入窗口

4.3.2　文件写入

将模型所需的数据写入，主要是气象数据的写入。其中，在 Weather Generator Data 模块中，调入气象站点的位置数据，模型即可自行查询并写入各站点的逐日气象数据。然后，写入设置文件、土壤、子流域、HRU、河道、地下水、管理等数据。可以采用一次写入（write all）方式，也可每个文件单独写入。

4.3.3　模型运行

将所有数据库资料写入模型后，就可以开始模型运行操作了（图 4.11），首先根据已掌握的实测资料确定最佳模拟时段，SWAT 模型采用偏正态（skewed normal）分布法模拟降水，利用马斯京根（Muskingum）法进行河道汇流演算。

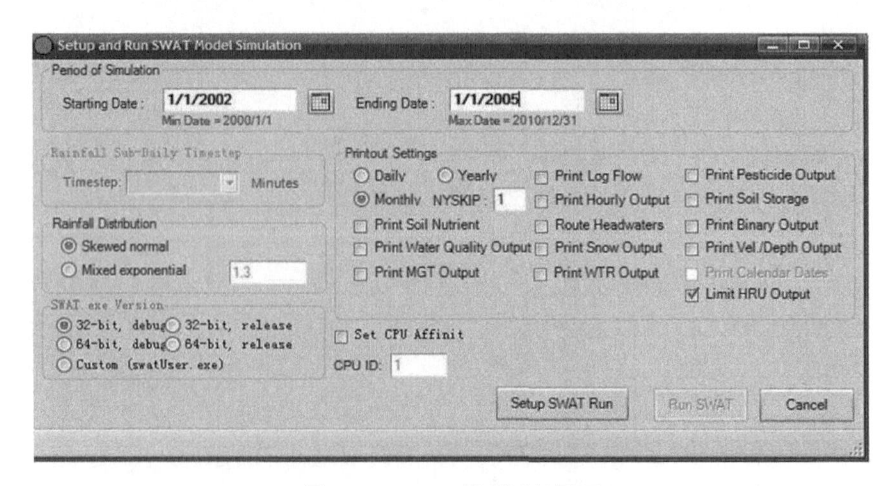

图 4.11　SWAT 模型运行界面

4.4　模型的敏感性分析

在准确建立流域空间及属性数据库并合理设置相关管理操作措施的基础上，运行 SWAT 模型并进行参数敏感性分析，识别影响模型模拟结果的敏感性参数，并遵循径流、泥沙、养分以及由上游至下游的顺序，依次对相关参数进行率定、验证，并用相对误差 R_e、决定系数 R^2 和 Nash-Sutcliffe 模拟效率系数 E_{ns} 来衡量模型模拟值与观测值之间的拟合度，评价模型的适用性。其表达式如下：

$$R_e = \frac{Q_s - Q_m}{Q_m} \times 100\% \tag{4.4}$$

$$R^2 = \frac{\left[\sum_{i=1}^{n}\left(Q_m - Q_{avgm}\right)\left(Q_s - Q_{avgs}\right)\right]^2}{\sum_{i=1}^{n}\left(Q_m - Q_{avgm}\right)^2 \sum_{i=1}^{n}\left(Q_s - Q_{avgs}\right)^2} \tag{4.5}$$

$$E_{ns} = 1 - \frac{\sum_{i=1}^{n}\left(Q_m - Q_s\right)^2}{\sum_{i=1}^{n}\left(Q_m - Q_{avgm}\right)^2} \tag{4.6}$$

式中，Q_m 为观测值；Q_s 为模拟值；Q_{avgm} 为观测平均值；Q_{avgs} 为模拟平均值；n 为观测的次数。若 R_e 为正值，说明模型预测或模拟值偏大；若 R_e 为负值，说明模型预测或模拟值偏小；若 R_e=0，说明模型模拟结果与实测值正好吻合。R^2=1 表示模拟值和观测值一致，当 R^2＜1 时，其值越小反映出数据吻合度越低。E_{ns} 的取值范围为（$-\infty$，1]，E_{ns} 值越大，表明模拟效率越高，当 Q_m=Q_s 时，E_{ns}=1。若 E_{ns} 为负值，则表明模拟结果无效。目前，许多研究者研究发现，当 R^2＞0.5、E_{ns}＞0.6 时，模型的精度是可以接受的，还有研究者认为当 E_{ns}＞0.8 时，模型的模拟精度可以达到满意的程度。

鉴于数据的有限性，重点确定 SWAT 模型在博阳河流域具体应用时针对径流、养分等模拟过程的敏感性参数，并根据流域长期实测的水文水质数据按先径流后养分的次序对相关敏感性参数进行率定、验证，为研究流域内面源污染过程、水质污染响应和水环境质量预测及污染防治、控制对策的制定奠定基础。

本书应用 SWAT-CUP 软件中的敏感性分析模块，对模型进行径流、养分过程的参数敏感性分析（表 4.9），发现与广大研究者的研究一样，SCS 径流曲线系数（CN2）是所有参数中最敏感的一个，极大程度地影响着径流、养分的模拟结果，也是所有 SWAT 模型应用研究中的首要率定参数，而其余参数对不同的模拟过程敏感性不等，径流模拟过程的前四位敏感性参数分别为 CN2、土壤蒸发补偿系数（ESCO）、土壤有效水容量（SOL_AWC）和基流消退系数（Alpha_Bf），而养分模拟过程受径流过程的直接影响，所以这四个参数是 SWAT 模型在博阳河流域成功应用的关键参数。CN2 是影响径流的主要参数，它反映流域下垫面单元的产流能力。CN2 值与流域的产流量呈正相关关系，即 CN2 值越大径流越大，反之径流越小。SOL_AWC 是指田间持水量与凋萎系数间的差值，反映土壤的有效持水量。SOL_AWC 值与径流呈负相关关系，该系数越大表明土壤蓄水能力越强，径流也就越小。ESCO 是模型调整不同土壤层间水分补偿运动的参数，该系数与产流量呈负相关关系。同时，通过敏感性分析得到，水质敏感性参数主要有氮下渗系数（NPERCO）、磷下渗系数（PPERCO）及磷分离系数（PHOSKD）。

表 4.9　敏感性分析结果

径流敏感性参数		水质敏感性参数	
变量	含义	变量	含义
CN2	SCS 径流曲线系数	NPERCO	氮下渗系数
ESCO	土壤蒸发补偿系数	PPERCO	磷下渗系数
SOL_AWC	土壤有效水容量	PHOSKD	磷分离系数
Alpha_Bf	基流消退系数		

4.5　模型的率定与验证

在模型的率定和验证过程中，通常将使用的资料分为两部分，其中一部分用于模型的参数校准，另一部分用于模型的验证。由于模型在运行初期，许多变量（如土壤含水量）的初始值为 0，这对模型模拟结果会产生很大的影响，因此在许多情况下需要将模拟初期作为模型的预热或平衡阶段。一般情况下，1 年的平衡期可以满足整个模拟时期水文循环的获取，本书拥有 10 年的逐月实测数据，故而将整个资料序列分成三部分：2001 年为平衡阶段，2002～2005 年为模型率定阶段，2006～2010 年为模型验证阶段。

4.5.1　径流的率定和验证

养分迁移和流域水文过程密切相关，水土流失是养分迁移的主要动力和载体，氮、磷传输主要是以溶解态和吸附态形式随径流与泥沙进行迁移，因此水文模拟是氮、磷迁移模拟的基础。

径流的率定在整个 SWAT 模型中是率定的第一步，也是最为关键的一步，泥沙和养分的率定直接由水文过程决定。因此，只有在径流正确率定的基础上才能进一步对泥沙和养分进行率定研究，使得模拟结果更加真实可信，在物理机制上和实际情况更接近（图 4.12）。

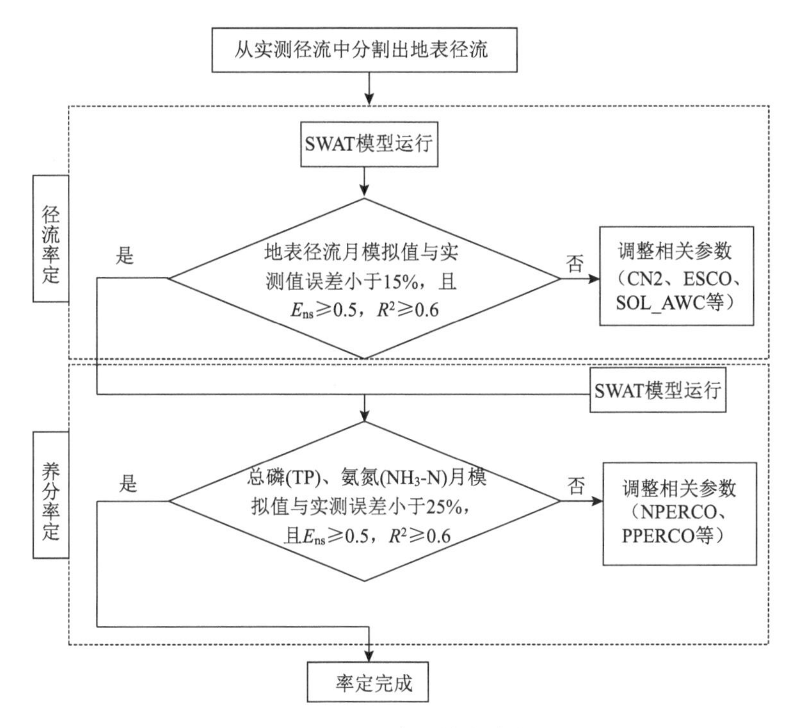

图 4.12　模型率定技术路线图

4.5.1.1　基流分割

河道中的水量主要由地表径流和基流两部分组成，在径流率定前，采用基流自动分割软件 cnHUP 以自动数字滤波技术把流域出口处（梓坊站）的径流分割为地表径流和基流，该方法的滤波方程为

$$q_t = \beta q_{t-1} + (1+\beta)(Q_t - Q_{t-1}) / 2q \tag{4.7}$$

式中，q_t为 t 时刻过滤出的快速响应（直接径流信号，以日为时间步长）；Q 为河道实测总径流；β为滤波参数，从总径流中过滤出快速响应，即可得到基流 b_t:

$$b_t = Q_t - q_t \tag{4.8}$$

自动数字滤波技术有 3 个通道进行基流分割，可生成 3 组基流，其中第一通道分割得到的基流最大，第三通道得到的基流最小。流域内基流变化受众多因素的影响，第一通道分割得到的基流和其他方法分割得到的基流最为吻合。

结合博阳河流域的土地利用情况来看，以林地、园地、水田等为主，林地具有涵养水源的功能，水田和园地在其生长过程中也会拦截大量的降水，同时会有大量的水量通过地下渗透而流失。结合之前学者（沈晔娜，2010）研究和博阳河实际情况，本书选择采用第一通道的基流分割结果。2002 年 1 月 1 日至 2010 年 10 月 1 日的日基流分割结果如图 4.13 所示，根据基流分割后的统计结果可以得到，总基流占总径流的 33.16%。

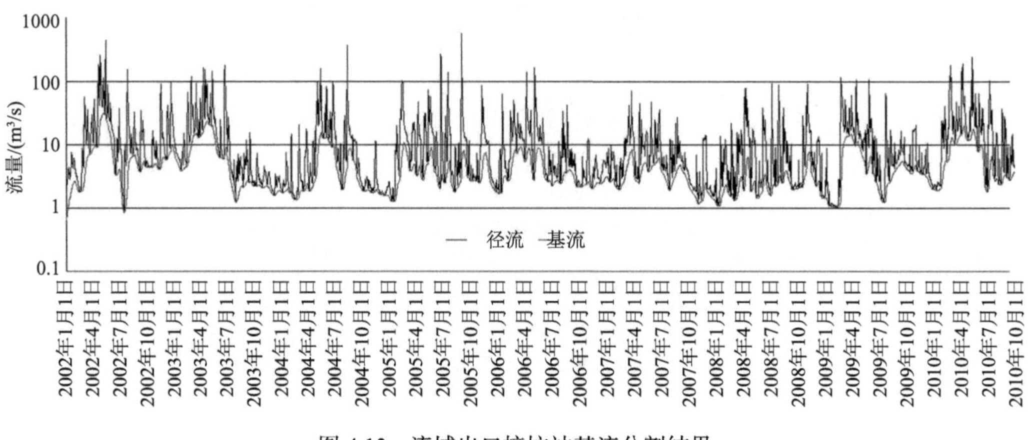

图 4.13 流域出口梓坊站基流分割结果

4.5.1.2 径流率定

模型校准后径流模拟值与实测值比较如图 4.14、图 4.15 所示，可以看出校准后模拟值与实测值拟合程度较好，模型校准后，相对误差 R_e 为–6.74%，决定系数 R^2 为 0.896，

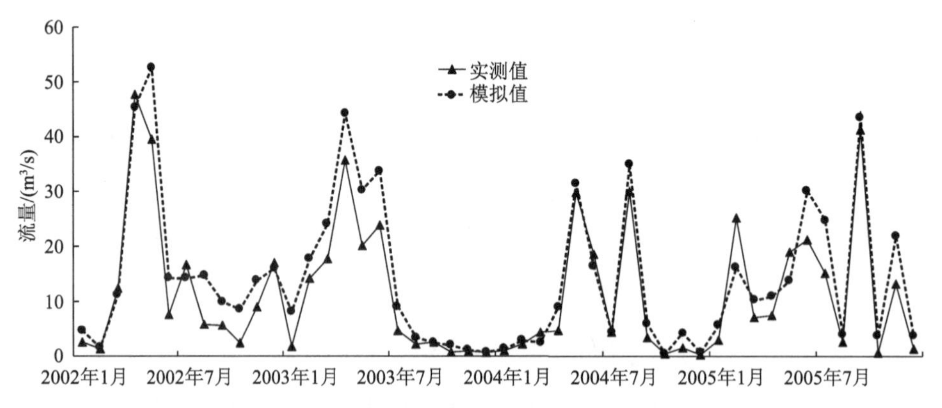

图 4.14 径流实测值与模拟值对比图（率定期）

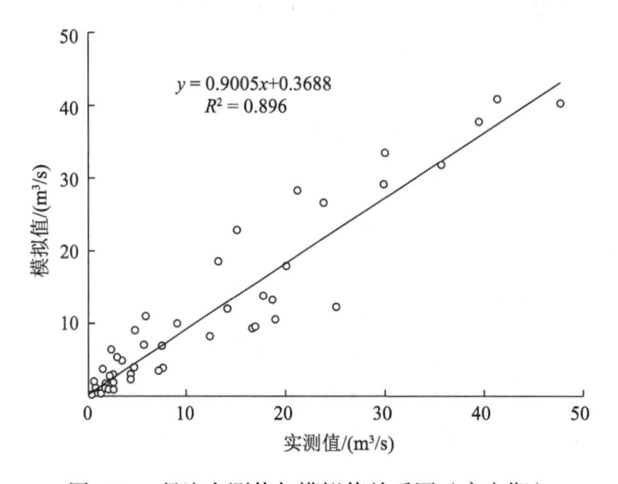

图 4.15 径流实测值与模拟值关系图（率定期）

模拟效率系数 E_{ns} 为 0.89，说明经参数率定、模型校准后，本次建立的模型可以较准确地模拟博阳河流域的月均径流量。同时，从模型模拟结果可以看出，该模型在丰水期的模拟精度较枯水期更高。

4.5.1.3　径流验证

模型验证是将重新写入校准后的模型进行径流模拟，并通过对比分析模拟值与实测值间的误差，检验模型的稳定性，此时只需要输入降水量、温度、太阳辐射等气象资料，其他参数保持校准后的结果，只要模拟结果与实测数据误差在可接受范围内，就认为该模型通过验证，符合稳定性要求。

该研究利用 2006～2010 年月均径流量实测资料进行模型的适用性评价，模型验证期径流模拟值与实测值比较如图 4.16、图 4.17 所示，可以看出在模型的验证期阶段，模拟值与实测值拟合程度较好，相对误差 R_e 为 0.53%，决定系数 R^2 可达到 0.8211，模拟效率系数 E_{ns} 达到 0.73。研究结果说明在博阳河流域应用 SWAT 模型进行径流模拟是可行的。

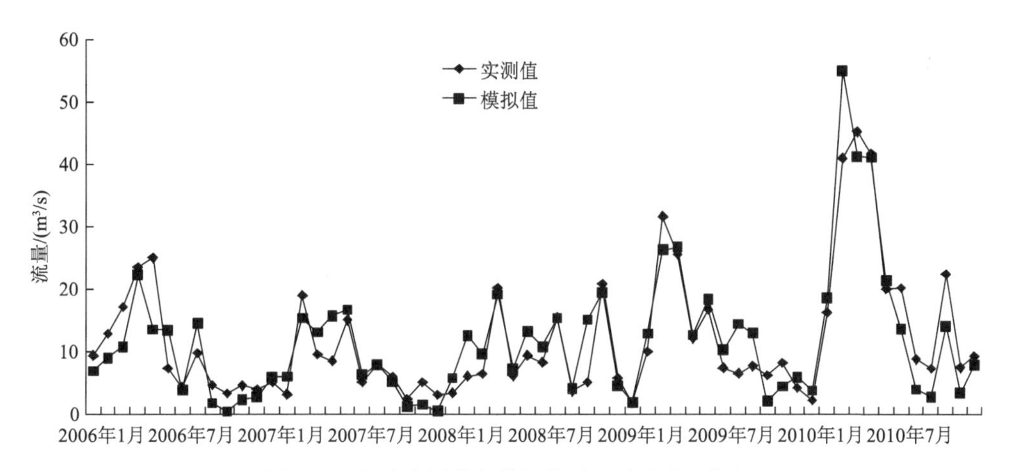

图 4.16　径流实测值与模拟值对比图（验证期）

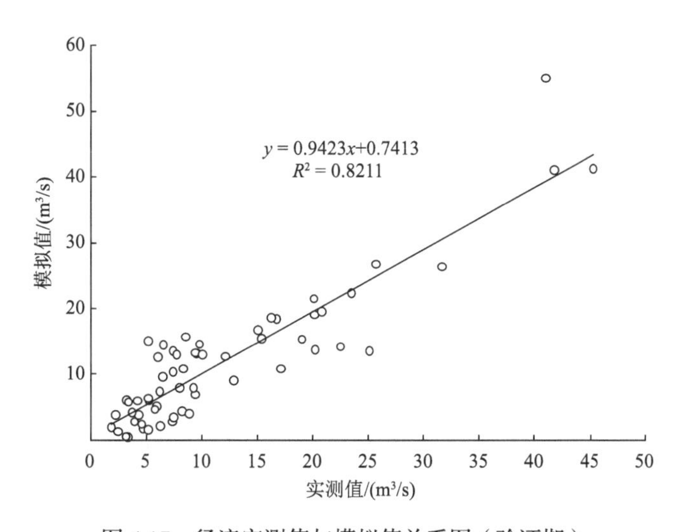

图 4.17　径流实测值与模拟值关系图（验证期）

通过校准验证结果，可以得到建立的 SWAT 模型可以较好地再现博阳河流域降雨径流月流量过程，可以为土壤侵蚀及面源污染模拟提供科学依据。

4.5.1.4　率定参数的确定

经过径流的率定和验证后，结合相关学者的研究成果，本书 SWAT 模型中径流的率定最终参数取值如表 4.10 所示。

表 4.10　SWAT 模型中径流的率定最终参数取值

模拟过程	参数	描述	取值范围	实际取值	所在位置
径流模拟	CN2	SCS 径流曲线系数	35～98	42～89.25	.mgt
	ESCO	土壤蒸发补偿系数	0～1	0.836	.hru
	SOL_AWC	土壤有效水容量	0～1%	12%～15%	.sol
	Alpha_Bf	基流消退系数	0～1	0.039	.gw

4.5.2　污染物的率定和验证

根据对鄱阳湖流域水环境质量的分析，发现总磷（TP）和氨氮（NH_3-N）是影响水质的主要限制因子，所以选取 TP 和 NH_3-N 作为模型养分模拟的指标，选取 TP 和 NH_3-N 的监测频率为每月一次。而在流域，降雨、产汇流过程等水温因素是面源污染产生和迁移的主要驱动因子。因此，TP 和 NH_3-N 的月平均负荷量不能以水质测定当日的结果代表。有研究表明，面源污染物负荷量与流量呈极显著线性正相关关系（沈晔娜，2010），故本书将采取现有的水质监测当日的 TP 和 NH_3-N 负荷量与当日的流量进行回归拟合的方法，非水质测定日的污染物负荷量根据逐日流量，采用线性插值法（Jones et al.，2005）获取，各月逐日负荷量累加得到逐月负荷量[式（4.9）]，TP 和 NH_3-N 日负荷量与日流量的回归方程见式（4.10）、式（4.11）：

$$L_{\mathrm{m},i} = c_{\mathrm{m},i} \times f_i \times 86.4 \tag{4.9}$$

式中，$L_{\mathrm{m},i}$ 为 TP 或 NH_3-N 第 i 日的负荷量，kg/d；$c_{\mathrm{m},i}$ 为 TP 或 NH_3-N 第 i 日的浓度，mg/L；f_i 为第 i 日的流量，m^3/s。

$$L_{\mathrm{TP}}=5.1544 \times f - 5.5102 \quad (R^2 = 0.7387) \tag{4.10}$$

$$L_{\mathrm{NH_3\text{-}N}} = 13.943 \times f + 1.4249 \quad (R^2 = 0.6796) \tag{4.11}$$

式中，L_{TP} 为 TP 负荷量，kg/d；$L_{\mathrm{NH_3\text{-}N}}$ 为 NH_3-N 负荷量，kg/d；f 为流量，m^3/s。

在 SWAT 模型输出文件 output.rch 中找到相关的因子输出值，在正确设置各子流域的相关管理操作措施后，通过养分敏感性参数的调整，进行 TP 和 NH_3-N 的率定与验证。

4.5.2.1 TP的率定与验证

1）TP的率定

由于水质指标数据的有限性，水质数据采用2006～2010年的数据来进行模型的率定与验证，率定主要采取2006～2008年的数据得到，模型校准后的TP负荷量模拟值与实测值比较如图4.18、图4.19所示，在率定期的相对误差 R_e 为3.0%，决定系数 R^2 为0.8735，模拟效率系数 E_{ns} 为0.53，校准后的模拟值与实测值拟合程度较好。

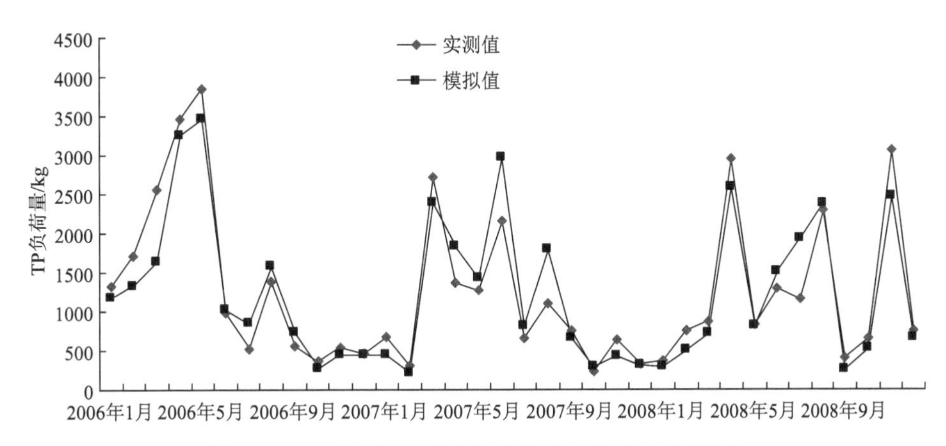

图4.18 TP负荷量实测值与模拟值对比图（率定期）

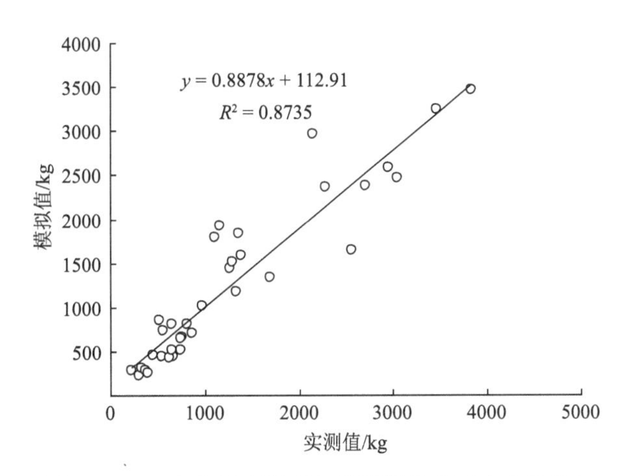

图4.19 TP负荷量实测值与模拟值关系图（率定期）

2）TP的验证

后期采用2009～2010年的月TP负荷量进行模型的验证,通过模型的验证可以得到,该研究利用2009～2010年月TP负荷量实测资料进行模型的适用性评价，模型验证期TP负荷量模拟值与实测值比较如图4.20、图4.21所示，可以看出在模型的验证期阶段，模拟值与实测值拟合程度较好，相对误差 R_e 为6.4%，决定系数 R^2 可达到0.8547，模拟效率系数 E_{ns} 达到0.52，基本满足模型精度要求。

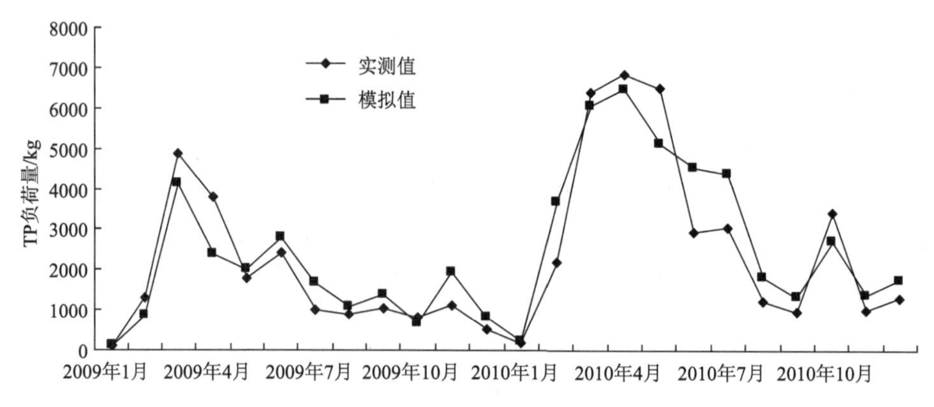

图 4.20　TP 负荷量实测值与模拟值对比图（验证期）

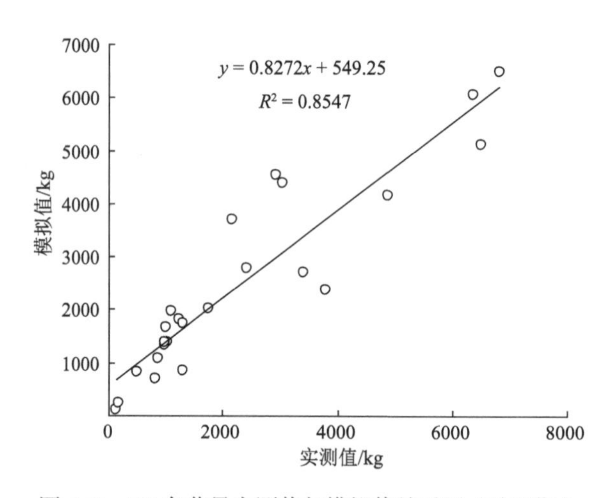

图 4.21　TP 负荷量实测值与模拟值关系图（验证期）

4.5.2.2　NH_3-N 的率定与验证

1）NH_3-N 的率定

与 TP 的率定与验证相同，水质数据采用 2006～2010 年的数据来进行模型的率定与验证，率定主要采取 2006～2008 年的数据，可以得到模型校准后的 NH_3-N 负荷量模拟值与实测值比较如图 4.22、图 4.23 所示，在率定期的相对误差 R_e 为 23.5%，决定系数 R^2 为 0.8202，模拟效率系数 E_{ns} 为 0.63，校准后的模拟值与实测值拟合程度可以接受。

2）NH_3-N 的验证

采用 2009～2010 年的月 NH_3-N 负荷量进行模型的验证，通过模型的验证可以得到，该研究利用 2009～2010 年 NH_3-N 负荷量实测资料进行模型的适用性评价，模型验证期 NH_3-N 负荷量模拟值与实测值比较如图 4.24、图 4.25 所示，可以看出在模型的验证期阶段，模拟值与实测值拟合程度较好，相对误差 R_e 为 25.3%，决定系数 R^2 可达到 0.9058，模拟效率系数 E_{ns} 达到 0.61，基本满足模型精度要求。

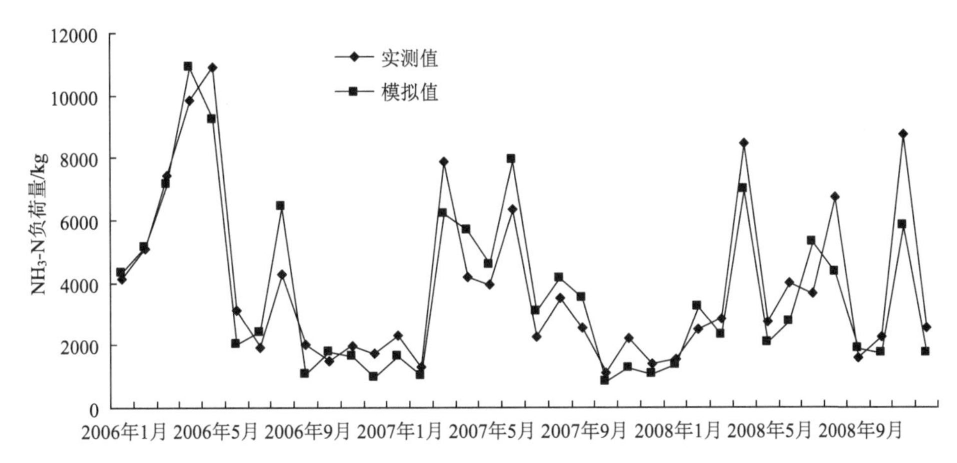

图 4.22　NH_3-N 负荷量实测值与模拟值对比图（率定期）

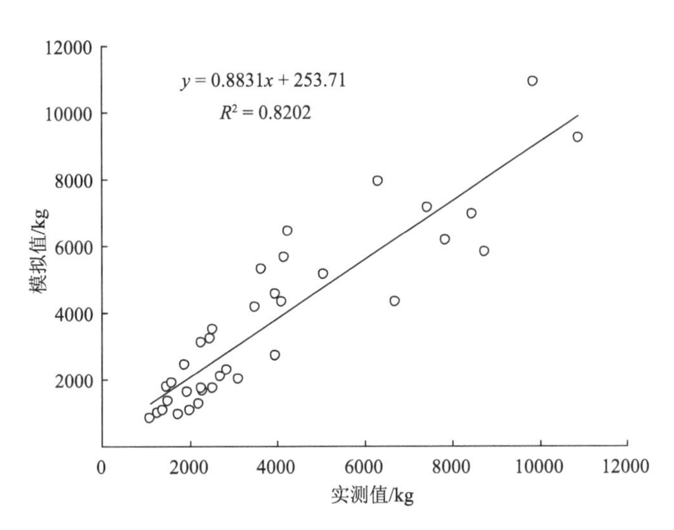

图 4.23　NH_3-N 负荷量实测值与模拟值关系图（率定期）

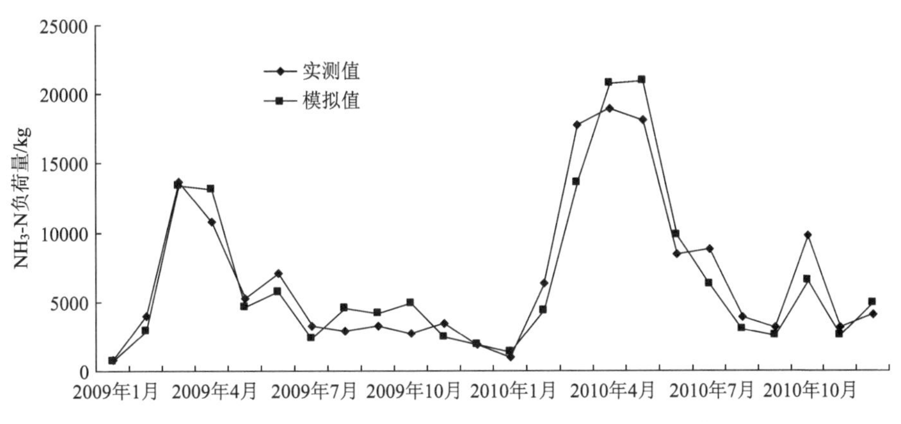

图 4.24　NH_3-N 负荷量实测值与模拟值对比图（验证期）

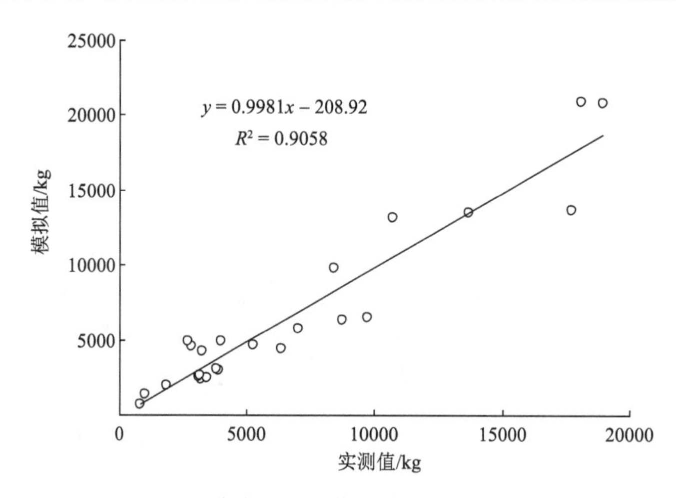

图 4.25　NH_3-N 负荷量实测值与模拟值关系图（验证期）

4.5.3　模型评价

通过对 TP 和 NH_3-N 负荷量的模拟，可以得到，TP 负荷量模拟的相对误差 R_e 可达 6.4%，决定系数 R^2 可达 0.8547，模拟效率系数 E_{ns} 可达 0.52；NH_3-N 负荷量模拟相对误差 R_e 可达 25.3%，决定系数 R^2 可达 0.9058，模拟效率系数 E_{ns} 可达 0.61，基本满足模型精度要求。结果表明，率定后的 SWAT 模型能较好地应用于研究区域，其不仅能真实地反映流域出口处径流、养分等的变化，而且能很好地模拟流域内各子流域的径流、养分的产生和运移过程，说明经参数率定后的 SWAT 模型可以对该流域进行正确有效的模拟。

本书利用博阳河流域基础信息数据库，通过面源污染与模型的耦合，建立基于 SWAT 模型的面源污染模型，对径流、TP 和 NH_3-N 进行模型验证。模型参数率定和验证结果表明，基于该模型的博阳河流域内水文模拟与实测值匹配性较高，径流模拟均达到较高的模拟精度，率定期和验证期的 E_{ns} 均高于 0.7；TP 负荷量率定期和验证期的 E_{ns} 均高于 0.5；NH_3-N 负荷量率定期和验证期的 E_{ns} 均高于 0.6，模拟精度可满足需求。经率定和验证后的 SWAT 模型能客观真实地反映流域径流、TP 和 NH_3-N 面源污染的流失规律，可用于该流域径流、TP 和 NH_3-N 面源污染的流失的模拟和预测。

参 考 文 献

阿诺德 J G, 基尼里 J R, 斯里尼瓦桑 R, 等. 2011. SWAT 2009 输入输出文件手册. 邹松兵, 等, 译. 郑州: 黄河水利出版社.

方精云, 刘国华, 徐嵩龄. 1996. 中国陆地生态系统的碳库: 温室气体浓度和排放监测及相关过程. 北京: 中国环境科学出版社.

李贵宝, 李建国, 毛战坡, 等. 2005. 白洋淀非点源污染的生态工程技术控制研究. 南水北调与水利科技, 3(1): 41-43, 56.

陆文, 唐家良, 章熙锋, 等. 2020. 山地流域水文模拟研究进展与展望. 山地学报, 38(1): 50-61.

马蒙越, 张潇, 夏函, 等. 2019. 基于非点源污染负荷的流域生态补偿动态计算研究. 人民长江, 50(7):

77-82.
沈晔娜. 2010. 流域非点源污染过程动态模拟及其定量控制. 杭州: 浙江大学.
汪伟, 方秀琴, 杜晓彤, 等. 2020. 基于 VIC 模型的柳江流域分布式水文模拟与应用. 水土保持研究, 27(3): 328-335.
王学. 2012. 基于 SWAT 模型的白马河流域土地利用/覆被变化的水文效应研究. 济南: 山东师范大学.
杨爱民, 段淑怀, 刘大根, 等. 2007. 水土保持的水环境效应研究. 中国水土保持科学, 5(3): 7-13.
郑宁. 2011. 基于 SWAT 模型博阳河上游流域径流模拟及其气候变化响应. 南昌: 南昌大学.
Jones J B, Petrone K C, Finlay J C, et al. 2005. Nitrogen loss from watersheds of interior Alaska underlain with discontinuous permafrost. GeoPhysical Research Letters, 32(2): 402-441.

第 5 章　水土流失面源污染防控关键技术

水土流失面源污染防控技术包括通过坡面防控水土流失达到防控水土流失面源污染目的而产生的技术，也包括对从坡面产生的径流泥沙进入水体过程中及进入水体后的防控技术，本书进行试验研究的关键技术主要为坡面地表径流污染防治技术和缓冲带面源污染控制技术。

5.1　坡面地表径流污染防治技术

5.1.1　植物措施和工程措施水土保持污染防治技术

作者团队就植物措施和工程措施水土保持污染防治技术在江西省于都县左马小流域开展了试验研究工作。左马小流域面积 3.2km^2，位于赣州市于都县县城郊南面 30km 处，属赣江的支流上游，是一个低山丘、川道环绕的小流域，以丘陵岗地地貌为主，北部有低山，最低海拔为 108m，最高海拔为 314m，相对高度为 30～250m。地质构造属华夏系构造，岩性主要有变质岩、红砂岩。坡度一般在 5°～25°，部分高丘、低山大于 25°。小流域地处中亚热带季风湿润气候，具有雨量充沛、气候温和、光照充足、四季分明、无霜期长等特点，年均降水量为 1507.5mm，一年内降水量分配不均，在 4～6 月降水最多，其占全年降水量的 47.5%，因此，天然降雨和作物缺水的矛盾仍然存在，水旱灾害频繁发生。左马小流域位于全国水土保持重点建设工程流陂项目区范围，现状植被较好，以松、杉、阔叶树、灌木类为主，林草覆盖度为 40%～50%；土壤类型为花岗岩发育的红壤；地形开阔平坦，坡面较平缓，大部分分布天然次生林和果园。土地利用类型以林地为主，占总面积的 77.03%，其次为耕地，占 12.00%，再次为园地，占 7.19%，其余用地类型占 3.78%，具体面积情况见表 5.1。左马小流域内人口全部为农村人口，农业生产占主导地位，以粮食生产的种植业为主，经济作物、林果和渔业比例小，外出打工为副业收入主要来源。

表 5.1　左马小流域土地利用现状

类别			水土保持措施	面积/亩①	备注
耕地	a1	水田	无	448.80	
	a2	旱平地	无	108.83	
	a3	坡耕地	水平条带	15.06	
园地	b1	果园（三花李、脐橙）	水平沟、种草	222.89	
	b2	油茶	台地	120.48	
林地	c1	水保林（胡枝子、本地松）	水平沟、封禁、拦沙坝	210.84	崩岗面积（18.07 亩）
	c2	水保林（胡枝子、本地松）	水平沟、土谷坊	578.31	
	c3	水保林（林业种树、生态林）	封禁	156.63	
	c4	原始林、水保林（松树、铁芒萁、木荷）	封禁	2731.53	
交通运输用地	e	公路	无	21.08	
水域及水利设施用地	f	水库水面	无	63.25	
城镇村及工矿用地	g1	村庄	无	78.31	
	g2	铸造厂	无		
	g3	采石场	无		
其他	h	裸地	无	18.07	
合计				4774.08	

① 1 亩=666.7m^2。

试验通过径流小区观测开展，小区设在土层厚度均匀、土壤理化特性较一致、坡度较均一的同一坡面上，小区宽 5m（与等高线平行）、长 20m（水平投影），其水平投影面积为 100m^2，坡度均为 25°，编号为 1～8。根据对赣南地区水土保持生态建设的调查，结合当地农业耕作方式的特点，5 个坡面径流小区的水土保持措施设计如下：①荒地（对照），②乔+草+水平竹节沟，③乔+灌+水平竹节沟，④乔+灌+草+水平竹节沟，⑤乔+水平竹节沟，⑥油茶+水平竹节沟，⑦油茶+绿篱，⑧脐橙+水平台地+梯壁植草。具体情况如表 5.2、图 5.1 所示。

表 5.2　左马小流域标准径流小区措施配置

小区号	措施	坡度/（°）
1	荒地	25
2	乔+草+水平竹节沟	25
3	乔+灌+水平竹节沟	25
4	乔+灌+草+水平竹节沟	25
5	乔+水平竹节沟	25
6	油茶+水平竹节沟	25

续表

小区号	措施	坡度/（°）
7	油茶+绿篱	25
8	脐橙+水平台地+梯壁植草	25

注：“乔”基本上根据原始坡面上种植的马尾松进行布置；“灌”为当地较为常见的胡枝子；“草”为赣南水土保持常用的混合草籽；绿篱为胡枝子。

基本原则为尽量保留小区内水平竹节沟的原始分布状况，大体上每公顷有水平沟 2500m，即 100m^2 有水平沟 25m。

开挖水平竹节沟：水平竹节沟断面为梯形，沟底宽 0.4m、沟深 0.5m、沟顶宽 0.6m，沟内每隔 5～10m 设一横土挡，土挡高度约为 0.3m。

胡枝子种植方式：第 3 小区和第 4 小区，水平竹节沟内挖出的土，填在沟的下边（沿下坡方向），形成土埂，在土埂上种草，土埂下种胡枝子；草种植方式：条播；油茶种植方式：一共五排，一排两株，株间距为 2m；绿篱为胡枝子，密植；脐橙种植方式：一共五排，一排两株，株间距为 2m，方式为当地常用的水平台地+前梗后沟+梯壁植草，后沟的尺寸比水平竹节沟小一个等级。

第1小区
荒地

第4小区
乔+灌+草+水平竹节沟

第6小区
油茶+水平竹节沟

第7小区
油茶+绿篱

第8小区
脐橙+水平台地+梯壁植草

图 5.1　于都县左马小流域径流小区

小区周边设置围埂，阻挡小区内外部径流交换。围埂高出地表 30cm、埋深 45cm。

小区下面修筑横向集水槽，承接小区径流及泥沙，并由 PVC 管引入径流池，集水槽为长 5m、净宽 30cm、深 20cm 的矩形槽。径流池根据当地可能发生的最大暴雨和径流量设计成 A、B、C 三池，A 池按 1.0m×1.0m×1.0m 尺寸构筑，B、C 池按 1.0m×1.0m×0.8m 尺寸构筑。A 池在墙壁两侧 0.75m 处、B 池在墙壁两侧 0.55m 处装有五分法 60°“V”形三角分流堰，其中 A 池 4 份排出，内侧 1 份流入 B 池。B 池与 A 池一样，其中一份进入 C 池。每个池都进行率定，池壁均安装搪瓷水尺，能直接读数计算地表径流量。每次产流后，取水样烘干，测出土壤侵蚀量。氮、磷等指标的测试参照相关规范进行。

本书选取于都县左马小流域第 1 小区（荒地）、第 4 小区（乔+灌+草+水平竹节沟）、第 6 小区（油茶+水平竹节沟）、第 7 小区（油茶+植物篱）、第 8 小区（脐橙+水平台地+梯壁植草），通过长期的定位观测，研究水土保持措施在坡面尺度防控径流挟带面源污染的效果。

5.1.1.1　植物措施+工程措施防治地表径流污染的效果

1）降雨及其影响

总体来看，试验区雨水资源丰富，三年年均降水量为 1594mm，年内降水量分配不甚均匀，其特征曲线呈单峰型（图 5.2），降水量峰值在 6 月，4～6 月降水量较大，其他月份明显较小，这表明降水量年内分布不均，将导致雨季洪涝灾害频发的可能，旱季影响作物产量和生活用水，对农业生产不利。对 2010～2012 年 76 场产流降雨下各径流小区产流产沙结果进行分析，结果表明，场降雨径流小区的产流量和产沙量与降水量有较好的相关关系，即降水量大时产流产沙量也较大，同时产沙量与产流量的大小表现出基本一致的规律，但这些规律对场降雨而言也不是绝对的。随着林木和植被的生长，减流减沙效益逐渐明显，即在一定年限内，相同或相似的场降雨条件下，随着林草的增长，产流量和侵蚀模数逐渐减小。

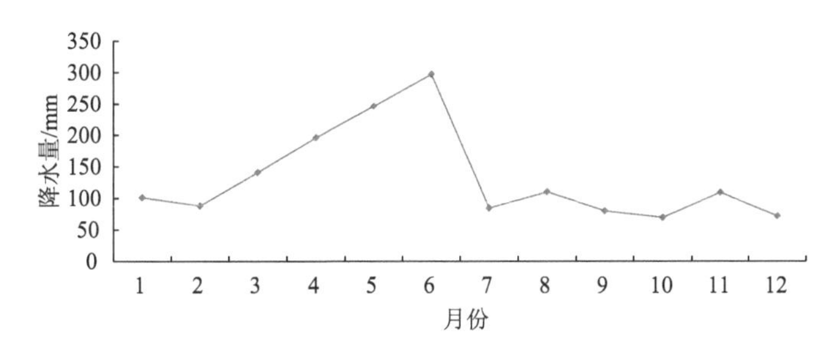

图 5.2　试验区 2010～2012 年平均降水量年内分布

2）蓄水减流总效应

根据荒地小区、乔+灌+草+水平竹节沟小区、油茶+水平竹节沟小区、油茶+植物篱小区、脐橙+水平台地+梯壁植草小区 2010～2012 年的径流量观测数据（表 5.3），可以分析不同措施下红壤坡地的蓄水减流效应。蓄水减流效应要通过计算减流效应特征指标减流率来体现，按照水保法（成因分析法）将采用措施后径流量与荒地小区径流量对比，计算蓄水减流效应。

2010～2012 年 5 个小区的径流量特征如表 5.3 所示，径流总量和年均径流量最小的小区为油茶+水平竹节沟小区，径流总量和年均径流量分别为 21.63m^3 和 7.21m^3，仅为径流量最大小区（荒地小区）的 16%，其次为脐橙+水平台地+梯壁植草小区，与油茶+水平竹节沟小区径流量相差不大，同时乔+灌+草+水平竹节沟小区的减流效应也很明显。各试验小区减流率：乔+灌+草+水平竹节沟小区 68.86%，油茶+水平竹节沟小区 84.05%，油茶+植物篱小区 35.59%，脐橙+水平台地+梯壁植草小区 78.35%。这主要是由于采取水平竹节沟工程措施后下垫面改变，微地形的改变使得径流水动力减小，汇流方式也随之变化，同时植物措施增加地表覆盖，增加土壤入渗，从而使其产流量减小。

表 5.3　不同措施小区 2010～2012 年径流量特征

小区号	小区	径流总量/m^3	年均径流量/m^3	减流率%
1	荒地	135.61	45.20	—
4	乔+灌+草+水平竹节沟	42.23	14.08	68.86
6	油茶+水平竹节沟	21.63	7.21	84.05
7	油茶+植物篱	87.34	29.11	35.59
8	脐橙+水平台地+梯壁植草	29.36	9.79	78.35

在 2010～2012 年的观测期内，分析不同措施的月平均径流量得出，各小区的月均径流量最大值都出现在 5 月或 6 月，这与降水量最大特征值出现时间一致。如图 5.3 所示，年度内径流量主要集中在 4～9 月，第 1 小区、第 4 小区、第 6 小区、第 7 小区、第 8 小区在这段时间的径流量占全年径流量的比例分别为 71%、63%、73%、78%、66%。主要原因是这段时间天然降雨多。观测结果表明，有水平竹节沟工程措施的小区这段时间的产流量明显小于荒地小区和油茶+植物篱小区，说明在开发初期采取水平竹节沟等工程措施，并采取植物措施增加地表覆盖，能有效地拦截地表径流量，发挥水土保持措施的蓄水减流效应。

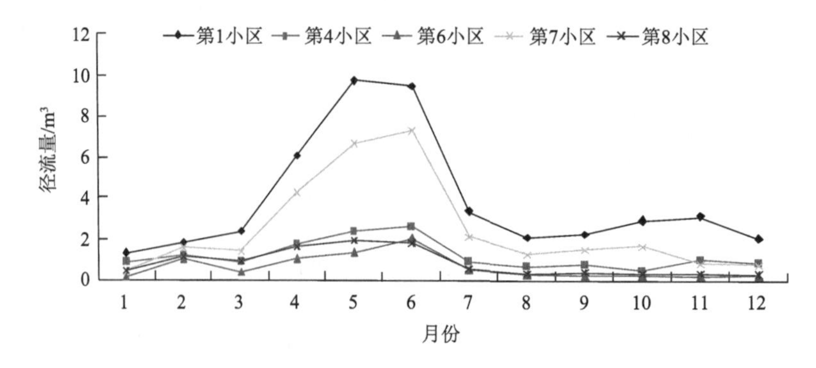

图 5.3　不同措施小区 2010～2012 年月均径流量

3）防治污染总效应

根据上述对坡面尺度不同措施的蓄水减流效应的分析，以荒地为对照，通过对各小区在自然降雨后径流取样分析，研究水土保持措施对径流挟带氮、磷等污染的防治效应。

2010～2012 年 5 个小区的总氮、总磷输出量特征如表 5.4、表 5.5 所示，2010～2012 年中 5 个小区产生的总氮输出量在 15.87～370.53g，产生的总磷输出量在 0.70～29.80g，可以看出总磷随径流输出量远小于总氮。总氮和总磷输出总量年均最小的为油茶+水平竹节沟小区，总氮年均输出量为 2.78g，总磷年均输出量仅为 0.23g，为输出量最大小区（荒地小区）的 2%。乔+灌+草+水平竹节沟和脐橙+水平台地+梯壁植草小区的减少氮、磷污染输出效应也很明显。各试验小区总氮输出减少率：乔+灌+草+水平竹节沟小区 90.10%，油茶+水平竹节沟小区 97.75%，油茶+植物篱小区 62.24%，脐橙+水平台地+梯壁植草小区 95.72%。各试验小区总磷输出减少率：乔+灌+草+水平竹节沟小区 88.93%，油茶+水平竹节沟小区 97.65%，油茶+植物篱小区 65.87%，脐橙+水平台地+梯壁植草小区 96.34%。这主要是由于采取的植物措施和工程措施对径流有着蓄水减流作用，因此对随径流输出的面源污染有防治效果。

表 5.4　不同措施小区 2010～2012 年总氮输出量特征

小区号	小区	总氮输出量/g	年均输出量/g	减少率/%
1	荒地	370.53	123.51	—
4	乔+灌+草+水平竹节沟	36.69	12.23	90.10
6	油茶+水平竹节沟	8.34	2.78	97.75
7	油茶+植物篱	139.91	46.64	62.24
8	脐橙+水平台地+梯壁植草	15.87	5.29	95.72

表 5.5　不同措施小区 2010～2012 年总磷输出量特征

小区号	小区	总磷输出量/g	年均输出量/g	减少率/%
1	荒地	29.80	9.93	—
4	乔+灌+草+水平竹节沟	3.30	1.10	88.93
6	油茶+水平竹节沟	0.70	0.23	97.65
7	油茶+植物篱	10.17	3.39	65.87
8	脐橙+水平台地+梯壁植草	1.09	0.36	96.34

在 2010～2012 年观测期内，不同措施小区月均氮、磷输出量最大值均出现在 6 月，这与降水量最大特征值出现时间一致。如图 5.4、图 5.5 所示，总氮、总磷输出主要集中在 4～9 月，第 1 小区、第 4 小区、第 6 小区、第 7 小区、第 8 小区在这段时间的总氮输出量占全年输出量比例分别为 72%、50%、74%、77%、47%，总磷输出量占全年输出量比例分别为 72%、60%、81%、84%、73%。主要原因是这段时间天然降雨多。除第 1 小区和第 7 小区外，其他小区氮、磷输出量都较小且随月际变化不大，说明只要在植物或作物生长期间注意耕作方式，加强水土保持，采取工程措施和植物措施，就能有效地防治面源污染。

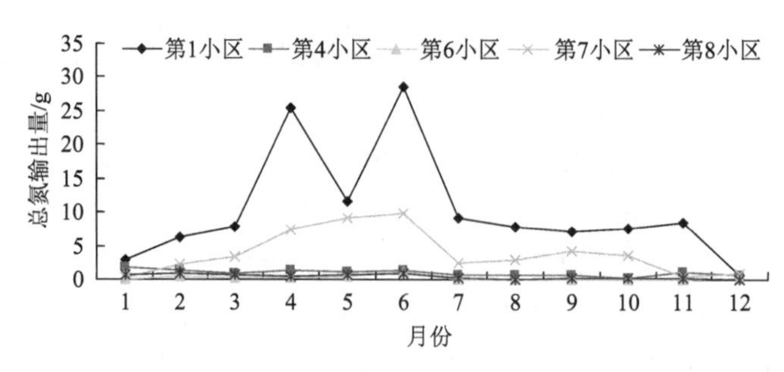

图 5.4　不同措施小区 2010～2012 年月均总氮输出量

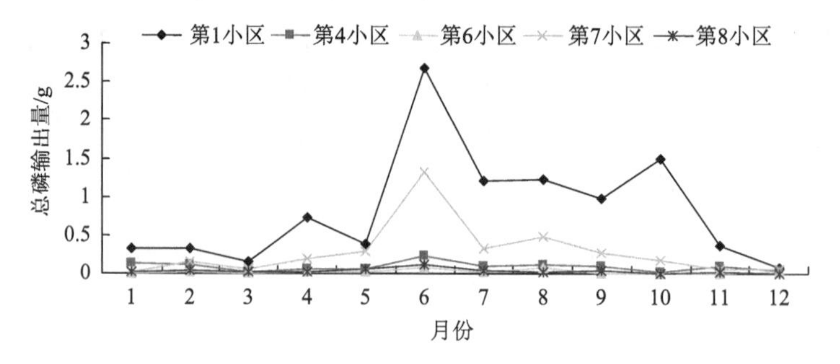

图 5.5　不同措施小区 2010～2012 年月均总磷输出量

5.1.1.2　植物措施和工程措施防治吸附态泥沙污染的效果

1）保土减沙总效应

保土减沙总效应通过计算减沙效应特征指标减沙率来体现，通过水保法将采用措施后产沙量与荒地小区产沙量对比，计算减沙率。如表 5.6 所示，油茶+水平竹节沟小区和脐橙+水平台地+梯壁植草小区侵蚀泥沙总量较小，分别为荒地小区的 18%和 20%，根据侵蚀模数按土壤侵蚀分类分级标准，这两个小区仅属于微度侵蚀类型。荒地小区和油茶+植物篱小区侵蚀泥沙总量较大，侵蚀模数分别为 2350t/（km^2·a）和 1734t/（km^2·a），属于轻度侵蚀。油茶+植物篱小区侵蚀泥沙总量比荒地小区稍有减少，减沙率为 26.28%。乔+灌+草+水平竹节沟小区、油茶+水平竹节沟小区和脐橙+水平台地+梯壁植草小区的减沙率分别为 76.47%、81.96%和 79.66%。

表 5.6　不同措施小区 2010～2012 年产沙量特征

小区号	小区	侵蚀泥沙总量/kg	侵蚀模数/[t/（km^2·a）]	减沙率/%
1	荒地	705.77	2350	—
4	乔+灌+草+水平竹节沟	166.08	554	76.47
6	油茶+水平竹节沟	127.29	424	81.96
7	油茶+植物篱	520.31	1734	26.28
8	脐橙+水平台地+梯壁植草	143.58	479	79.66

对 2010～2012 年的降雨产沙量采用单因子方差进行分析，结果表明乔+灌+草+水平竹节沟小区、油茶+水平竹节沟小区和脐橙+水平台地+梯壁植草小区与荒地小区的侵蚀

泥沙总量均存在显著性差异（$P<0.05$）。方差分析结果也表明，有工程措施小区保土减沙效应明显优于油茶+植物篱小区，但乔+灌+草+水平竹节沟小区、油茶+水平竹节沟小区和脐橙+水平台地+梯壁植草小区之间没有明显差异。这说明坡地中开发经济林和果木林相对荒地而言能够减少水土流失，利用坡地资源开发经济林、果木林是获得经济收益和治理水土流失的有效方法，但是初期如果无水平竹节沟等工程措施，土壤颗粒容易被雨滴溅起后被径流搬运，产生的水土流失量仍然较大，所以需要植物措施与工程措施相结合。

在 2010～2012 年的观测期内，不同措施小区的月均侵蚀量最大值都出现在 5 月或 6 月，这与降水量最大特征值出现时间一致。如图 5.6 所示，侵蚀量主要集中在 4～9 月，第 1 小区、第 4 小区、第 6 小区、第 7 小区、第 8 小区在这段时间的侵蚀量占全年侵蚀量的比例分别为 87%、77%、90%、92%、88%。主要原因是这段时间降水量和雨强大。观测结果表明，有水平竹节沟工程措施小区这段时间的产沙量明显小于荒地小区和油茶+植物篱小区，说明在开发初期采取水平竹节沟等工程措施，并采取植物措施增加地表覆盖，能有效地防治水土流失。

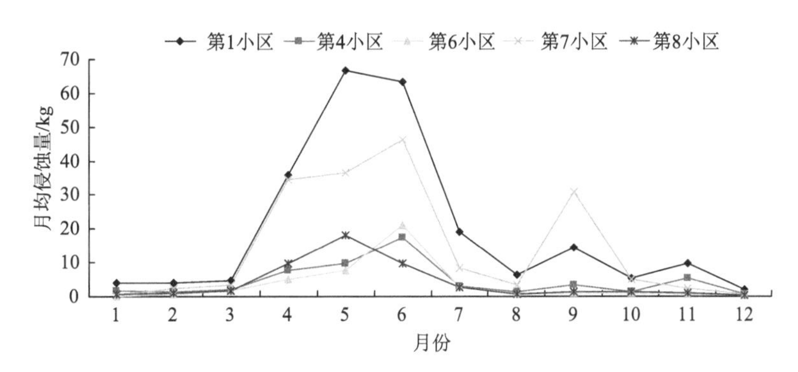

图 5.6　不同措施小区 2010～2012 年月均侵蚀量

2）防治污染总效应

根据上述对坡面尺度不同措施的保土减沙效应的分析，以荒地小区为对照，通过对各小区在自然降雨后产生的泥沙取样分析，研究水土保持措施对泥沙挟带氮、磷等吸附态污染的防治效应。

2010～2012 年 5 个小区的全氮、全磷、有机质输出量特征如表 5.7～表 5.9 所示，2010～2012 年 5 个小区泥沙中的全氮年均输出量在 15.89～41.73g,产生的全磷年均输出量在 5.94～1767.98g，产生的有机质年均输出量在 207.74～10828.00g，除荒地小区外吸附态氮和吸附态磷的输出量相差不多，有机质流失量相差相对较大。全氮、全磷和有机质总输出量和年均输出量最小的小区为油茶+水平竹节沟小区，全氮输出量年均为 15.89g，全磷输出量仅 5.94g，有机质输出量为 207.74g。油茶+水平竹节沟小区全氮、全磷、有机质年均输出量分别为输出量最大小区（荒地小区）的 38%、0.3%和 2%。采取水土保持措施的小区防治全氮随泥沙输出的效果并不是都很显著，防治率在 17.09%～61.91%，但是乔+ 灌+草+水平竹节沟、油茶+水平竹节沟和脐橙+水平台地+梯壁植草措施减少全磷和有机质输出的效果很明显。各试验小区全磷输出减少率：乔+灌+草+水平竹节沟小区 99.35%，油茶+水平竹节沟小区 99.66%，油茶+植物篱小区 98.15%，脐橙+水平台地+梯壁植草小区 99.50%；各试验小区有机质输出减少率：乔+灌+草+水平竹节沟小区 94.52%，油茶+水平竹节沟小区 98.08%，油茶+植物篱小区 91.18%，脐橙+水平台地+梯壁植草小区 96.87%。

表 5.7 不同措施小区 2010～2012 年泥沙中全氮输出量特征

小区号	小区	全氮总输出量/g	年均输出量/g	减少率/%
1	荒地	125.19	41.73	—
4	乔+灌+草+水平竹节沟	62.91	20.97	49.75
6	油茶+水平竹节沟	47.68	15.89	61.91
7	油茶+植物篱	103.80	34.60	17.09
8	脐橙+水平台地+梯壁植草	53.26	17.75	57.46

表 5.8 不同措施小区 2010～2012 年泥沙中全磷输出量特征

小区号	小区	全磷总输出量/g	年均输出量/g	减少率/%
1	荒地	5303.95	1767.98	—
4	乔+灌+草+水平竹节沟	34.66	11.55	99.35
6	油茶+水平竹节沟	17.82	5.94	99.66
7	油茶+植物篱	98.33	32.78	98.15
8	脐橙+水平台地+梯壁植草	26.75	8.92	99.50

表 5.9 不同措施小区 2010～2012 年泥沙中有机质流失量特征

小区号	小区	有机质总流出量/g	年均流失量/g	减少率/%
1	荒地	32483.99	10828.00	—
4	乔+灌+草+水平竹节沟	1778.94	592.98	94.52
6	油茶+水平竹节沟	623.22	207.74	98.08
7	油茶+植物篱	2866.25	955.42	91.18
8	脐橙+水平台地+梯壁植草	1015.95	338.65	96.87

对 2010～2012 年各次取样计算的全氮、全磷、有机质输出量采用单因子方差分析，结果显示采用水土保持措施的小区与荒地小区的全磷和有机质输出量均存在显著性差异（$P<0.05$），油茶+水平竹节沟和脐橙+水平台地+梯壁植草小区与荒地小区的全氮输出量存在显著性差异（$P<0.05$）。方差分析结果也表明，第 6 小区、第 8 小区氮的防治效应明显优于第 4 小区、第 7 小区，但第 6 小区与第 8 小区之间没有明显差异；第 4 小区、第 6 小区、第 7 小区、第 8 小区磷的防治效应没有明显差异。这主要是由于采取的植物措施和工程措施对泥沙有着保土减沙作用，因此对随泥沙输出的吸附态面源污染有防治效果。

在2010～2012年的观测期内，不同措施小区月平均全氮、全磷输出量如图5.7、图5.8所示，各小区的月均全氮、全磷输出量最大值都出现在4～6月，这与降水量最大特征值出现时间一致。与溶解态氮、溶解态磷污染输出特征相类似，吸附态氮、吸附态磷输出主要集中在4～9月，第1小区、第4小区、第6小区、第7小区、第8小区在这段时间的全氮输出量占全年输出量的比例分别为79%、74%、83%、91%、85%，全磷输出量占全年输出量的比例分别为96%、78%、79%、87%、83%。其主要原因是这段时间天然降雨多。因此，同样需要采取工程措施和植物措施，有效地防治吸附态面源污染（胡皓等，2019）。

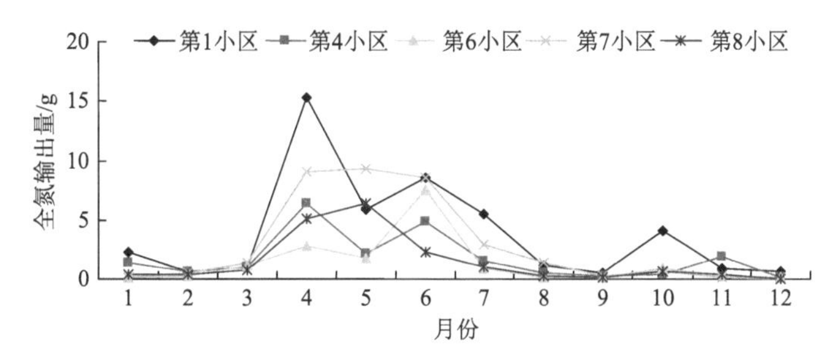

图5.7　不同措施小区2010～2012年月均全氮输出量

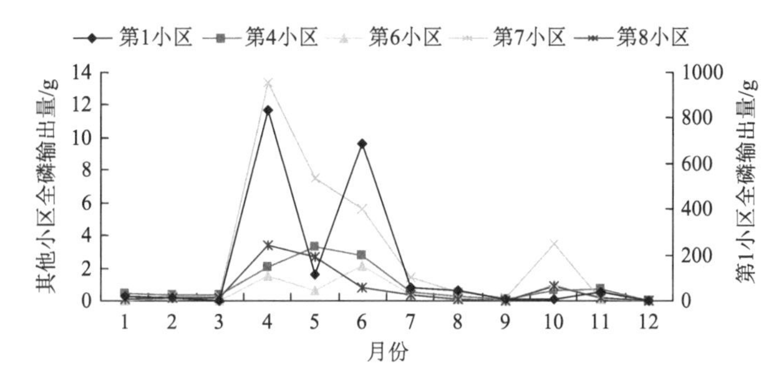

图5.8　不同措施小区2010～2012年月均全磷输出量

5.1.1.3　侵蚀泥沙养分富集特征

表5.10为2012年7月12日降雨前后采样测试所得的原表土养分含量和泥沙养分含量，可以通过其计算富集率，从表5.10可以看到，侵蚀泥沙对养分有富集特性，说明侵蚀泥沙的产生不仅导致养分流失，而且流失后的泥沙最终形成吸附态面源污染。全氮的富集率为第8小区＞第1小区＞第7小区＞第6小区＞第4小区；碱解氮的富集率为第1小区＞第7小区＞第6小区＞第4小区＞第8小区；全磷的富集率为第1小区＞第7小区＞第8小区＞第4小区＞第6小区；速效磷的富集率为第4小区＞第1小区＞第8小区＞第7小区＞第6小区。从总体上来看，荒地和经果林的养分富集率较高，水保林的富集率较低。泥沙中的养分富集现象主要是表层土壤的侵蚀引起的，一般受植被覆盖率和施肥的影响，植被覆盖率的增加使得细颗粒土壤聚集地表，所以与原表土相比，侵蚀泥沙往往会富集养分。荒地植被覆盖率小，受地表径流冲刷大，所以富集率较高；经

果林地表径流量小，土壤结构不易被破坏，泥沙以养分含量较高的细颗粒为主，所以富集率较高；水保林植被覆盖率大，土壤颗粒的选择性作用小，土壤养分在水平竹节沟内汇集，所以泥沙的养分含量小。

表 5.10　不同措施小区侵蚀泥沙养分富集率

养分	类别	第 1 小区	4 小区	6 小区	7 小区	8 小区
全氮/（g/kg）	原表土	0.360	0.287	0.064	0.141	0.169
	泥沙	0.576	0.266	0.072	0.171	0.278
	富集率	1.600	0.927	1.125	1.210	1.641
碱解氮/（mg/kg）	原表土	24.456	37.764	35.682	25.832	51.074
	泥沙	70.658	54.551	67.900	49.700	61.585
	富集率	2.889	1.445	1.903	1.924	1.206
全磷/（g/kg）	原表土	0.116	0.069	0.062	0.040	0.041
	泥沙	0.155	0.072	0.059	0.045	0.044
	富集率	1.336	1.043	0.952	1.125	1.073
速效磷/（mg/kg）	原表土	7.205	2.440	3.990	4.085	14.120
	泥沙	7.410	3.275	2.640	3.450	12.095
	富集率	1.028	1.342	0.662	0.845	0.857

5.1.1.4　土壤养分与径流及泥沙中面源污染物输出的相关关系

经 Pearson 相关性分析，发现表层土壤中全氮和速效氮含量与径流及泥沙中氮的输出量呈负相关关系，表层土壤中的全氮含量与径流中氨氮输出量的相关系数为 0.62，而与泥沙中全氮、速效氮输出的相关系数大于 0.9，表层土壤中速效氮含量与径流中氨氮输出量的相关系数为 0.42，可以看出表层土壤中氮随径流流失的量大于泥沙中的量。表层土壤中的磷与径流及泥沙中的磷输出量呈正相关，表层土壤中全磷与径流中全磷的相关系数为 0.82，而与泥沙中磷的相关系数都大于 0.95，相对于氮而言，表层土壤中的磷更易于随泥沙流失。

径流和泥沙所挟带的氮、磷是土壤系统中氮、磷流失的主要组成部分，因此径流和泥沙是氮、磷流失的主要途径。由于不同的水土保持措施对径流泥沙的调控作用各不相同，因此不同的水土保持措施对氮、磷污染物的防控途径也不尽相同。

研究表明，氮素流失的途径既有以泥沙结合态（吸附态）为主的途径也有以径流水溶态（溶解态）为主的途径，在不同降雨、地形、水土保持措施条件下，坡地氮素流失的主要形态各不相同。根据表 5.11，对于荒地和经济林+植物措施（油茶+植物篱）处理小区，总氮泥沙挟带量与径流挟带量的比值（ES/ER）分别为 0.34 和 0.74，均小于 1，说明这两种类型坡地总氮输出以径流挟带为主，占氮素输出总量的 75%和 57%，即氮以水溶态输出为主。而对于水保林+工程措施（乔+灌+草+水平竹节沟）和经果林+工程措施（油茶+水平竹节沟、脐橙+水平台地+梯壁植草）处理小区，ES/ER 变化范围为 1.71～5.72，均大于 1，说明这类水土保持措施处理下总氮流失量以泥沙挟带为主，占氮素流失总量的 63%～85%，即氮以泥沙结合态流失为主。

许多研究表明磷素流失的途径以泥沙结合态的形式为主。根据表 5.11，对于水保林+工程措施（乔+灌+草+水平竹节沟）、经济林+植物措施（油茶+植物篱）和经果林+工程措施（油茶+水平竹节沟和脐橙+水平台地+梯壁植草）处理，总磷泥沙挟带量与径流挟带量的比值（ES/ER）变化范围为 9.67～25.83，均大于 1，说明各类水土保持措施处理下总磷流失量以泥沙挟带为主，占土壤磷素流失量的 91%以上。也就是说，土壤中磷素流失量的大小主要受到泥沙流失量的约束，其流失形态主要为泥沙结合态。因此，要控制土壤侵蚀对水环境的污染，特别是磷素污染，需要控制径流中泥沙的含量，或是减缓泥沙的迁移速度和迁移距离。

表 5.11　于都县左马小流域径流小区 2010～2012 年年均总氮、总磷输出量及其溶出率

小区号	措施名称	总氮输出量				总磷输出量			
		泥沙挟带量（ES）/g	径流挟带量（ER）/g	溶出率（ES/ER）	总流失量/g	泥沙挟带量（ES）/g	径流挟带量（ER）/g	溶出率（ES/ER）	总流失量/g
1	荒地	41.73	123.51	0.34	165.24	1767.98	9.93	178.04	1777.91
4	乔+灌+草+水平竹节沟	20.97	12.23	1.71	33.20	11.55	1.10	10.50	12.65
6	油茶+水平竹节沟	15.89	2.78	5.72	18.67	5.94	0.23	25.83	6.17
7	油茶+植物篱	34.60	46.64	0.74	81.24	32.78	3.39	9.67	36.17
8	脐橙+水平台地+梯壁植草	17.75	5.29	3.36	23.04	8.92	0.36	24.78	9.28

对数据进一步分析可以看出，与荒地小区相比，采用水土保持措施的小区均表现出明显的防控氮素、磷素面源污染的效果，试验证明经果林+工程措施和水保林+工程措施防控氮素、磷素面源污染的效果都较好。平均而言，水保林+工程措施（乔+灌+草+水平竹节沟）、经果林+工程措施（油茶+水平竹节沟、脐橙+水平台地+梯壁植草）、经济林+植物措施（油茶+植物篱）三类水土保持措施氮素（含溶解态和吸附态）的年平均输出量分别为 332kg/km^2、208kg/km^2、812kg/km^2，相对于荒地（输出量 1652kg/km^2）的拦截率分别为 80%、87%、51%；磷素（含溶解态和吸附态）的年平均输出量分别为 126kg/km^2、77kg/km^2、361kg/km^2，相对于荒地（输出量 17779kg/km^2）的拦截率均在 97%以上。可见，水土保持措施具有良好地防控面源污染物输出，进而优化水环境的效果。

5.1.2　耕作措施水土保持污染防治技术

南方红壤区缓坡坡耕地产生的面源污染量大、面广，故在江西水土保持生态科技园设置了横坡耕作、顺坡耕作+植物篱（黄花菜篱）等耕作措施，用于研究水土保持措施防治坡耕地水土流失和面源污染的效果。具体处理见 3.3 节。

5.1.2.1　坡耕地水土保持措施减流蓄水效益

图 5.9 为 2012 年坡耕地不同措施的产流量和减流效益，裸地、顺坡耕作、顺坡耕作+植物篱、横坡耕作产流量依次减小，分别为 41.68m^3、40.96m^3、37.79m^3、19.32m^3。顺坡耕作减流效益最小，为 2%；其次为顺坡耕作+植物篱，减流效益为 9%；横坡耕作的减流效益最大，为 54%。上述表明，农作物的种植增加地表的地面覆盖度，可以减少径流流失；在坡耕地中种植植物篱，可以减缓地表径流流速，从而增加入渗，减少径流；横坡耕作较顺坡耕作+植物篱减流效益更加明显，横坡耕作其垄面有很多田坎，通过垄面层层拦截能起到很好的减流作用。因此，在缓坡地上通过水土保持耕作措施的微地形整治具有一定的减流蓄水效应。

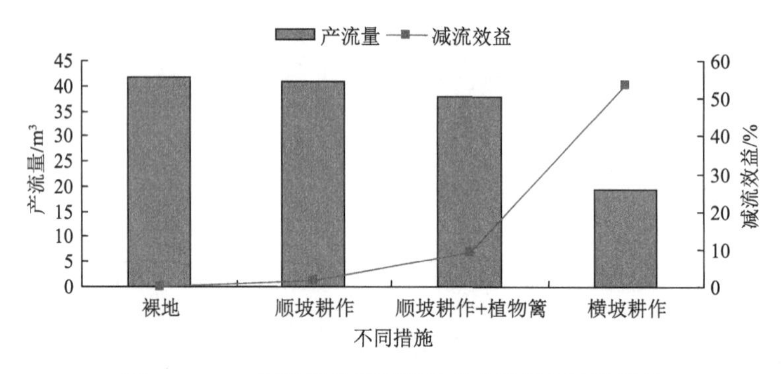

图 5.9　2012 年坡耕地不同措施的产流量和减流效益

5.1.2.2　坡耕地水土保持措施减沙保土效益

图 5.10 为 2012 年坡耕地不同措施的土壤侵蚀模数和减沙效益，裸地、顺坡耕作、顺坡耕作+植物篱、横坡耕作产沙量依次减小，其土壤侵蚀模数分别为 19247t/（km^2·a）、8282t/（km^2·a）、6054t/（km^2·a）、4458t/（km^2·a）。顺坡耕作减沙效益最小，为 57%；其次为顺坡耕作+植物篱，减沙效益为 69%；横坡耕作的减沙效益最大，为 77%。上述结果表明，农作物的种植增加地表的地面覆盖度，可以减少土壤流失；在坡耕地中种植

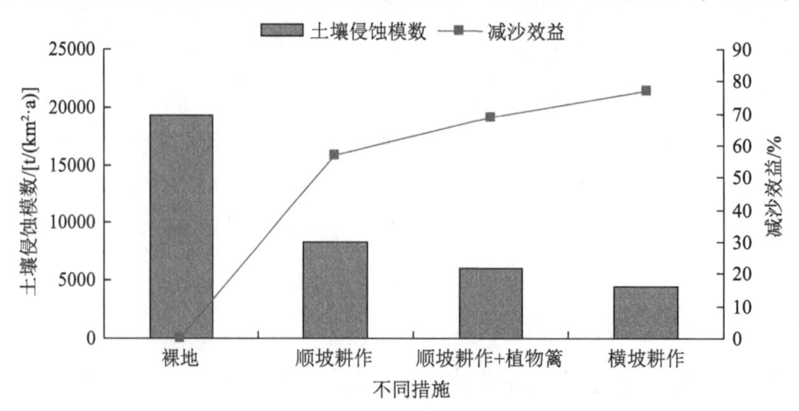

图 5.10　2012 年坡耕地不同措施的土壤侵蚀模数和减沙效益

植物篱，可以减缓地表径流流速，从而促使地表径流中泥沙在坡面上沉积，减少产沙量；横坡耕作较顺坡耕作+植物篱（黄花菜植物篱，是其生长的第二年）减沙效果更加明显，横坡耕作通过垄面层层拦截能起到很好的减沙作用。因此，在缓坡地上通过水土保持耕作措施的微地形整治具有较好的保土减沙总效应，且耕作措施的减沙效益比减流效益更大。

5.1.2.3　坡耕地水土保持措施拦截面源污染效益

1）坡耕地水土保持耕作措施对氮素输出的影响

由图 5.11 可知，不同坡耕地水土保持措施对径流中氮素的形态及输出量有明显影响，坡耕地中地表径流污染氮素随径流的输出较大，有两种措施的输出量超过了裸地，顺坡耕作、顺坡耕作+植物篱、横坡耕作三种措施下径流小区中总氮的 2012 年输出量分别为 216.2g、166.7g 和 59.7g。总氮输出量最大的措施为传统的顺坡耕作方式。如图 5.12 所示，相对于传统的顺坡耕作，采取水土保持措施的顺坡耕作+植物篱和横坡耕作措施对总氮输出的拦截率分别为 22.90%和 72.39%，对于氨氮和硝态氮，也有类似的拦截效果。这说明横坡耕作、顺坡耕作+植物篱相对传统的顺坡耕作，可以明显减少地表径流中氮素的输出。从氮素输出的形态来看，总氮中可溶性氮的比例较大，在 61%～76%，说明红壤坡耕地面源污染中氮素是以溶解态为主的。

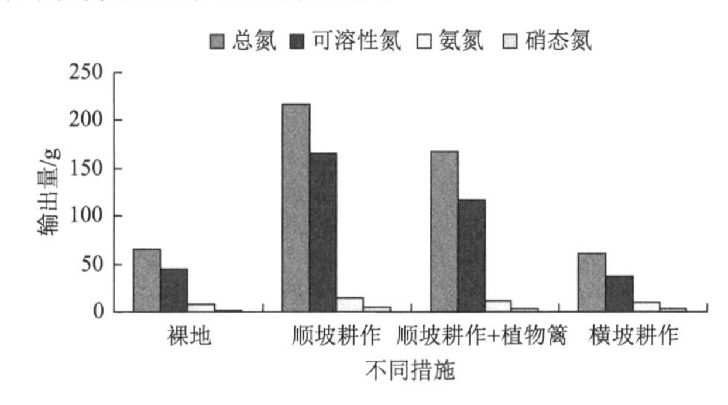

图 5.11　坡耕地地表径流污染氮素输出量

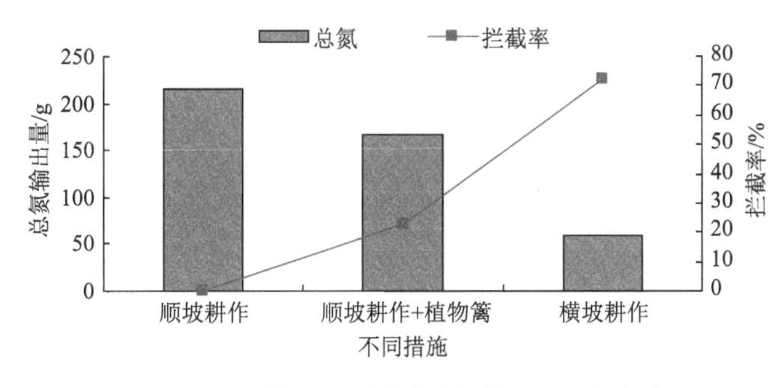

图 5.12　坡耕地不同措施总氮输出量及拦截率

顺坡耕作、顺坡耕作+植物篱、横坡耕作三种处理下径流小区的总氮输出月均浓度如图 5.13 所示，顺坡耕作措施下总氮输出月均浓度在 2～9mg/L，顺坡耕作+植物篱措施下总氮输出月均浓度在 1～8mg/L，横坡耕作措施下总氮输出月均浓度在 2～8mg/L，可以看出在坡耕地中随着化肥的施用产生的径流中氮素浓度很高，均超出《地表水环境质量标准》规定的Ⅴ类水标准，所以坡耕地中产生的面源污染需要引起注意。4～6月虽然总氮产生量很大，但是其浓度在一年中不是最大的，这可能与雨强大小有关，2月、3月、9月、10月多短历时强降雨，所以径流挟带氮素输出的浓度较大。用SPSS软件进一步分析氮素输出量与降水量、雨强、产流量、产沙量之间的相关性，如表5.12所示。总氮输出量与雨强和产流量有显著的正相关关系，说明产流量增加的同时，总氮输出量随之增加。氨氮输出量与降水量、雨强、产流量、产沙量之间的相关性不显著。

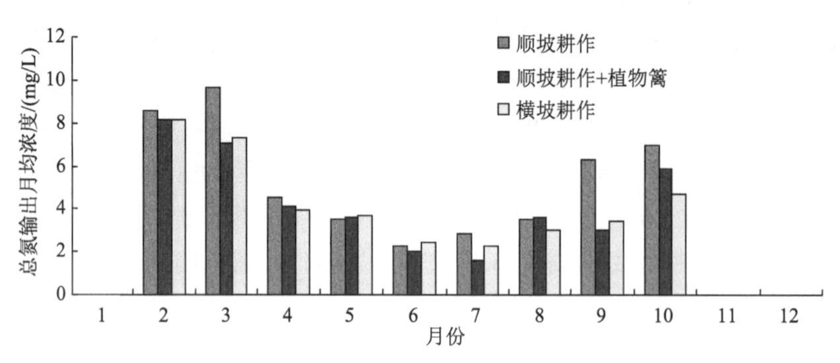

图 5.13　地表径流中总氮输出月均浓度

表 5.12　氮、磷输出量与降水量相关性分析

参量	总氮输出量		氨氮输出量	
	Pearson 相关系数	Sig.值	Pearson 相关系数	Sig.值
降水量	0.429	0.110	0.223	0.411
雨强	0.723*	0.021	0.454	0.111
产流量	0.833*	0.001	0.578	0.140
产沙量	0.612	0.056	0.384	0.224

*相关性在0.05水平下显著。

2）坡耕地水土保持耕作措施对磷素输出的影响

由图5.14可知，不同坡耕地水土保持措施对径流中总磷及可溶性磷输出量有明显影响，坡耕地中地表径流污染磷素的输出量较小，但是顺坡耕作措施下总磷的输出量仍超过了裸地，也表明了坡耕地面源污染严重。顺坡耕作、顺坡耕作+植物篱、横坡耕作三种措施下径流小区中总磷的2012年输出量分别为5.5g、4.5g、4.1g。总磷输出量最大的措施为传统的顺坡耕作方式，为55kg/km^2。如图5.15所示，相对于传统的顺坡耕作，采取水土保持措施的顺坡耕作+植物篱和横坡耕作措施对总磷输出的拦截率分别为18%和25%。这说明横坡耕作、顺坡耕作+植物篱相对传统的顺坡耕作，可以减少地表径流中磷素的输出。从磷素输出的形态来看，总磷中可溶性磷的比例较小，为22%～28%，说明红壤坡耕地面源污染中磷素不是以溶解态为主，而是以吸附态为主。

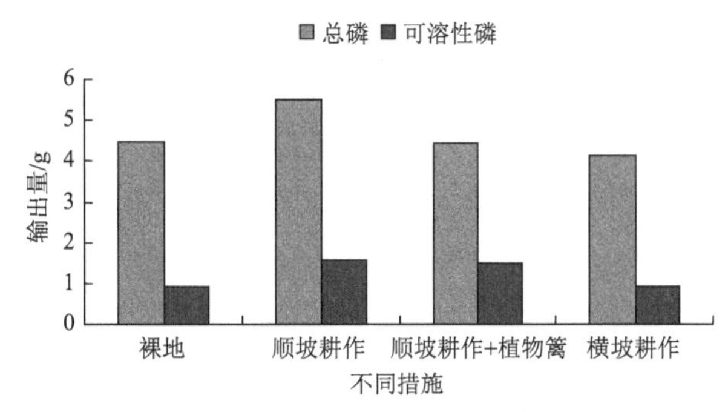

图 5.14　坡耕地地表径流污染磷素输出量

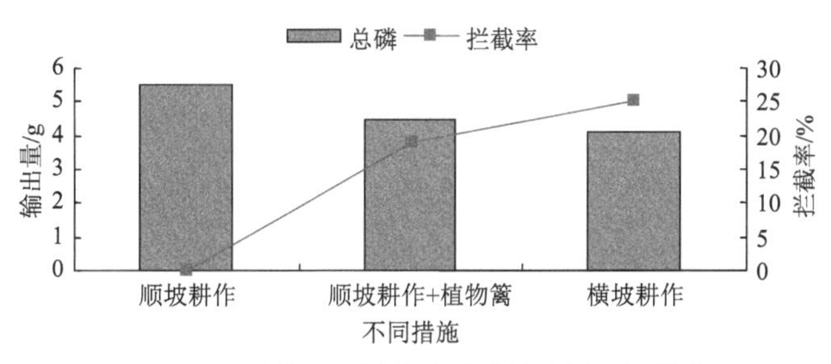

图 5.15　坡耕地不同措施总磷输出量及拦截率

顺坡耕作、顺坡耕作+植物篱、横坡耕作三种处理下径流小区的总磷输出月均浓度如图 5.16 所示，顺坡耕作措施下总磷输出月均浓度在 0.05～0.96mg/L，顺坡耕作+植物篱措施下总磷输出月均浓度在 0.01～0.6mg/L，横坡耕作措施下总氮输出月均浓度在 0.03～0.8mg/L，可以看出在坡耕地中随着化肥的施用产生的径流中磷素浓度大多未超过《地表水环境质量标准》V 类水标准，但是在 4 月和 5 月的总磷浓度过大，所以坡耕地中产生的面源污染需要引起注意。各处理之间，总磷浓度相差不大，但是产流量不同，导致总磷的输出量存在差异。用 SPSS 软件进一步分析氮素输出量与降水量、雨强、产流量、产沙量之间的相关性，总磷输出量与降水量、雨强、产流量、产沙量都存在相关关系，说明降雨产流量增加的同时，总磷输出量随之增加。

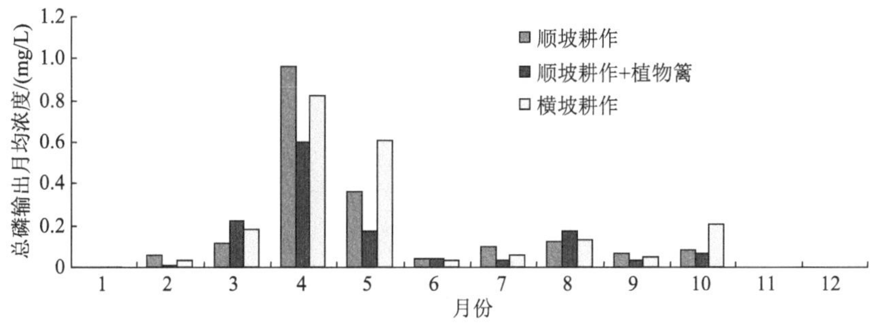

图 5.16　地表径流中总磷输出月均浓度

3）典型次降雨下不同措施的面源污染输出特征

以 2012 年 7 月 20 日和 2012 年 7 月 23 日两场典型降雨为例，进行典型次降雨分析，分析在次降雨条件下各小区不同措施水土流失和面源污染的输出特征，采用南方较为典型的中雨和大雨进行分析，其前期降雨条件相同，无降雨，土壤含水量接近。从表 5.13、表 5.14 可知，在大雨条件下各措施小区的径流量、泥沙量、可溶性氮输出量和可溶性磷输出量大多大于中雨条件下的产生量，说明面源污染的输出受降雨影响。因 2012 年 7 月 23 日中雨条件下的雨强为 63mm/h，大于 2012 年 7 月 20 日大雨条件下的雨强，所以会出现顺坡耕作+植物篱措施小区在大雨条件下可溶性磷的输出小于中雨条件下的情况，而横坡耕作措施在大雨条件下的流失泥沙量略小于中雨条件下的流失泥沙量，说明水土保持措施对强降雨下的水土流失具有控制作用，从泥沙量来看（横坡耕作的泥沙量最小）也可以看出。总体来看，顺坡耕作+植物篱小区、横坡耕作小区的氮素、磷素输出总量均小于顺坡耕作小区，说明耕作措施对面源污染的输出具有拦截作用。从氮素、磷素输出形态来看，氮素输出有溶解态磷，也有吸附态磷；而磷素输出以吸附态为主。

表 5.13　不同措施次降雨特征及产流产沙量

措施	降雨时间	雨型	历时/min	降水量/mm	雨强/（mm/h）	径流量/m^3	泥沙量/（kg/m^3）	流失泥沙量/kg
顺坡耕作	2012 年 7 月 20 日	大雨	177	44.8	15.19	2.37	9.63	45.12
	2012 年 7 月 23 日	中雨	18	18.9	63.00	0.62	23.45	35.09
顺坡耕作+植物篱	2012 年 7 月 20 日	大雨	177	44.8	15.19	2.39	6.93	31.50
	2012 年 7 月 23 日	中雨	18	18.9	63.00	0.60	5.71	30.52
横坡耕作	2012 年 7 月 20 日	大雨	177	44.8	15.19	1.78	4.74	21.81
	2012 年 7 月 23 日	中雨	18	18.9	63.00	0.51	4.49	23.83

表 5.14　不同措施次降雨下氮磷输出特征

措施	降雨时间	雨型	氮素输出量			磷素输出量		
			可溶性氮/（kg/km^2）	泥沙结合态氮/（kg/km^2）	比值	可溶性磷/（kg/km^2）	泥沙结合态磷/（kg/km^2）	比值
顺坡耕作	2012 年 7 月 20 日	大雨	49.68	4.91	10.12	0.15	0.76	0.20
	2012 年 7 月 23 日	中雨	4.29	9.60	0.45	0.29	0.27	1.07
顺坡耕作+植物篱	2012 年 7 月 20 日	大雨	45.58	17.19	2.65	0.07	0.35	0.20
	2012 年 7 月 23 日	中雨	5.14	9.24	0.56	0.36	0.01	36.00
横坡耕作	2012 年 7 月 20 日	大雨	18.91	26.07	0.73	0.17	0.40	0.43
	2012 年 7 月 23 日	中雨	4.23	0.23	18.39	0.12	0.14	0.86

5.2　缓冲带面源污染控制技术

5.2.1　生态草沟污染控制技术

草沟是美国水土保持局所推行的最主要的排水方法，已广泛应用多年，主要应用于缓坡地。中国学者廖绵濬在 20%以上的坡地上进行了草沟试验，得出草沟在一定的坡度可以安全排水，最早提出了草沟可以应用于台湾地区坡地的排水的观点（陈瑞冰和席运官，2012），本书通过对土沟、水泥沟及草沟的试验对比，进行草沟对径流、泥沙及污染控制的研究。

5.2.1.1　技术试验

现有设施在江西水土保持生态科技园内，在同一坡面上设立了 3 条沟道，分别为水泥沟、土沟和草沟。坡面为 12°的坡地，草沟内植假俭草，沟宽为 2m、深度为 0.3m、长度为 20m，沟道断面形式为抛物线形，抛物线公式为

$$H = 0.3b^2 / 4 \tag{5.1}$$

式中，H 为水沟深度，m；b 为水沟宽度，m。其断面图如图 5.17 所示。

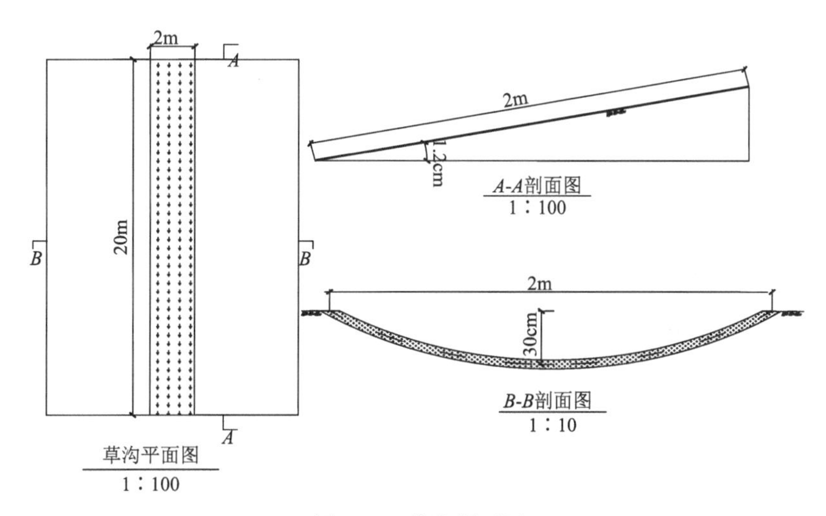

图 5.17　草沟断面图

通过对草沟、土沟和混凝土沟的试验分析，得出不同类型的沟道对泥沙和污染物的影响，从而分析出草沟在水生态修复中的作用。现有设施平面图如图 5.18 所示。

试验设计 3 种类型的沟：草沟、土沟和水泥沟；3 个污染物浓度：低浓度（Ⅲ类水左右）、中浓度（近Ⅴ类水）和高浓度（劣Ⅴ类水）。选择总氮和总磷为污染物研究对象。总氮采用尿素（46%N），总磷选用过磷酸钙（45%P）化学药剂用作配比污染水体。污水由抽取的试验区附近水塘水与化肥混合，通过搅拌机搅拌配制而成，污水参照《地表水环境质量标准》中总氮和总磷水质类别配制。供水装置为 2m^3 的大桶，每次试验控制供水速率 1.08m^3/h（即 18L/min），每次试验放水 0.5h。试验于 2018 年 6 月 7～12 日进行。

试验设施和装置如图 5.19 所示。步骤如下。

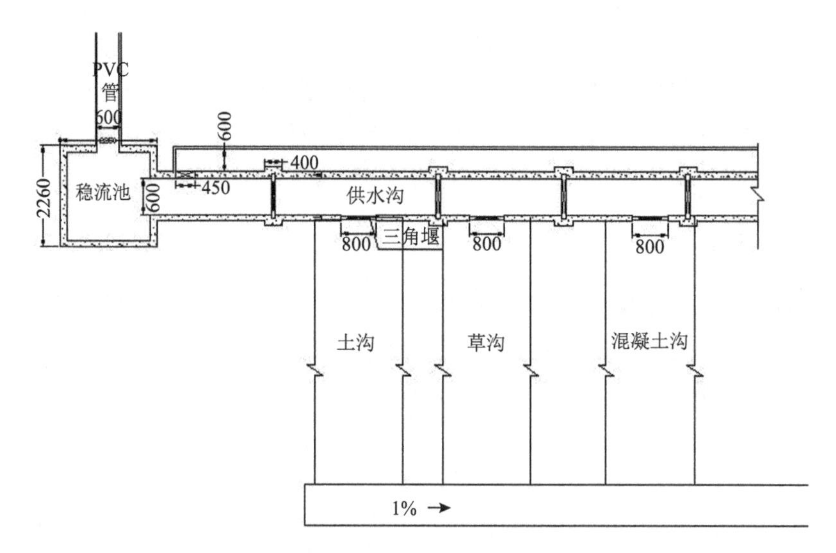

图 5.18　江西水土保持生态科技园草沟试验设施平面图（单位：mm）

图 5.19　江西水土保持生态科技园草沟试验

（1）试验开始前，在实验室称量好各处理试验所需的氮、磷试剂的用量。

（2）连接试验装置：将水溶液搅拌桶与供水管、出水管、阀门、转子流量计、压力泵连接；搅拌桶里安装搅拌电机和搅拌杆；压力泵提供稳定的供水压力，保证污水出水口有稳定的出水流量；转子流量计用来调节和控制试验流量。调试整个装置，待出水稳定则准备试验。

（3）先采用淡水湿润所有沟道，保证所有处理土壤初始含水量一致，待流量调试稳定后，进行污水配置。将试剂投入水桶中，采用搅拌桶搅拌 30min，然后等水体溶液稳定，准备试验。

（4）模拟试验开始后，记录水流峰面随时间的运移情况（高锰酸钾法）。试验开始后，记录径流锋面流经沟道 6m、12m 和 20m 位置处的水深、水流时间，并取水样。当放水时开始计时，分别在 5min、10min、20min、30min 四个时间点测定水深、流速并取水样，取样位置同样是距坡顶起始位置 6m、12m 和 20m 位置处。

配制试验用水初始浓度见表 5.15。

表 5.15　配制试验用水初始浓度　（单位：mg/L）

组号	水质水平	总氮	总磷
1	低浓度	0.681	0.393
2	中浓度	1.892	1.717
3	高浓度	8.432	3.388

5.2.1.2　不同沟道坡面水流流速和水深

1）流速

试验用水在草沟、水泥沟、土沟的流速分别为 0.079±0.021m/s、0.887±0.165m/s、0.335±0.078m/s，如图 5.20 所示，流速大小为水泥沟＞土沟＞草沟。从距坡顶 6m、12m、20m 的情况来看，水泥沟流速逐渐略有增大，土沟先增大后减小，而草沟的流速逐渐略有减小。从变异系数（CV）来看，草沟、水泥沟、土沟流速的变异系数分别为 26.12%、18.63%、23.15%，说明受下垫面影响，水泥沟的流速变化不大，而草沟的流速和初始流速相比变化相对较大。

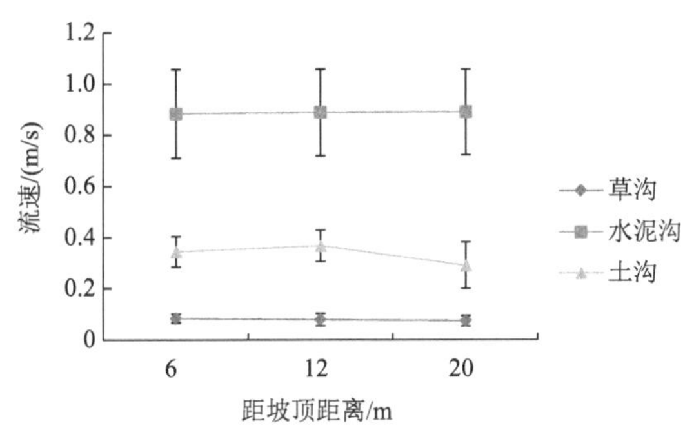

图 5.20　不同沟道三个断面观测点位置的流速

2）水深

如图 5.21 所示，三次试验中在距坡顶 6m、12m、20m 处，草沟的平均水深分别为 1.3cm、1.2cm、1.1cm，水泥沟的平均水深均为 0.4cm，土沟平均水深分别为 1.4cm、1.4cm、1.5cm。水泥沟的平均水深最小，土沟因水流有下切作用形成侵蚀沟而水深最大；草沟内

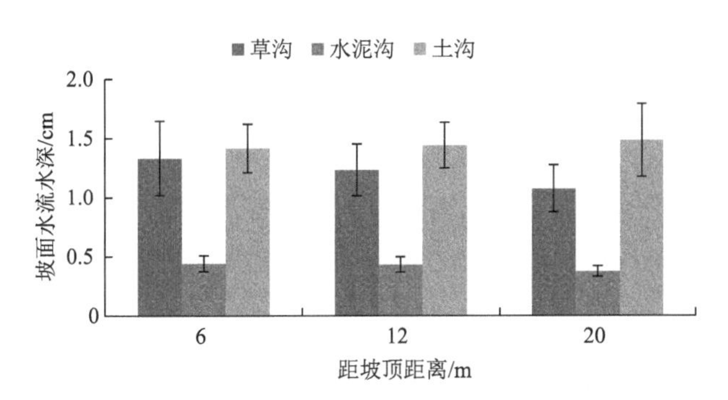

图 5.21　不同沟道三个断面观测点位置的水深

草被增加水流运动的阻力，降低流速，加大水深，使得坡面产流时间延长，进而能使坡面水流更多地下渗至土壤内。

5.2.1.3　不同沟道坡面水流流态

1）雷诺数 *Re*

雷诺数 *Re* 的物理意义是液体表征惯性力与黏滞力的比值。它的计算式可以采用：

$$Re = \frac{Vh}{v} \tag{5.2}$$

式中，V 为断面平均流速，cm/s；h 为断面水深，cm；v 为运动黏滞系数，cm^2/s。

从图 5.22 可以看出，土沟的雷诺数最大；水泥沟略小，与土沟相差不大；草沟的雷诺数最小。草沟坡面不平整和对水流阻碍等原因减少径流表征惯性力，而水泥沟坡面平整，对水流的阻碍小。不同的断面上草沟的雷诺数较稳定，且小于 2000，属于层流；而土沟和水泥沟变化幅度较大；草沟的覆盖度均匀且延缓水流的流速使雷诺数维持在一个稳定的小范围内。

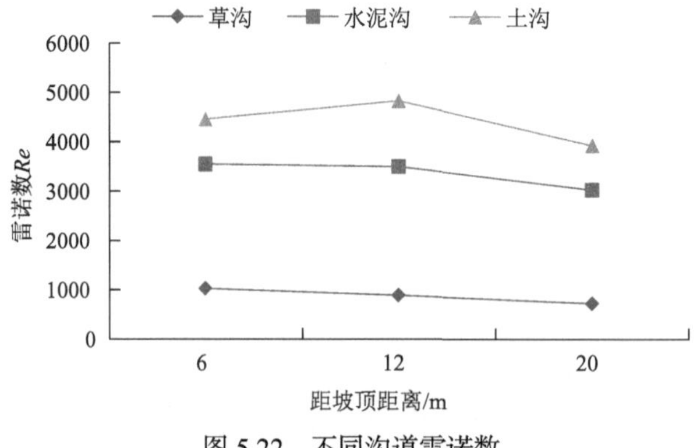

图 5.22　不同沟道雷诺数

2）弗劳德数 *Fr*

弗劳德数 *Fr* 的物理意义是水流的惯性力和重力两种作用的对比关系。它的计算式可以采用：

$$Fr = \frac{V}{\sqrt{gh}} \tag{5.3}$$

式中，g 为重力加速度，m/s^2。

从图 5.23 可以看出，三种沟道弗劳德数均大于 1，属于急流；弗劳德数水泥沟＞土沟＞草沟。草沟内草被对水流形成阻碍，以及草沟和土沟表面的不平整增加下垫面的粗糙率，从而延缓水流的速度，使得草沟和土沟的弗劳德数比水泥沟小且变化较平稳。因此，草沟具有明显的稳定流态的效果。

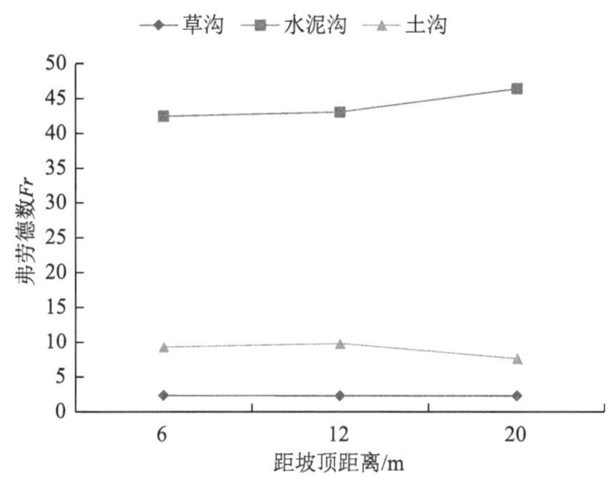

图 5.23　不同沟道弗劳德数

5.2.1.4　不同沟道水质浓度

1）总氮浓度变化

从图 5.24 可以看出，在低浓度配水条件下，三种沟道在三个不同断面的总氮浓度没有明显的规律性；低浓度水流经土沟后总氮浓度有减小的趋势；经草沟的水流总氮浓度相对较低；草沟对低浓度水流总氮浓度降低无明显作用。

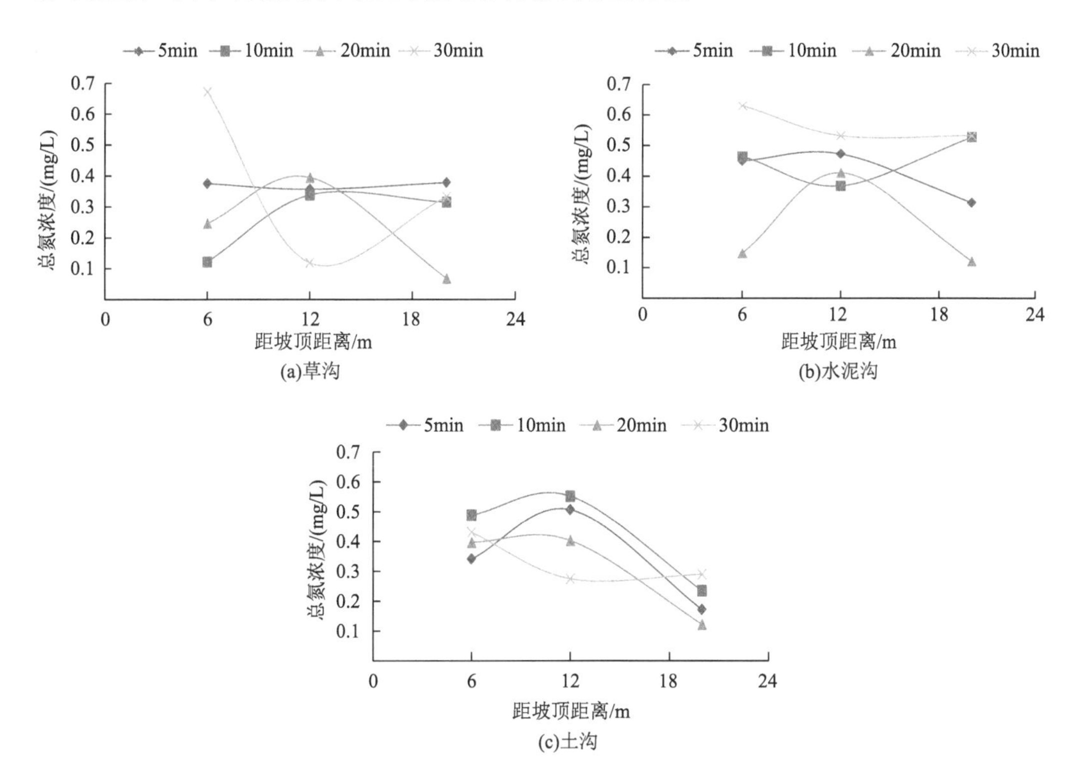

图 5.24　低浓度配水冲刷试验下不同沟道总氮浓度

在中浓度配水条件下（图 5.25），草沟中水流总氮浓度沿坡面有下降趋势，在出口处的总氮浓度比在距坡顶 6m 处下降 0.3%～24.9%；水泥沟中水流沿坡面的总氮浓度变化幅度不大，升高和降低的情况都有；水流在土沟中的总氮浓度相对草沟和水泥沟均较大，甚至有超过配制浓度初始值的情况。分析原因，水泥沟下垫面对水中的氮浓度影响不大，土沟初期能渗透营养元素，但随着被水流侵蚀，可能出现土壤中氮素被水流带出的情况；草沟中假俭草与土壤组成的生态系统对中浓度污水中的氮素能发挥一定的阻滞和吸收作用。

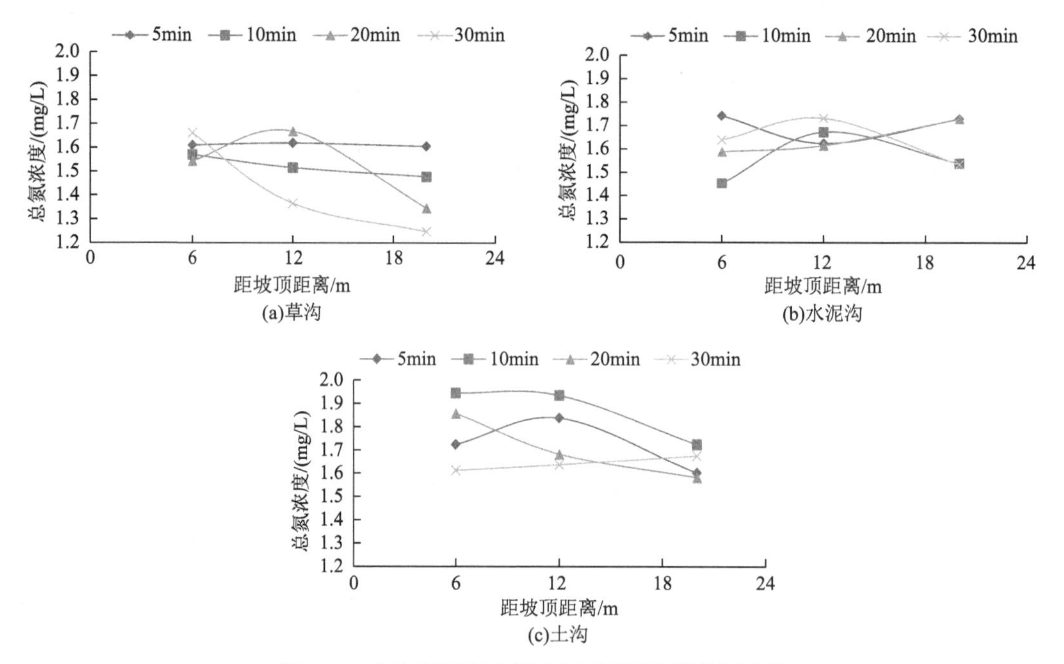

图 5.25　中浓度配水冲刷试验下不同沟道总氮浓度

随着配水浓度的加大，三种沟道中水流的总氮浓度特征差异更为明显。在高浓度配水条件下（图 5.26），草沟中水流总氮浓度沿坡面有较明显的下降趋势，在出口处的总氮浓度比在距坡顶 6m 处下降 48.0%～58.3%；水泥沟中水流沿坡面的总氮浓度变化幅度依然不大，较为稳定；水流在土沟中的总氮浓度相对草沟和水泥沟比中浓度条件下时更大，在 10min 后水流沿坡面的总氮浓度基本呈现增大趋势，出水口总氮浓度常超过配制的浓度初始值。分析原因，水流会挟带土沟中的氮素成分，而草沟对污水中高浓度的氮素有较好的去除效果，去除率较高。

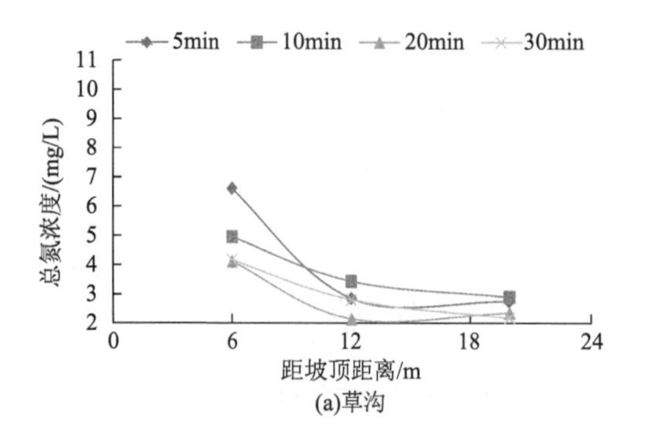

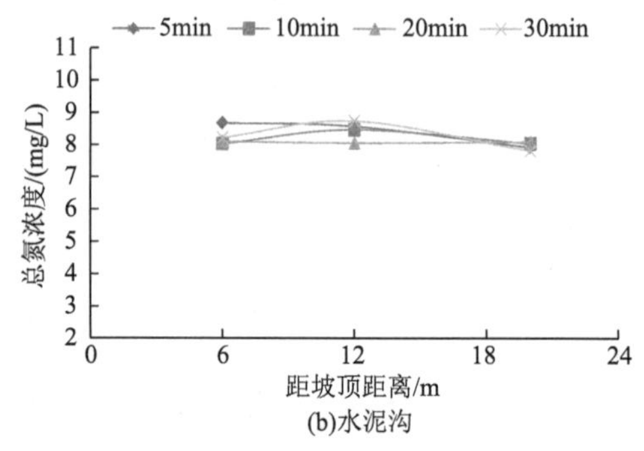

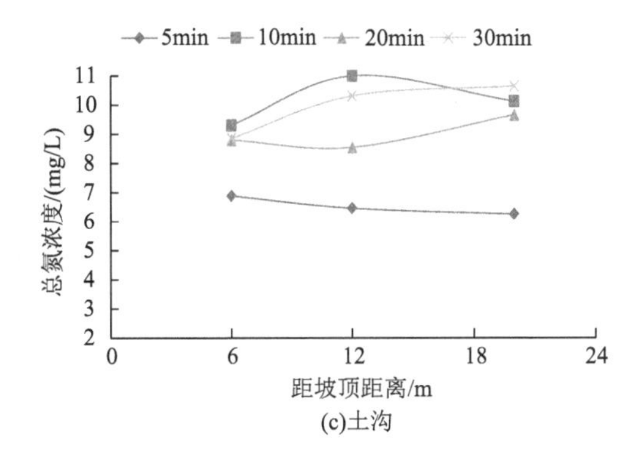

图 5.26　高浓度配水冲刷试验下不同沟道总氮浓度

2）总磷浓度变化

在低浓度配水条件下（图 5.27），三种沟道的总磷浓度均没有明显的特征，在水泥沟中总磷浓度较为稳定，在土沟中总磷浓度变化较大。

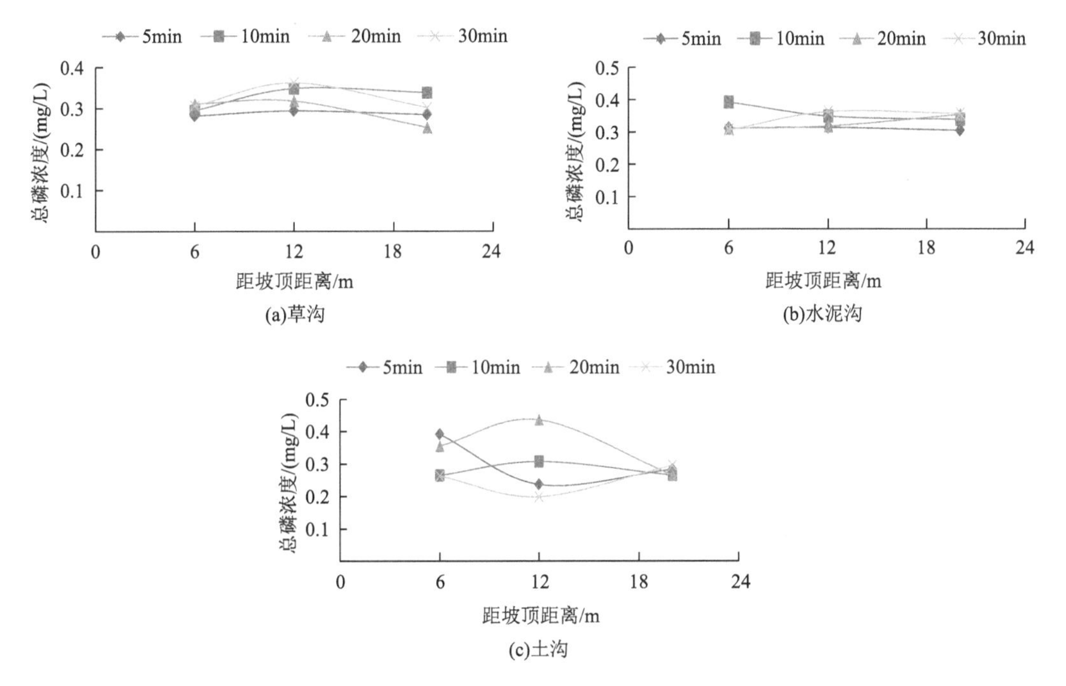

图 5.27　低浓度配水冲刷试验下不同沟道总磷浓度

在中浓度配水条件下（图 5.28），草沟已经表现出对水流总磷浓度的削减作用，在出口处的总磷浓度比在距坡顶 6m 处下降 2.1%～39.5%；水泥沟中水流的总磷浓度特征和总氮浓度特征类似，变化不大；土沟也已经表现出出水口总磷浓度比在坡面时有增大的趋势。

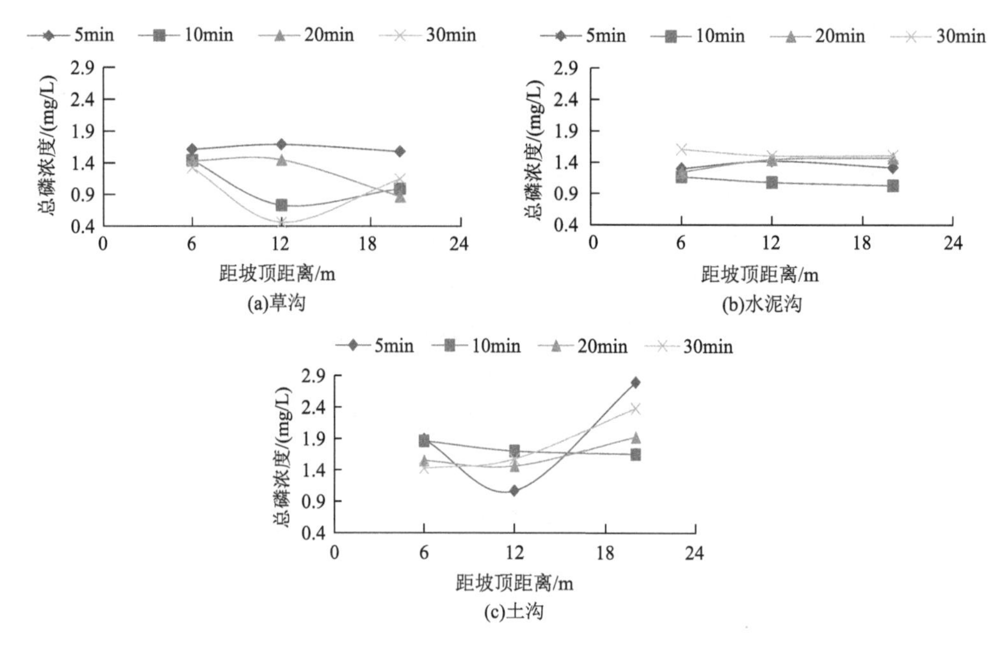

图 5.28　中浓度配水冲刷试验下不同沟道总磷浓度

在高浓度配水条件下（图 5.29），草沟中水流总磷浓度沿坡面下降的趋势明显，在出口处的总磷浓度比在距坡顶 6m 处下降 38.8%～67.1%；水泥沟中水流的总磷浓度依然变化幅度不大；水流在土沟中的总磷浓度有时增加，有时减小，减小是因为入渗和吸附的影响，增大是因为侵蚀泥沙挟带磷素的影响。

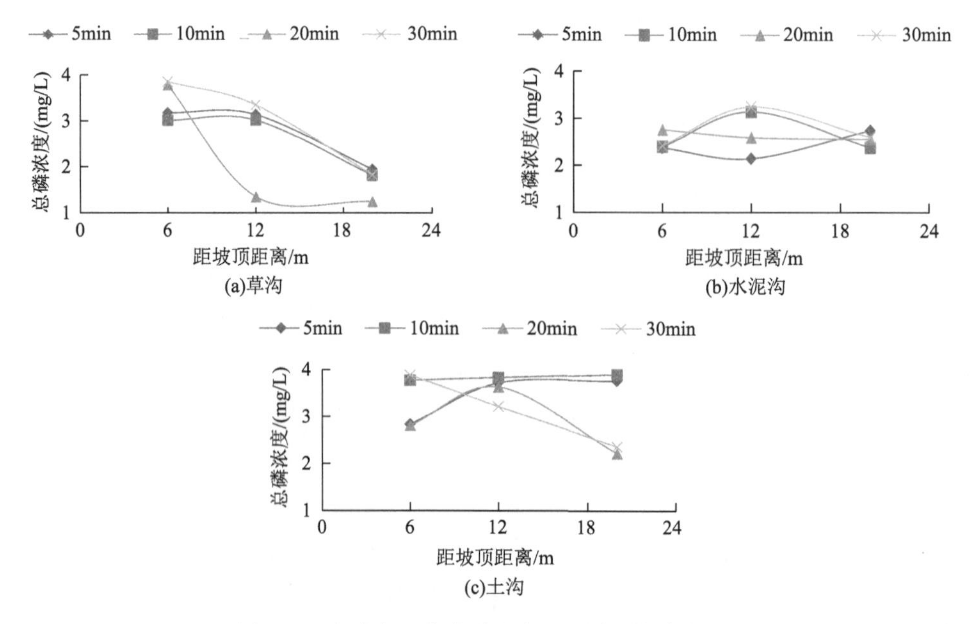

图 5.29　高浓度配水冲刷试验下不同沟道总磷浓度

3）出水口水质浓度随时间变化

从总氮来看，如图 5.30 所示，出水口处水泥沟的水流总氮浓度最为稳定，土沟的水流总氮浓度变化最大；在中浓度配水和高浓度配水条件下，草沟的出水总氮浓度最小，且略有随时间的延长而减小的趋势。

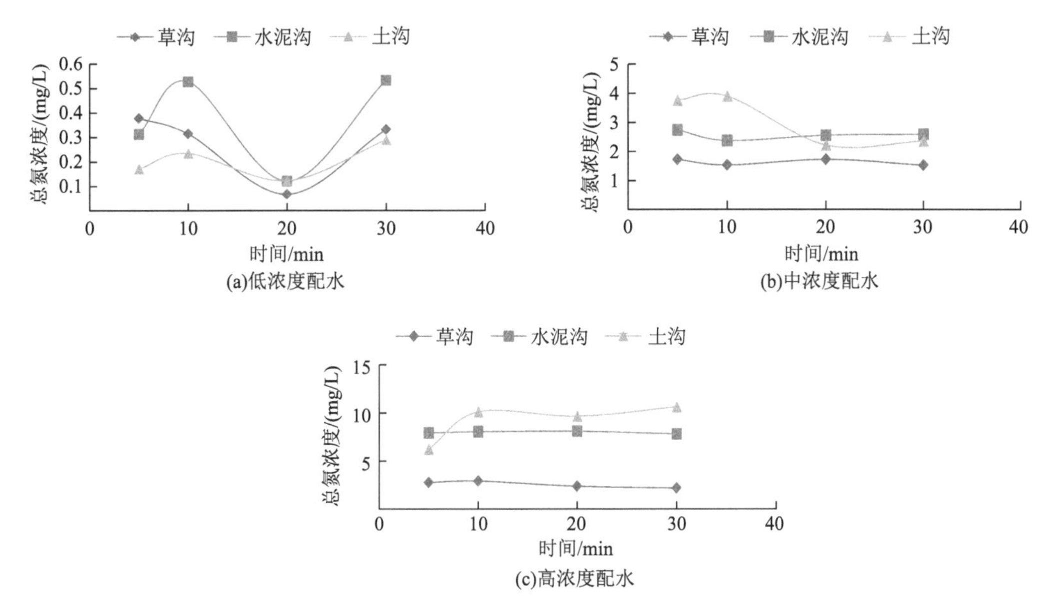

图 5.30 不同浓度配水条件下沟道出水口处不同时间的总氮浓度

总磷浓度特征与总氮类似，如图 5.31 所示，在中浓度和高浓度配水条件下，出水口水泥沟和土沟的浓度大于草沟；草沟出水口总磷浓度基本随时间的延长呈减小的趋势。说明随着时间的延长，草沟的水生态修复效果会逐渐显现。

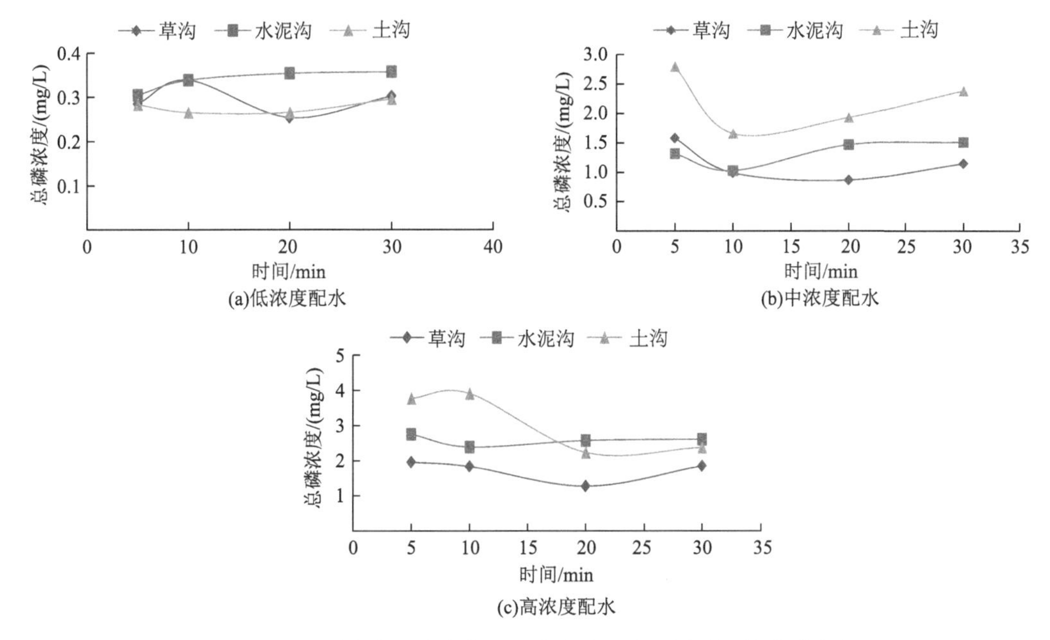

图 5.31 不同浓度配水条件下沟道出水口处不同时间的总磷浓度

5.2.2　湿地缓冲带污染控制技术

当前，随着农村生活水平的提高，农村生活污水量逐年增加；农药和化肥的施用、水土流失及不合理的耕种方式使大量的污染物进入水体，而污水未经生态处理排入水体，使得我国农村水体普遍污染严重。农村水环境生态修复技术作为农村水污染治理技术体系中的重要一环，其实施具有重要的现实意义。植物修复技术作为污水处理的手段之一，具有实用、廉价、高效的优点；水生植物在生长过程中，会吸收大量的氮、磷等营养元素，且其发达的根系是微生物生存的良好环境，从而促进污染物的降解。大量研究表明，水生植物具有去除污水中氮、磷的效果，可有效改善富营养化水体的水质状况。

目前国内外针对单一水生植物去氮除磷效果的试验较多，以筛选对水体中氮、磷净化率最高的植物种，其中待筛选的植物也主要集中于生态型水生植物，而有关经济型、景观型、生态型等不同水生植物组合的试验研究还较少。田如男等（2011）选择水罂粟、黄菖蒲、三白草和黑藻构建 9 种不同水生植物组合进行去污试验，发现结构复杂的组合较结构简单的组合具有更强的去氮除磷能力。刘足根等（2015）对富营养化水体净化的模拟实验表明，不同水生植物物种的合理镶嵌组合所形成的水生植物群落比单一植物对氮、磷去除率更高，且净化效果更为稳定。彭婉婷等（2012）通过室内静水试验，筛选出睡莲+再力花、睡莲+马蹄莲+茭白+菖蒲、睡莲+再力花+鸢尾及睡莲+再力花+茭白+菖蒲等对污水中氮和磷净化能力较强的组合。本书针对江西省农村农业化肥施用以及生活污水排放致水体污染未能得到有效处理的问题，在鄱阳湖区农村当地实际状况的基础上，进行不同水生植物及组合对水体氮、磷去除的室内试验，以期为农村水生态修复提供参考。

5.2.2.1　技术试验

1）试验植物的选择

本试验中水生植物的选择以具有经济价值和景观观赏性、纳污能力强为原则，要求为常见乡土植物，挺水、浮水和沉水植物均选取。取野生生长良好的水生植物作为试验材料，包括挺水植物鸢尾、茭白，浮水植物睡莲，沉水植物狐尾藻。去除水体中氮、磷试验采用曝气处理，试验处理分别为鸢尾（Y）、茭白（J）、睡莲（S）、狐尾藻（H）、鸢尾+睡莲（Y+S）、茭白+睡莲（J+S）、空白曝气（CK1）、空白对照（CK2），试验如图 5.32 所示。

鸢尾(Y)

茭白(J)

睡莲(S)

狐尾藻(H)

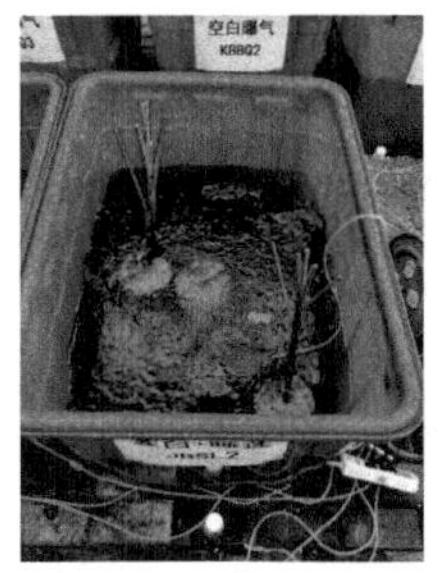

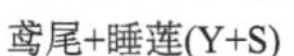

鸢尾+睡莲(Y+S)　茭白+睡莲(J+S)　空白曝气(CK1)　空白对照(CK2)

图 5.32　试验处理

2）试验用水处理

试验用水中每一处理加入 250mL 植物营养液（氮 32.0g/L、磷酐 12.0g/L、氧化钾 20.0g/L、氧化镁 1.3g/L、硫 1.7g/L、微量元素总含量＞0.2g/L 等）以保证水生植物生长，在此基础上，在实验室配制硝酸钾（KNO_3）、磷酸二氢钾（KH_2PO_4）混合液，添加至试验用水中，使得试验水体能够模拟鄱阳湖区德安县宝塔乡农村沟道总氮（TN）、总磷（TP）水质浓度。试验用水水质指标如表 5.16 所示，参考国家《地表水环境质量标准》，按单因子评价，试验用水水质为劣Ⅴ类。

表 5.16　试验用水水质

TN/（mg/L）	TP/（mg/L）	NH_3-N/（mg/L）	DO/（mg/L）	pH
6.340±0.198	0.638±0.013	1.222±0.186	5.150±0.173	7.663±0.124

注：数值表示为均值±标准差。下同。

3）试验方法

试验在江西省德安县江西水土保持生态科技园温室内进行，选用长×宽×高为 70cm×60cm×60cm 的塑料箱进行去除水体中氮、磷的试验。试验共设 6 个植物处理（挺水植物、浮水植物每箱共 4 株，沉水植物在水面的覆盖度为 80%）和两个对照处理（纯试验用水、不曝气和纯试验用水+曝气，无植物），挺水植物和浮水植物均在将其根系清洗干净后植入装满小碎石的小花盆中以固定植株。将挺水植物的株高处理成一致，茭白为 45cm、鸢尾为 35cm。每个处理设 3 个重复，共 24 个试验水箱，尽可能保证其采光、通风等条件一致，试验期间通过加自来水来补充蒸发、植物蒸腾和采样所耗的水分，保持水箱中水位在 35cm。除 CK2 的 3 个重复外，所有试验均采用曝气处理，曝气方式为连续曝气，如图 5.33 所示。

试验期间，第二次取样与第一次取样隔 1d，以后每 5d 取水样 1 次，取样前搅动多次，使水箱内的水混合均匀，每次取水样 100mL。为减少试验误差，取样时间均在 17:00 左右进行。试验周期为 32d，时间为 2018 年 5 月 31 日至 2018 年 7 月 1 日。按照《水和废水监测分析方法》，总氮采用碱性过硫酸钾氧化-紫外分光光度法测定，总磷采用过硫酸钾氧化-钼锑抗比色法测定。试验周期结束后，取水样、填料样和根系样测定微生物数量，测试方法采用梯度稀释平板涂布计数法，细菌采用牛肉膏蛋白胨琼脂培养基、放线菌采用改良的高氏一号培养基、真菌采用孟加拉红培养基。

图 5.33　试验区布设和水质测试

4）数据分析

试验数据采用 EXCEL、SPSS 统计分析软件进行数据处理。所有数据均由均值 ± 标准差表示，比较差异采用方差分析 LSD 检验（利用 Levine's-test 进行不同组间方差齐次性检验），显著性水平设置为 $P<0.05$。

水体中污染物的去除率计算公式为

$$去除率（\%）=（C_0-C_i）/C_0\times100\% \tag{5.4}$$

式中，C_0 为初始浓度；C_i 为第 i d 的浓度。

5.2.2.2　氮、磷去除效果

1）对水体中氮的去除效果

植物需要吸收无机氮作为自身的营养成分，用于合成植物蛋白等有机氮，同时植物根部附近能够形成好氧-缺氧-厌氧的微环境，有利于硝化菌和反硝化菌的共存，从而增强微生物的硝化和反硝化作用，提高污水中氮的净化效率。不同处理的水体中总氮浓度和去除率如图 5.34 和表 5.17 所示。

从水质类别来看，试验水体中总氮的初始浓度为 6.340±0.198mg/L，32d 后，鸢尾（Y）、茭白（J）、睡莲（S）、狐尾藻（H）、鸢尾+睡莲（Y+S）、茭白+睡莲（J+S）、空白曝气（CK1）、空白对照（CK2）8 种处理的水体中总氮浓度分别为 0.879±0.577mg/L、0.922±0.205mg/L、0.553±0.273mg/L、1.470±0.053mg/L、0.682±0.090mg/L、0.744±

0.026mg/L、1.920±0.319mg/L、3.682±0.551mg/L。可见试验水体初始水质为劣Ⅴ类，虽然配制的污水 CK2 不经任何处理仍可降解，但 32d 后其总氮浓度仍有 3.682mg/L，仍然是劣Ⅴ类水水平；而经曝气处理 CK1 的水体总氮浓度更低，为 1.920mg/L，大体为Ⅴ类水水平；从浓度值来看，经鸢尾（Y）、茭白（J）、睡莲（S）、鸢尾+睡莲（Y+S）、茭白+睡莲（J+S）和曝气处理 32d 后的水体在Ⅲ类水水平，经狐尾藻（H）和曝气处理的水体大体在Ⅳ类水水平，说明水生植物及其填料对污水总氮去除的效果良好。

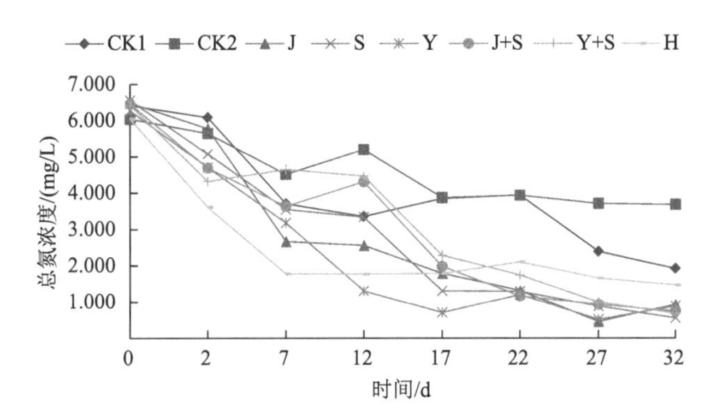

图 5.34　不同处理试验水体中总氮浓度随时间变化

表 5.17　不同处理随时间延长对污水中总氮的去除率　（单位：%）

处理	2d	7d	12d	17d	22d	27d	32d
CK1	5.09±2.18	42.22±5.92	47.66±2.35	39.99±1.71	38.52±5.50	62.69±11.08	70.06±4.23
CK2	6.57 ±3.01	25.31±0.53	14.01±4.54	35.89±4.37	34.84±2.58	38.57±8.94	39.07±9.80
J	10.86±3.97	58.88±1.43	60.52±3.27	72.37±5.79	79.70±12.21	92.97±2.47	85.78±2.44
S	22.57±5.52	45.87±7.09	49.06±4.07	80.03±5.97	80.25±8.76	86.56 ±5.27	91.57±4.20
Y	25.06±2.57	49.36±5.37	79.16±7.41	88.73±5.46	80.83±8.42	91.80±1.05	86.00±8.08
J+S	27.39±5.37	43.76±9.42	33.2±5.79	69.30±7.06	81.97±3.95	85.60±5.75	88.47±0.54
Y+S	32.90±5.09	27.77±8.87	30.58±8.20	64.46±6.81	72.91±3.94	84.52±6.13	89.40±1.24
H	40.34±5.18	70.64±5.69	70.68±1.55	70.47±0.99	65.21±8.75	72.61±4.96	75.71±0.48

从总氮浓度来看，试验 32d 后，水体中总氮浓度由大到小的顺序为 CK2＞CK1＞H＞J＞Y＞J+S＞Y+S＞S。从图 5.34 可以看出，所有处理下的水体总氮浓度在这一个月中随时间的延长均呈现下降趋势；CK2、CK1 两种处理总氮浓度下降趋势不明显，其他有水生植物的处理总氮浓度下降趋势较为明显；经水生植物处理后，水体中的总氮浓度在前 17d 降低幅度大，后十余天降低幅度趋于缓和，但仍呈现下降趋势。与未经任何处理的空白对照 CK2 相比，空白曝气（CK1）、茭白（J）、睡莲（S）、鸢尾（Y）、茭白+睡莲（J+S）、鸢尾+睡莲（Y+S）、狐尾藻（H）32d 时的总氮浓度分别为空白对照（CK2）的 52.15%、25.04%、15.02%、23.87%、20.21%、18.52%、39.92%；与空白曝气（CK1）相比，茭白（J）、睡莲（S）、鸢尾（Y）、茭白+睡莲（J+S）、鸢尾+睡莲（Y+S）、狐尾藻（H）32d 时的总氮浓度分别为空白曝气（CK1）的 48.02%、28.80%、45.78%、38.75%、

35.52%、76.56%；可见，水生植物和曝气处理均对总氮浓度的降低起着重要作用。

从总氮去除率（每个处理的初始浓度为参照）来看，32d 时对总氮去除率由大到小的顺序为 S（91.57%）＞Y+S（89.40%）＞J+S（88.47%）＞Y（86.00%）＞J（85.78%）＞H（75.71%）＞CK1（70.06%）＞CK2（39.07%），各水生植物中睡莲对总氮的去除率最大。可以推断对于氮浓度不高的污水，睡莲的处理效果较好；而狐尾藻可能对污染程度较大的污水处理效果好，对氮浓度不高的污水处理效果不是最好。另外本试验所用的挺水植物和浮水植物都有花盆装的碎石子作为基质，根在基质中生长，而沉水植物狐尾藻并没有基质，对氮的去除效果不如睡莲，鸢尾和茭白可能也与没有基质有关。尽管如此，狐尾藻在一个月内对总氮的去除率仍可达 75.71%，效果也较好。经 SPSS 的显著性差异分析可以得出，空白对照、空白曝气、水生植物这三组处理之间的总氮去除率均具有显著性差异；水生植物组中除鸢尾与鸢尾+睡莲之间的总氮去除率差异显著外，其他植物之间总氮去除率差异均不显著。这说明水生植物处理对去除污水中的总氮具有显著的效果，植物组合鸢尾+睡莲的效果较单一植物鸢尾的效果更好。与总氮浓度随时间变化类似，总氮去除率在 17d 前较大，之后去除率增大幅度相对较小，说明水生植物和曝气处理在前期即有较好的效果。此外，狐尾藻在前 7d 对总氮的去除率即达到 70%，之后变化不大，说明狐尾藻具有快速去除污水中氮素的作用。

2）对水体中磷的去除效果

水中磷的去除，一方面是以磷酸盐沉降并固结在基质上的形式去除，另一方面是可给性磷被植物吸收，所以实验开始后水中磷含量会降低，但下降到一定程度又可能有少量磷在基质中被释放出来。不同处理的水体中总磷浓度和去除率如图 5.35 和表 5.18 所示。

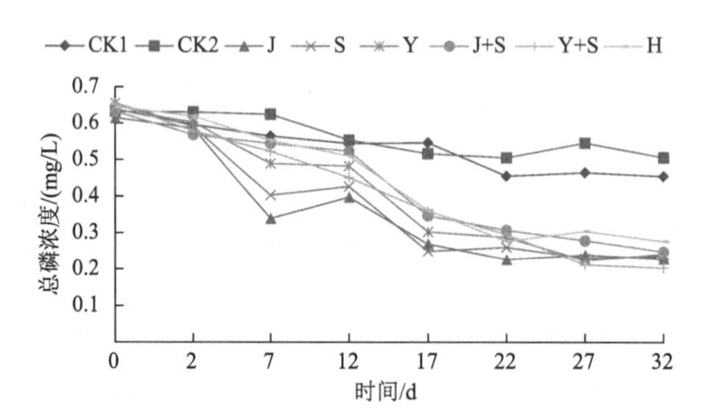

图 5.35　不同处理试验水体中总磷浓度随时间变化

表 5.18　不同处理随时间延长对污水中总磷的去除率　（单位：%）

处理	2d	7d	12d	17d	22d	27d	32d
CK1	6.54±5.68	11.46±7.57	14.62±7.79	14.33±6.30	28.63±8.98	27.10±8.59	28.71±7.62
CK2	0.23±0.36	1.16±1.83	12.28±6.91	18.23±2.46	19.93±1.46	13.55±4.91	19.87±5.05
J	4.61±1.11	44.72±6.55	35.27 ±3.20	56.15±1.51	63.07±1.59	61.08±4.44	62.78±0.99
S	9.63±1.08	38.37±1.25	34.72±4.82	61.85±1.90	60.18±9.53	64.74±2.02	63.92±4.21

续表

处理	2d	7d	12d	17d	22d	27d	32d
Y	5.41±2.50	23.16±7.06	24.25 ±4.88	52.48±4.80	54.86±6.50	64.81±7.79	62.09±2.91
J+S	10.08±7.61	13.86±6.69	17.17±4.89	45.15±3.93	51.37±7.17	55.85±9.25	60.75±4.27
Y+S	11.40±5.09	19.96±6.39	30.93±2.73	45.15±4.07	54.73±3.17	67.46±6.73	68.87±4.58
H	4.07±4.70	14.35±7.05	20.95±5.58	43.95±6.91	57.04±1.91	52.81±5.49	57.08±2.38

从水质类别来看，试验水体中总磷的初始浓度为0.638±0.013mg/L，32d后，鸢尾（Y）、茭白（J）、睡莲（S）、狐尾藻（H）、鸢尾+睡莲（Y+S）、茭白+睡莲（J+S）、空白曝气（CK1）、空白对照（CK2）8种处理的水体中总磷浓度分别为0.242±0.031mg/L、0.229±0.011mg/L、0.236±0.031mg/L、0.277±0.008mg/L、0.203±0.048mg/L、0.248±0.041 mg/L、0.455±0.062mg/L、0.506±0.010mg/L。可见试验水体初始水质为劣Ⅴ类，虽然配制的污水空白对照（CK2）不经任何处理仍可降解，但32d后其总磷浓度仍有0.506mg/L，仍然是劣Ⅴ类水水平；而空白曝气（CK1）的水体总磷浓度更低，为0.455mg/L，也仍然是劣Ⅴ类水水平；从浓度值来看，经鸢尾（Y）、茭白（J）、睡莲（S）、狐尾藻（H）、茭白+睡莲（J+S）和空白曝气（CK1）32d后的水体大体在Ⅳ类水水平，经鸢尾+睡莲（Y+S）和空白曝气（CK1）的水体在Ⅲ类或Ⅳ类水水平，说明水生植物及其填料对污水总磷去除的效果较好。

从总磷浓度来看，试验32d后，水体中总磷浓度由大到小的顺序为CK2>CK1>H>J+S>Y>S>J>Y+S。从图5.35可以看出，所有处理下的水体总磷浓度在这一个月内随时间延长均呈现下降趋势；空白对照（CK2）、空白曝气（CK1）两种处理总磷浓度下降趋势不明显，其他有水生植物的处理总磷浓度下降趋势较为明显；经水生植物处理后，水体中的总磷浓度在前22d降低幅度大，后10d降低幅度趋于缓和，但仍呈现下降趋势，其间也有总磷浓度增大的情况。与未经任何处理的空白对照（CK2）相比，空白曝气（CK1）、茭白（J）、睡莲（S）、鸢尾（Y）、茭白+睡莲（J+S）、鸢尾+睡莲（Y+S）、狐尾藻（H）32d时的总磷浓度分别为空白对照（CK2）的89.92%、45.26%、46.64%、47.83%、49.01%、40.12%、54.74%；与空白曝气（CK1）相比，茭白（J）、睡莲（S）、鸢尾（Y）、茭白+睡莲（J+S）、鸢尾+睡莲（Y+S）、狐尾藻（H）32d时的总磷浓度分别为空白曝气（CK1）的50.33%、51.87%、53.19%、54.51%、44.62%、60.88%；可见，水生植物和曝气处理均对总磷浓度的降低起着重要作用，但是相对而言总磷浓度降低的幅度不如总氮。

从总磷去除率（每个处理的初始浓度为参照）来看，32d时对总磷去除率由大到小的顺序为Y+S（68.87%）>S（63.92%）>J（62.78%）>Y（62.09%）>J+S（60.75%）>H（57.08%）>CK1（28.71%）>CK2（19.87%），各水生植物中鸢尾+睡莲对总磷的去除率最大。可以推断对于磷浓度不高的污水，鸢尾+睡莲组合形式的处理效果较好；而狐尾藻可能对污染程度较大的污水处理效果好，对磷浓度不高的污水处理效果不是最好。另外本试验所用的挺水植物和浮水植物都有花盆装的碎石子作为基质，根在基质中生长，而沉水植物狐尾藻并没有基质，对磷的去除效果不如睡莲，鸢尾和茭白可能也与没有基质有关。尽管如此，狐尾藻在一个月内对总磷的去除率仍可达 60%左右，效果也较好。经 SPSS 的显著性差异分析可以得出，空白对照与空白曝气之间的总磷去除率差异不显著；无水生植物组和有水生植物组处理之间的总磷去除率均具有显著性差异；水生植物组中除睡莲与狐尾藻之间的总磷去除率差异显著外，其他植物之间总磷去除率差异均不显著。这说明水生植物处理对去除污水中的总磷具有显著的效果，睡莲对总磷去除有较好效果。与总磷浓度随时间变化类似，总磷去除率大体在 22d 前较大，之后略有增加，说明水生植物和曝气处理在前期即有较好的效果。

5.2.2.3 植物生长情况

因狐尾藻、睡莲的覆盖度变化不大，对于植物生长情况（图 5.36），主要测茭白、鸢尾的株高，如表 5.19 所示。初始株高：茭白为 45cm，鸢尾为 35cm。经一个月后，茭白为 52～140cm，鸢尾为 45～94cm。茭白最大株高 140cm、平均株高 110cm，鸢尾最大株高 94cm、平均株高 61cm，说明在污水处理过程中，挺水植物长势良好，在吸收水中的营养元素的同时促进植物的生长。从表 5.19 可以看出，茭白在混合配置处理中的长势更好。

图 5.36 茭白和鸢尾生长情况

表 5.19 每个处理的挺水植物株高情况 （单位：cm）

处理	JB1	JB2	JB3	JB+SL1	JB+SL2	JB+SL3
株高	99±15	103±15	96±21	108±10	121±19	132±5
处理	YW1	YW2	YW3	YW+SL1	YW+SL2	YW+SL3
株高	49±11	65±17	62±15	49±6	72±16	55±7

5.2.2.4　微生物情况

在一个月试验结束后，取试验箱中的水、石子填料和植物根系测微生物（细菌、真菌、放线菌）数量，微生物测试如图 5.37 所示，结果见表 5.20。根系列样品称取 5g 左右样品，用 20mL 无菌水洗涤；石子系列样品称取 5g 左右样品，用 5mL 无菌水洗涤；水系列样品直接取水样。处理后的水样分别量取 0.5mL，转移到 4.5mL 无菌水中进行梯度稀释，共稀释到 10^{-6}，分别取对应稀释梯度 0.2mL 涂布至对应平板（细菌取 10^{-4}、10^{-5}、10^{-6} 涂布至 LB 平板；真菌取 10^{0}、10^{-1}、10^{-2} 涂布至孟加拉红培养基平板，放线菌取 10^{-3}、10^{-4}、10^{-5} 采用改良的高氏一号培养基），细菌 37℃培养 1～2d、放线菌 37℃培养 5～7d、真菌 28℃培养 3～5d 后进行菌落计数。

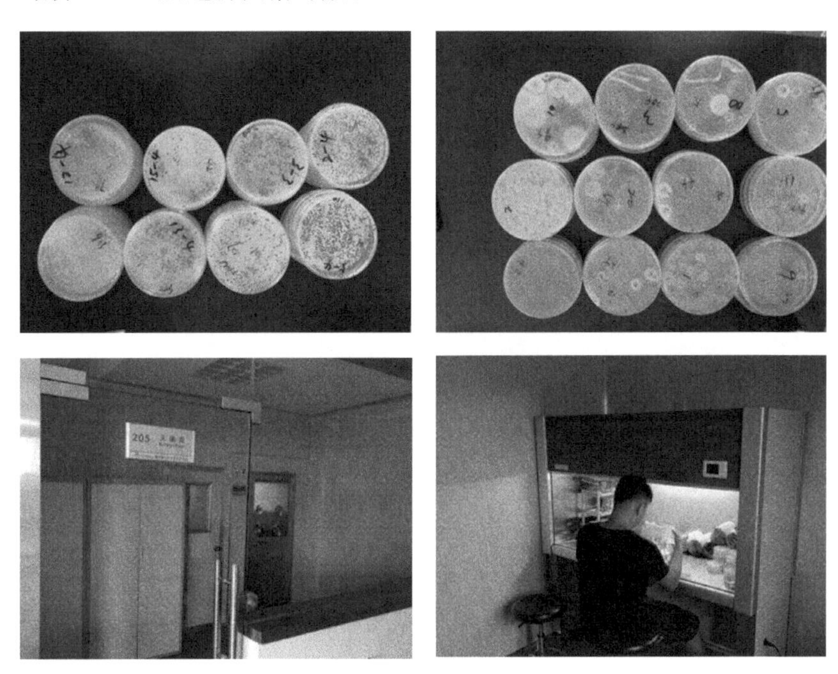

图 5.37　微生物测试

表 5.20　各处理不同部位微生物数量　（单位：个/g）

处理	位置	细菌	真菌	放线菌	合计
Y	根	7.3×10^{8}	4.4×10^{4}	6.8×10^{6}	7.4×10^{8}
	石子	9.8×10^{4}	4.2×10^{1}	4.3×10^{7}	4.3×10^{7}
	水	1.2×10^{2}	1.7×10^{1}	3.3×10^{4}	3.3×10^{4}
	合计	7.3×10^{8}	4.4×10^{4}	5.0×10^{7}	7.8×10^{8}
J	根	3.2×10^{6}	2.8×10^{2}	6.5×10^{6}	9.7×10^{6}
	石子	5.7×10^{6}	1.1×10^{2}	2.5×10^{5}	5.9×10^{6}
	水	3×10^{3}	1.1×10^{3}	4.8×10^{5}	4.8×10^{5}
	合计	8.9×10^{6}	1.5×10^{3}	7.2×10^{6}	1.6×10^{7}

续表

处理	位置	细菌	真菌	放线菌	合计
S	根	1.6×10^8	1.3×10^2	3.1×10^7	1.9×10^8
	石子	6.3×10^5	2.5×10^1	1.6×10^5	7.9×10^5
	水	5.7×10^2	6.7×10^1	3.1×10^4	3.1×10^4
	合计	1.6×10^8	2.3×10^2	3.3×10^7	1.9×10^8
H	根	1.5×10^5	4.8×10^3	8.2×10^8	8.2×10^8
	水	8.3×10^2	5.3×10^1	4.2×10^5	4.2×10^5
	合计	1.5×10^5	4.8×10^3	8.2×10^8	8.2×10^8
Y+S	Y 根	1.5×10^9	9.3×10^3	2.6×10^7	1.5×10^9
	S 根	2.3×10^8	1.1×10^3	8.9×10^6	2.4×10^8
	Y 石子	9.5×10^4	1.5×10^2	1.4×10^6	1.5×10^6
	S 石子	1.1×10^6	2.5×10^1	2.4×10^6	3.5×10^6
	水	9.6×10^2	1.3×10^1	7.1×10^4	7.1×10^4
	合计	1.8×10^9	1.1×10^4	3.9×10^7	1.8×10^9
J+S	J 根	6.0×10^6	1.5×10^3	1.0×10^7	1.6×10^7
	S 根	1.9×10^8	1.3×10^2	2.1×10^7	2.1×10^8
	J 石子	3.6×10^4	2.1×10^1	2.6×10^6	2.6×10^6
	S 石子	2.1×10^7	6.9×10^1	1.4×10^6	2.2×10^7
	水	4.4×10^4	3.7×10^1	1.1×10^4	5.5×10^4
	合计	2.1×10^8	1.7×10^3	3.5×10^7	2.5×10^8
CK1	水	4.3×10^2	3.7×10^1	9.1×10^5	9.1×10^5
	合计	4.3×10^2	3.7×10^1	9.1×10^5	9.1×10^5
CK2	水	4.3×10^3	1.3×10^1	5.7×10^4	6.2×10^4
	合计	4.3×10^3	1.3×10^1	5.7×10^4	6.2×10^4

1）菌落

细菌是一群由原生质组成的微生物，培养特征上呈透明或不透明的黏液状，以简单的裂殖方式繁殖，菌体从结构上看为单细胞有机体，属原核生物。细菌主要包括好氧菌、厌氧菌、兼性厌氧菌、硝化细菌、反硝化细菌、磷细菌等种类。好氧菌能参与有机物的分解，并将其吸收一部分作为自身生命活动的营养物质；硝化细菌与反硝化细菌能参与系统中氮素循环；磷细菌能参与磷素循环。

在水生植物处理系统中，除狐尾藻（H）外，在有植物的处理中微生物以细菌数量最多，细菌数量多达 10^6～10^9 个/g，细菌在微生物类群中占主导地位，故对污水中氮、磷的去除具有重要作用。

真菌是一类在培养上呈丝状绒毛状，以无性繁殖形成的无性孢子和有性生殖产生的有性孢子繁殖，以寄生或腐生方式吸取营养的真核生物。真菌不单单能够分解纤维素、半纤维素、果胶等成分的动植物残体，还对众多难分解的凋落物有着良好的降解效果。由此可以看出，系统中真菌数量多少在有机物的分解过程中也具有一定程度的影响。与其他菌群相对比，真菌的酶系统更发达，其对环境的适应能力更强，在恶劣的生存环境中所起的效果越发突显。真菌对难降解有机物质的分解能力特别强，能通过生命活动和新陈代谢活动所产生的分解能力，消除一些特殊污染物（如杀虫剂、农药、抗生素等）。

从真菌数量来看，每种处理每个部位的真菌数量都很少，仅为 10^1～10^4 个/g，可能是因为试验污水以配制为主，有机物含量较少。

放线菌是一类介于细菌和真菌之间的单细胞微生物，在培养特征上呈放线分枝状，主要以孢子繁殖，为革兰氏染色阳性，属于原核生物。放线菌的菌类主要包括链霉菌属、小单孢菌、游动放线菌属、诺卡式菌属等菌属。放线菌能够分泌产生纤维素酶、淀粉酶、木聚糖酶等酶类，从而改变系统中的环境条件。放线菌也是有机化合物的积极参与者，绝大部分属腐生菌，其能够较好地降解基质中的腐殖质，甚至可以分解腐殖质中最难降解的化合物。放线菌在降解有机物、分解腐殖质、改变土壤结构等方面有着很大的贡献。

在水生植物处理系统中，放线菌数量均较多，达 10^6～10^8 个/g，在微生物类群中也作为重要部分，故对污水中氮和磷的去除具有重要作用；狐尾藻（H）根系中最多，可见其根系去污能力较强。

2）部位

从根、石子、水三个部位微生物数量分析各部位在水生态修复中的作用。石子填料中微生物数量较多，有的处理细菌数量多，有的处理放线菌数量多，茭白（J）、茭白+睡莲（J+S）两个处理放线菌数量甚至超过细菌，可见填料基质在污水处理中也发挥了重要作用。相对而言，水中微生物数量很少，所有处理中无论有无措施、有无处理，水中微生物数量都很少，仅放线菌数量略多，说明在水生态修复中，仅仅依靠水体的自净能力产生的菌群不够多，对污水处理的能力不够，从无填料的狐尾藻（H）对氮、磷的去除能力略差就可以看出。根中的微生物数量最多，鸢尾（Y）、茭白（J）、睡莲（S）、狐尾藻（H）、鸢尾+睡莲（Y+S）、茭白+睡莲（J+S）根中的微生物数量分别占 94%、60%、99%、99%、99%、89%，可见植物根系能够对污水处理发挥重要作用。

3）处理

从微生物数量来看（表 5.21），鸢尾+睡莲（Y+S）最大，相对而言，总磷的去除效果最好，总氮的去除效果较好；而没有植物措施的处理空白对照（CK1）和空白曝气（CK2）微生物数量很少，甚至相差 10^4 倍。从图 5.38 和图 5.39 也可以看出，微生物数量与总氮去除率、总氮浓度及总磷去除率、总磷浓度存在一定的相关关系，微生物数量越多，去除效果越好。

表 5.21　各处理试验周期后的微生物数量及水质情况

项目	Y	J	S	H	Y+S	J+S	CK1	CK2
微生物数量/（个/g）	7.8×10^8	1.6×10^6	1.6×10^8	8.2×10^8	1.8×10^9	2.5×10^8	9.1×10^5	6.2×10^4

续表

项目	Y	J	S	H	Y+S	J+S	CK1	CK2
总氮/（mg/L）	0.879	0.922	0.553	1.470	0.996	0.930	2.393	3.712
总磷/（mg/L）	0.242	0.229	0.236	0.277	0.203	0.248	0.455	0.506

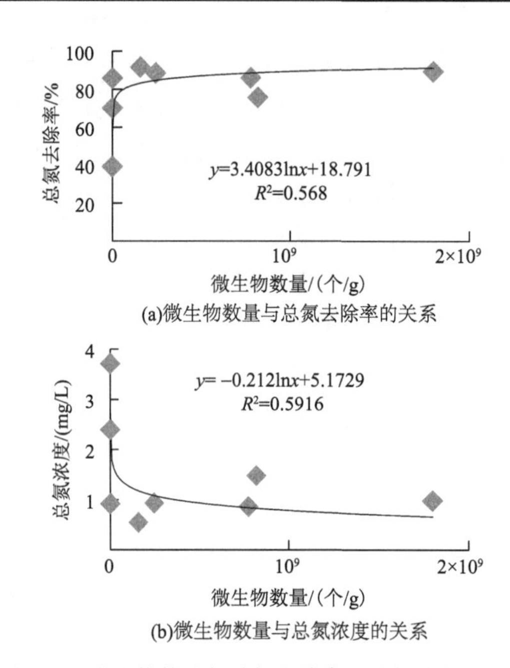

(a)微生物数量与总氮去除率的关系

(b)微生物数量与总氮浓度的关系

图 5.38　微生物数量与总氮去除率、总氮浓度的关系

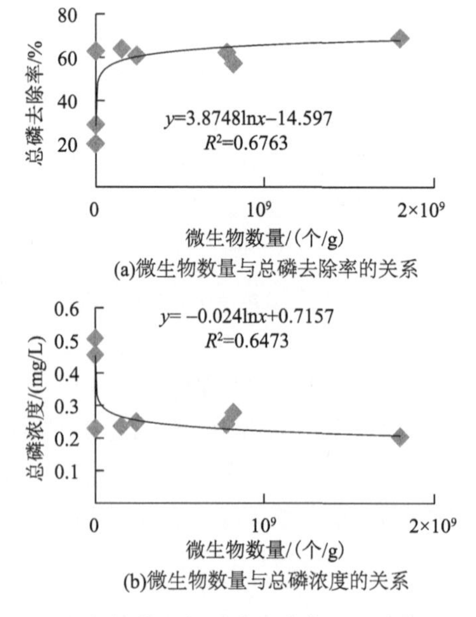

(a)微生物数量与总磷去除率的关系

(b)微生物数量与总磷浓度的关系

图 5.39　微生物数量与总磷去除率、总磷浓度的关系

总体而言，鸢尾+睡莲（Y+S）的处理效果最好，总氮去除率为 89.40%，总磷去除

率为 68.87%，微生物数量也最高，说明景观植物的组合具有良好的污水处理效果；各处理无论是单一植物，还是植物组合，对总氮的去除率均达 75%以上，对总磷的去除率均达 57%以上。

参 考 文 献

陈瑞冰, 席运官. 2012. 东江源区坡地果园水土流失防治分析. 中国水土保持科学, 10(2): 92-96.

胡皓, 莫明浩, 聂小飞, 等. 2019. 赣南水土保持植物措施和工程措施防控效应研究. 中国水土保持, (6): 28-30.

刘足根, 张萌, 李雄清, 等. 2015. 沉水-挺水植物镶嵌组合的水体氮磷去除效果研究. 长江流域资源与环境, 24(Z1): 171-181.

彭婉婷, 邹琳, 段维波, 等. 2012. 多种湿地植物组合对污水中氮和磷的去除效果. 环境科学学报, 32(3): 612-617.

田如男, 朱敏, 孙欣欣, 等. 2011. 不同水生植物组合对水体氮磷去除效果的模拟研究. 北京林业大学学报, 33(6): 191-195.

第 6 章　水土流失面源污染综合防控技术体系

从源头和途径控制、末端治理等方面提出面源污染防控技术，本书构建了小流域水土流失面源污染防控技术体系，并以鄱阳湖流域为例，提出了分区防控措施。

6.1　面源污染生态控制和生态调节措施与对策

6.1.1　村落面源污染生态控制

水土流失、村落污染和农业污染是面源污染治理的重点，提高森林覆盖率、完善农业耕作制度、建立合理的农业生态结构和卫生的农村生活环境是面源污染治理的关键，强化管理是面源污染治理的必要手段。面源污染生态工程防治技术或措施应涵盖源头控制技术、污染物迁移过程控制技术及末端控制技术 3 方面。在左马小流域面源污染综合治理过程中，应结合村庄、坡耕地和水系整治等工程建设，根据污染物的产生和迁移路线，结合地质地貌和景观生态，采用污染物的源头控制、过程阻断和末端集中处理相结合的综合防控思路，形成“源—流—汇”逐级防控农业面源污染的生态调节技术体系，本书以左马小流域为例，阐述面源污染生态控制与生态调节措施与对策。

6.1.1.1　村落污水处理生态控制技术

考虑到左马小流域农村地区经济相对落后、污水处理经费不足，推荐采用就地处理泛氧化塘+自然湿地模式。该模式不需要建设污水管网，可利用村里现有的水塘进行加深、拓宽，建设成泛氧化塘进行污水处理，同时对池塘水质进行维护，再利用水域周边的自然湿地进一步深度处理。

图 6.1 为阿科蔓高效生态泛氧化塘处理工艺。其处理流程为：经过预处理，去除水中的漂浮物；工程没有使用任何循环和动力设备，预处理出水自流到阿科蔓高效生态泛氧化塘，塘中安装水底放置型阿科蔓生态基；阿科蔓高效生态泛氧化塘出水后进入周边地势低的自然湿地进一步净化，改善水质以满足受纳水域的水功能要求。阿科蔓生态基上大量的本土微生物以好氧菌、兼氧菌、厌氧菌为主，能去除水体中的有机污染物，有益藻类和固氮细菌、反硝化菌、硝化菌等矿质化能合成细菌能去除水体中的总氮、总磷，水生动物对水体主要起到转移污染物的作用。阿科蔓高效生态泛氧化塘处理技术充分考虑农村经济和基础设施情况，能高效利用农村的景观格局，因地制宜，并且污水处理系统无需任何耗能设备，不需要运行费用，具有经济节约、技术可靠的特点，同时为满足高水质的要求，增加自然湿地处理过程，对处理后的出水进行进一步净化。左马小流域内有很多河漫滩、池

塘、水库、稻田等具有湿地特征的景观，可以充分利用这些景观对出水水质进行改善。

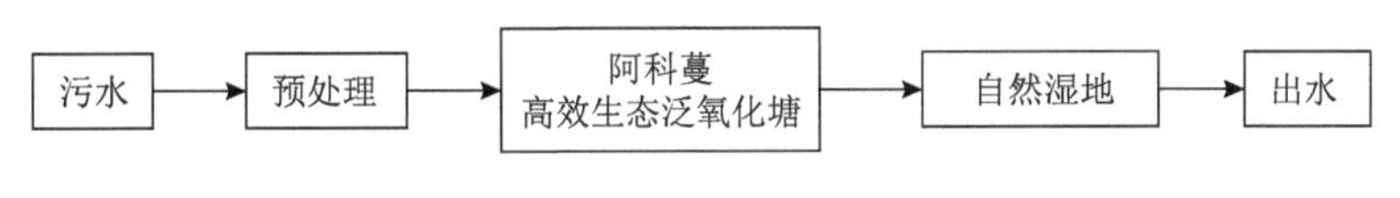

图6.1　阿科蔓高效生态泛氧化塘处理工艺

6.1.1.2　村落固体废弃物生态处理技术

村落固体废弃物的来源有4方面：一是农田和果园的残留物，如秸秆、杂草、落叶、藤蔓等；二是牲畜和家禽粪便及栏圈用的铺垫物；三是农产品加工废弃物；四是人粪尿及生活废弃物。目前，这些固体废弃物大多是随地堆放，严重地影响村落居住环境和河流水质。

基于村民的科技素质及环境保护意识还不是很高、农村经济发展水平不高、山区能源短缺等特点，推荐研究区采取猪、沼、果水土保持生态治理模式对村落固体废弃物进行生态处理。猪、沼、果水土保持生态治理模式以农户为基础，以果园套种猪饲料、猪粪为沼气发酵原料，以沼气池为产气主体、沼气为能源、沼液（渣）为果蔬肥料。其基本内容是每户建一个沼气池，人均出栏两头猪，人均开发一亩果，简称“121”工程。猪、沼、果水土保持生态治理模式以发展沼气为中心，通过沼气池建设，将种植业（果）、养殖业（猪）和农村能源建设（沼）等有机地结合起来，实现资源合理利用，从而形成相互促进、良性循环的生态产业链，促进农村经济的发展。

6.1.2　耕地面源污染生态控制

6.1.2.1　坡耕地水土保持农业技术

水土流失既是农业面源污染的主要污染源，又是农业面源污染的主要载体，控制水土流失可以有效控制小流域面源污染。针对左马小流域的水土流失特征，本书主要采取增加地面植被覆盖和增加土壤入渗、提高土壤抗蚀性能两类保水保土耕作技术。增加地面植被覆盖主要是采用间作、套种与混播、等高耕作等技术，改变传统的耕作方式；增加土壤入渗、提高土壤抗蚀性能的保水保土耕作技术主要是在夏、秋两季进行深耕，一般深耕25～30cm，其他季节则采用少耕甚至免耕等措施提高土壤抗蚀性能。坡耕地水土保持农业技术与农业生产相结合，农业发展与控制农业污染相统一；以耕作方式方法改革为主，工程措施与生物防治相结合，从而达到粮食增产保水效益，减少水土流失，有效控制氮、磷污染。

6.1.2.2　田间污染生态控制与调控技术

农田田间污染物主要是降水和灌溉产生地表径流挟带的污染物，其主要污染物是氮、磷、泥沙和农药。可因地制宜地利用田间渠道、坑、塘等改造成土地处理系统，进行农田污染生态控制。图6.2为农田田间处理系统流程。该处理系统主要由收集系统、缓冲调控系统和净化系统组成，其中净化系统主要有渠道、田间坑、塘及其中的动植物等生物。

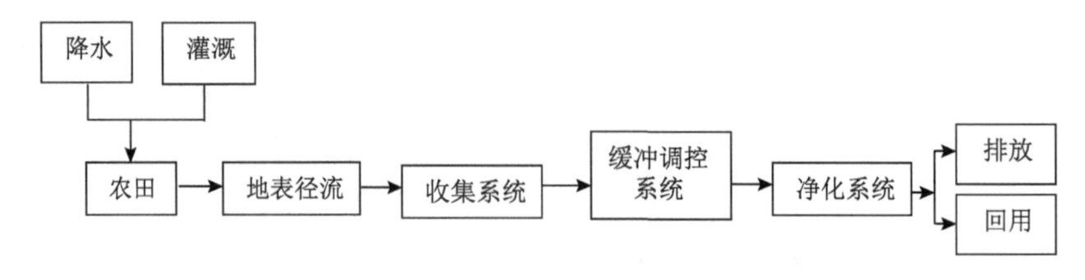

图 6.2　农田田间处理系统流程

6.1.3　水系径流生态处理与生态修复

6.1.3.1　植被过滤带技术

植被过滤带能增加地表的水力粗糙度，降低水流速度以及水流作用于土壤的剪切力，进而降低沉积物的输移能力，促进其在过滤带中的沉淀。以净化径流为目的的缓冲带，应尽可能建在靠近污染源的地方，并且沿等高线分布，使水流可以平缓地流过缓冲带。在左马小流域的丘陵地区，大部分降雨要流入上游溪流，所以沿小河或上游河道建造缓冲带通常会比沿大河或下游河流建造更有效。

缓冲带的设计要考虑缓冲带的大小、植被类型、管理方式等诸多要素，而这些要素又取决于缓冲带的立地条件，包括污染类型和负荷、缓冲带截留和转化污染物的能力、降低污染的程度等，因此应根据径流量和立地条件的变化来增大或减小缓冲带在不同区域的宽度。例如，可以在地形图上画出产流区和径流流入缓冲带的位置，对缓冲带的宽度进行必要的调整以适应不同的径流量；在上方坡面径流区域较大、污染物负荷较高的区域，缓冲带也应较宽。同时，地面坡度和土壤类型对缓冲带从地表径流中去除污染物的能力有很大影响。其中，坡度较陡会加大污染物流量、减少入渗时间、影响缓冲带效果，因此需要较宽的缓冲带；入渗能力高的土壤比入渗能力低的土壤可以在更大程度上减少径流，因此入渗能力低的土壤需要较宽的缓冲带。

左马小流域植被过滤带设计采用乔木、灌木、草本相结合的植被结构，乔木和灌木发达的根系可以稳固河岸，防止水流的冲刷和侵蚀，草本缓冲带可通过增加地表粗糙度来增强对地表径流的渗透能力，并减小径流流速，提高缓冲带对沉淀物的沉积能力。

6.1.3.2　生态沟渠构建技术

生态沟渠作为水工程系统，在正常发挥输水配水功能的前提下，增加沟渠形态的多样性、创造适宜的生物栖息环境可以截留农业面源污染、增强沟渠水体的自净能力，使其成为良好的水生态系统。本书从发挥沟渠对面源污染控制和修复生态功能的角度，探讨生态沟渠构建技术。

生态沟渠空间形态构建技术：沟渠形态的多样性与生物群落的多样性有着密切的关系。沟渠平面上的蜿蜒性、横向断面上的多样变化、纵向上的深潭和浅滩交替出现以及水流的急缓变化，均为生物创造多样的栖息环境，适宜不同的生物生存，从而增加生物群落的多样性。例如，生态沟渠空间形态构建技术可以增强沟渠蜿蜒性，使沟渠的断面形式多样化；复式断面综合考虑高、低水位的过流要求，分为主河槽和行洪断面两部分，同时满足高水位和低水位景观生态效应，是较为理想的断面形式。

生态沟渠植被优化构建技术：水系具有天然的自净能力，可以通过植物、动物和微生物的生理过程来吸收降解污染物质。通过对水系机理的研究，可以人为地创造适宜的条件，来强化沟渠的自然净化过程，增强沟渠的自净能力，从而改善水体水质。目前主要采用的是水生植被恢复技术和生物填料技术。

6.1.3.3　多水塘湿地净化系统

利用多水塘系统控制面源污染的主要方法是修建暴雨滞留池。天然或人工水塘不断地与河流进行水、养分的交换，使流速降低、悬浮物得以沉淀，增加水流与生物膜的接触时间，从而滞留和净化面源污染物。修建人工水塘控制面源污染是一种非常有效的方法。左马小流域建有许多水塘用来拦截雨水灌溉农田，对其输水系统和其中的水生植被进行优化，可截留来自农田的 94%以上的氮、磷污染物负荷。因此，多水塘湿地系统不仅能控制污染负荷，而且能提高水资源的利用率，可以在左马小流域农业面源污染防治中普遍采用。同时，自然多水塘湿地系统还能丰富生境与景观的多样性，对维持农田系统的生物多样性和稳定性具有重要作用（涂安国等，2011）。

6.2　小流域水土流失面源污染防控技术体系

6.2.1　防控体系

6.2.1.1　小流域面源污染监测技术

面源污染是由降雨和汇流过程引起的。作为一个相对独立的汇水单元，小流域是面源污染发生发展的源头，监测和防治上游小流域面源污染能有效遏制面源污染在整个流域的蔓延和扩散。小流域面源污染监测指标包括地面观测指标和空间分布指标，如表 6.1 所示。

表 6.1　小流域面源污染监测的指标体系

指标类型		数据来源
地面观测指标	气象指标（降水量、温度、太阳辐射、湿度、风速风向）	气象站点观测
	土壤指标（土壤物理、化学性质）	野外采样或查找资料
	水文水质指标（流域监测断面径流、泥沙、水质状况）	地面监测
	现有措施、社会经济指标	查阅统计年鉴、实地调查

续表

指标类型		数据来源
空间分布指标	DEM 及其衍生指标	数字化地形图
	土地利用类型	遥感影像解译或国土部门获取
	土壤类型	查找资料
	水文、气象站点位置	气象部门获取
	流域监测断面位置	地面监测

地面观测指标的获取采取与监测设施设备相结合、针对相应指标的实地监测，先进的地面动态监测技术与传统人工监测方法形成互补，能大大提高工作效率。其中，气象指标可通过自行设立自动气象站进行实地观测；水文水质指标通过布设坡面径流场、小流域卡口站、水文控制站，依靠仪器的自动观测或人工记录方式获取；土壤指标是通过野外实地采样和实验室分析相结合，获取反映土壤理化性质的数据；现有措施和社会经济状况的获取方法包括收集水保部门资料，查阅统计年鉴、地方志和地区概况记录，调查问卷和入户采访等；空间分布指标的获取需要借助“3S”技术，包括数字摄影测量和遥感影像解译等。

作者团队通过设立卡口站和观测设施，采用上述小流域面源污染监测技术（遥感监测除外），对于都县左马小流域、宁都县东坑小流域和城源小流域进行水土流失和面源污染的监测。

6.2.1.2　水土保持措施配置与布局

根据不同土壤侵蚀程度和土地利用类型，可采取以下水土保持措施。

（1）综合治理坡耕地，有序地进行坡改梯或开发种植果木林；在坡面同时配套修筑沟渠、田间道路、蓄水池和沉沙池等。

（2）水土流失较轻并能满足自然恢复植被要求的疏林地、灌木林地和乔木林地，采取封禁治理措施，充分发挥生态的自我修复能力，重建植被生态系统。在植被稀疏、种群结构单一的地方，适当补植阔叶树种，加速植被恢复。

（3）在水土流失严重的荒山荒坡和不能满足自然恢复植被要求的稀疏林地营造水土保持林，并在沟壑发育的沟蚀严重地区合理布置谷坊等小型水利水保工程，拦蓄径流泥沙。

（4）在交通便利、水源较近、立地条件较好的荒山荒坡，开发种植经济果木林，并配套修筑塘坝、沟渠、蓄水池等，发展小流域经济，提高经济果木林抗旱能力，促进农民增产增收，促进经济发展。在鄱阳湖流域建设农地果园是农民利用山地资源、实现收入增加的重要经营方式，在农地果园的建设过程中，如果不注重水土保持技术的应用，则农地果园必将成为水土流失的策源地，极易产生水土流失，不仅会影响本地区社会经济的可持续发展，而且还会给下游带来灾害。因此，在农地果园的建设中，必须树立全面、协调、可持续的发展观，实现人与自然的和谐相处，走生产发展、生活富裕、生态良好的文明发展道路。

鄱阳湖流域水土保持措施径流泥沙调控对位配置图如图 6.3 所示。

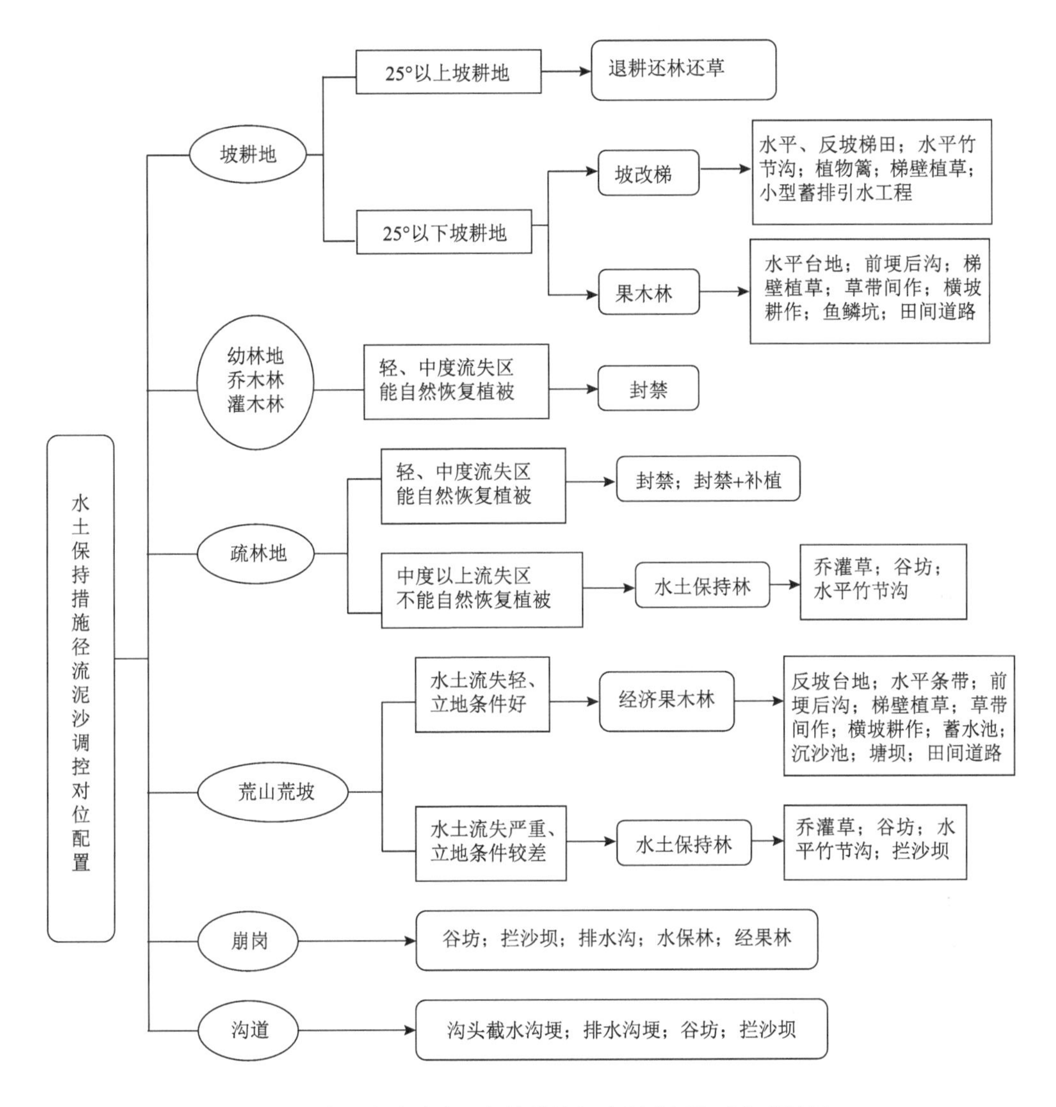

图 6.3　鄱阳湖流域水土保持措施径流泥沙调控对位配置图

6.2.2　效果评价

6.2.2.1　典型小流域水土保持措施调控径流泥沙效应

1）左马小流域水土保持措施径流泥沙效应

通过设立的卡口站对左马小流域产流产沙进行定位观测，对于左马小流域径流泥沙特征，统计 2010 年 1 月至 2012 年 12 月三年的产流产沙量。2010～2012 年的径流量分别为 2.23×10^6m^3、1.62×10^6m^3 和 2.31×10^6m^3，泥沙量分别为 5.50×10^6kg、5.19×10^6kg 和 5.51×10^6kg，土壤侵蚀模数分别为 1709t/（km^2·a），1624t/（km^2·a）和 1720t/（km^2·a）。

据研究，水土保持措施能够对流域径流泥沙起到调控作用，造林和种草等措施主要通过截留、消耗降雨、增加入渗等来理水减蚀，水平竹节沟、台地、拦沙坝等工程措施主要通过拦蓄达到减水减沙的作用。以左马小流域为例，通过常年的观测数据进行以下分析。

左马小流域 2010～2012 年月平均径流量和泥沙量如图 6.4 所示，从图 6.4 可以看出左马小流域的径流量和泥沙量不仅变化趋势相同，而且随时间的波动也极为一致。左马小流域 4～6 月的径流量最大，经计算占全年径流量的 56%，其中 6 月的径流量最大，径流深为 0.14m。同样 4～6 月的泥沙量也最大，经计算占全年泥沙量的 71%，6 月的侵蚀产沙量也最大。

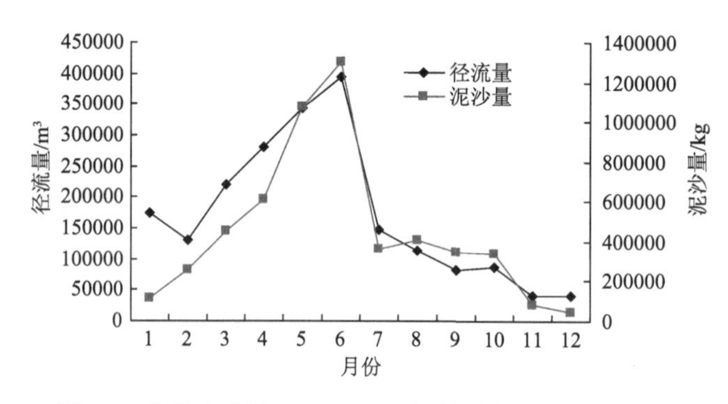

图 6.4　左马小流域 2010～2012 年月平均径流量和泥沙量

左马小流域的径流量和泥沙量与降水量密切相关，如图 6.5 和图 6.6 所示，经分析可知，径流量、泥沙量与降水量都呈正相关，降水量越大，产生的径流量越大、泥沙量也越大。通过 2010～2012 年的数据可以得出径流量-降水量的经验关系：$y = 1398.1x^{0.9832}$，$R^2 = 0.7107$，其中 y 为径流量（m^3），x 为降水量（mm）；同样可以得出泥沙量-降水量的经验关系，但是相关性不明显。

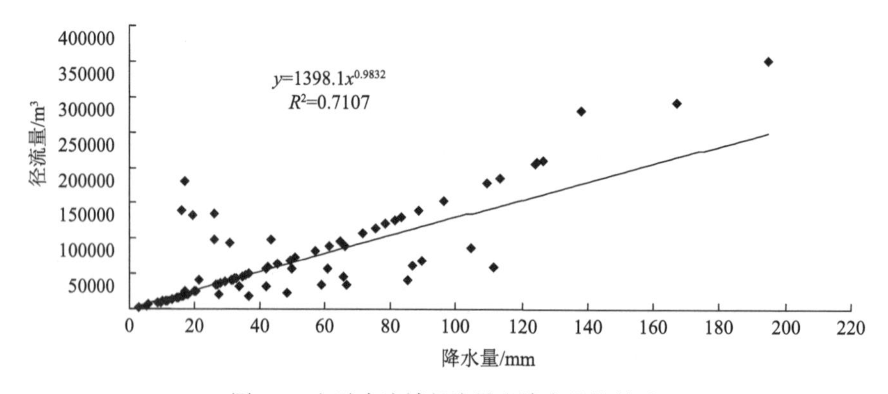

图 6.5　左马小流域径流量和降水量的关系

采用“水文法”的经验公式法，根据基准期的降雨、径流实测数据，建立降水量-径流量的经验关系统计模型，把措施期的降水数据代入模型，计算出下垫面不变时的径流量，计算值和实测值之差为水土保持措施建设等人类活动引起的径流量变化。由于左马小流域在 2009 年之前无水文数据，所以采用贡水流域峡山站数据推导左马小流域的

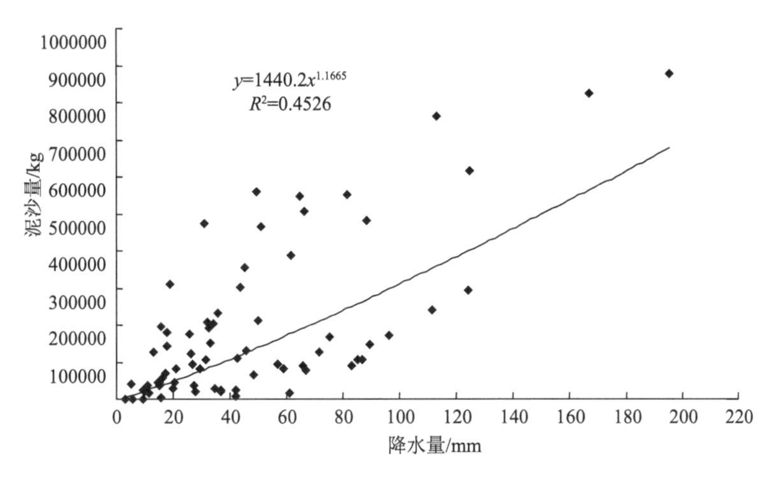

图 6.6　左马小流域泥沙量和降水量的关系

径流量。左马小流域在 2003 年开始实施国家水土保持重点建设工程，根据 1957～2002 年峡山站数据，得出降水量-径流量的经验关系统计模型：$y = 0.004x^{1.4115}\times10^8$，其中 y 为径流量，x 为降水量，$R^2 = 0.7001$。根据左马小流域卡口站雨量筒记录数据，2012 年降水量为 1825mm，经过推算可以得出，若按国家水土保持重点建设工程实施之前下垫面的性质，则产生的年径流量为 3213968m^3，而全年实际径流量为 2308236m^3，径流量大为减少，减少 28%。可见，水土保持措施对径流具有调控作用。

左马小流域 2010～2012 年的泥沙量分别为 5.50×10^{6}kg、5.19×10^{6}kg 和 5.51×10^{6}kg，土壤侵蚀模数分别为 1709t/（km^2·a）、1624t/（km^2·a）和 1720t/（km^2·a），按照《土壤侵蚀分类分级标准》（SL 190—2007），属于轻度侵蚀。在 2003 年赣江上游国家水土保持重点建设工程实施之前，2002 年左马小流域水土流失轻度侵蚀占 36%、中度侵蚀占 33%、强烈侵蚀占 21%、极强烈侵蚀占 8%、剧烈侵蚀占 2%，年侵蚀量为 15744t，土壤侵蚀模数为 4920t/（km^2·a），属于中度侵蚀。流域内土地利用现状存在如下问题：①疏、幼林地面积比例大，占土地总面积的 47.3%，植物群落单一，多数仅有稀疏马尾松；②经济林面积比例小，经果林仅占林地面积的 1.5%；③草地面积少。

采用了水土保持的防控技术后，采取封禁补植乔灌草结合的混交林、开发利用低丘缓坡地建设经济果木林、开挖水平竹节沟等水土保持治理措施，同时通过造林种草，促使生态自然修复，左马小流域侵蚀量大为减少，侵蚀强度下降了一个等级，2012 年土壤侵蚀量减少了 10240t。

2）东坑和城源集水区水土保持措施调控径流泥沙效应对比分析

东坑小流域和城源小流域是位于宁都县境内毗邻的两个小流域，具有相似的土壤、地质和地形地貌条件，在水土保持治理之前，东坑小流域和城源小流域的植被相似，都属于植被覆盖率低、水土流失严重的地区。东坑集水区位于宁都县会同乡境内，2003 年在水土保持的同时开发利用水土流失山地，大力发展以脐橙为主的高效经果林，注重山水田林路的统一规划，在改善生态环境的同时，发展农村经济。城源集水区在 2008 年新开发了大规模的脐橙产业，但未采取有效的水土保持措施。本书通过对比东坑小流域和城源小流域，来分析水土保持调控径流泥沙的效应。

通过设立的卡口站对 2010～2012 年集水区的水位、降水量的自动观测和对含沙量的取样测定，可以计算得出东坑小流域集水区的各月平均径流量和泥沙量（图 6.7），城源小流域集水区的径流量和泥沙量如图 6.8 所示。从图 6.7 和图 6.8 可以看出，一年当中东坑小流域集水区只有 3～8 月才产流产沙，而城源小流域集水区产流产沙的时间明显增多。

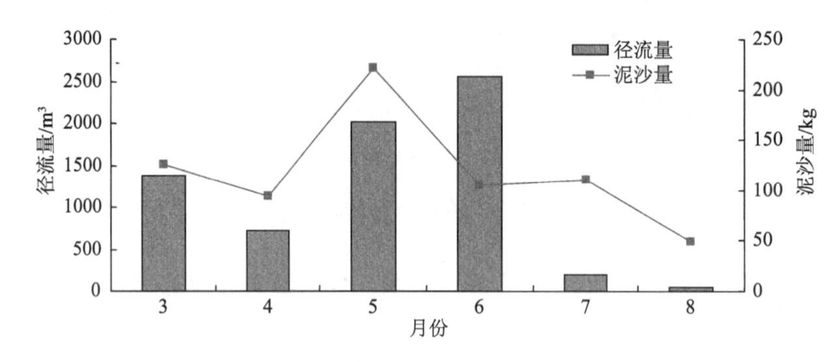

图 6.7　东坑小流域集水区的各月平均径流量和泥沙量

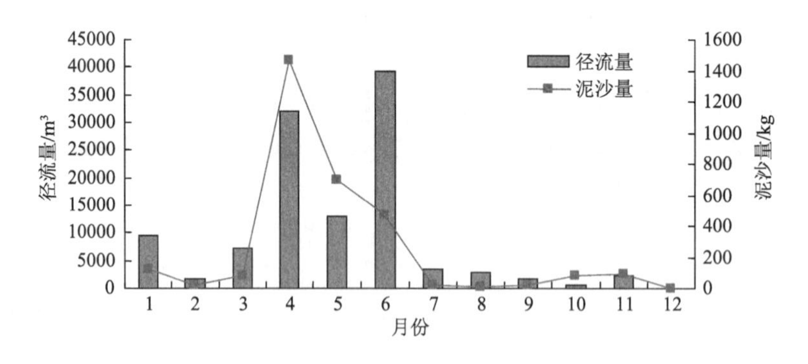

图 6.8　城源小流域集水区的各月平均径流量和泥沙量

2010～2012 年东坑小流域集水区的年平均径流量为 $6922m^3$，年平均径流模数为 $346090m^3/km^2$，产沙量为 707kg，土壤侵蚀模数为 35t/（$km^2·a$），属于微度侵蚀。而城源小流域集水区的年平均径流量为 $4032m^3$，年平均径流模数为 $403209m^3/km^2$，产沙量为 87072kg，土壤侵蚀模数为 8707t/（$km^2·a$），属于极强烈侵蚀。

水土保持措施的实施使得小流域的产流产沙量明显降低，如表 6.2 所示，在降水量基本相同的情况下，东坑小流域集水区比城源小流域集水区蓄水量增加 $57119m^3/km^2$。从产流产沙次数来看东坑小流域集水区明显少于城源小流域集水区，最大含沙量东坑仅为城源的 1%，而最大洪水径流系数东坑为 21%，城源为 56%，经方差分析，$P<0.05$，说明水土保持措施具有明显的削减洪峰的作用。果园开发过程中不采取水土保持措施的城源小流域则产生极强烈侵蚀的水土流失，采取水土保持措施的东坑小流域则几乎不属于水土流失区，说明水土保持措施具有明显的保土减沙作用。

表 6.2　东坑与城源小流域集水区产流产沙特征对比

项目		年平均	项目		年平均
径流模数	东坑	346090m^3/km^2	平均产流产沙次数	东坑	17
	城源	403209m^3/km^2		城源	39
	拦蓄效益	14%		差值	22
土壤侵蚀模数	东坑	35t/（km^2·a）	最大含沙量/（g/L）	东坑	0.93
	城源	8707t/（km^2·a）		城源	85.28
	拦蓄效益	99%		差值	84.35
最大洪水径流系数/%	东坑	21			
	城源	56			
	拦蓄效益	35			

对每个月东坑和城源小流域集水区的径流深和单位面积侵蚀泥沙量进行分析（图 6.9、图 6.10）可以看出，东坑小流域集水区在 3～8 月产流产沙，且每月的泥沙量和单位面积侵蚀泥沙量都远远低于城源小流域集水区，而在 3 月和 5 月径流深却大于城源小流域集水区。这是因为东坑小流域集水区采取的经果林+工程措施的水土保持措施与城源小流域集水区坡地扰动后的脐橙净耕的方式相比，能够明显地减少土壤侵蚀。东坑小流域集水区在主汛期单位面积产流量更大，可能是城源小流域集水区因人为扰动后土地松散，在强降雨条件下径流入渗更大，所以地表径流量更少（莫明浩等，2017）。

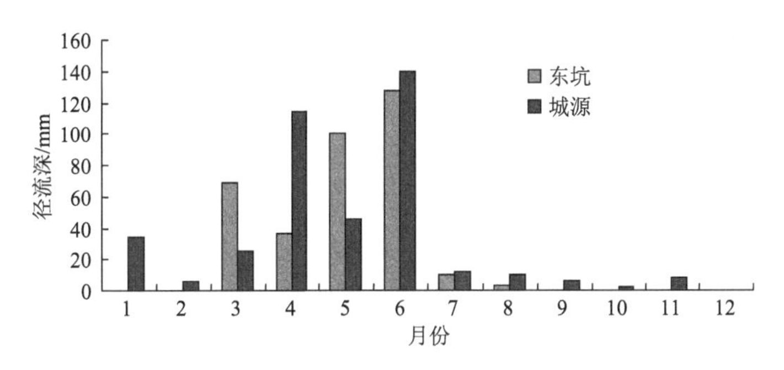

图 6.9　东坑和城源小流域集水区不同时期径流深对比图

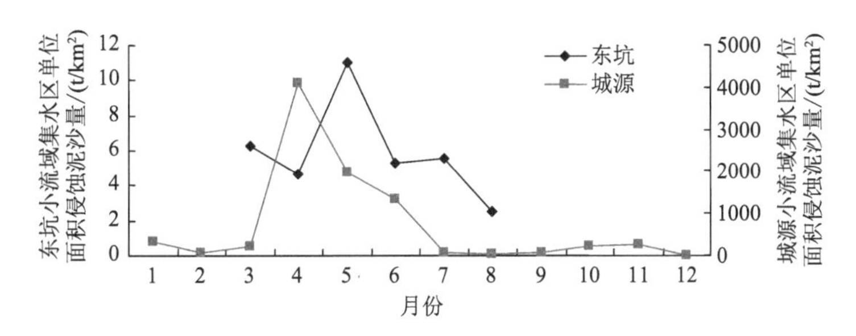

图 6.10　东坑和城源小流域集水区不同时期单位面积侵蚀泥沙量对比图

6.2.2.2　水土保持技术对集水区面源污染防控的效应

1）水土保持技术对集水区水质的影响

作者团队设置水质取样点，对江西水土保持生态科技园油茶园和水保林集水区坡面产流的水流经沟道后的变化情况进行研究，如图 6.11 所示。水保林（以杉木林为主）汇水经取样点 1 过涵洞进入沟道，油茶园汇水经取样点 2 过涵洞进入沟道，沟道中有沉水植物、挺水植物、滚水坝、浮岛等措施，最后水流汇入渠道取样点 8。

图 6.11　油茶园和林地集水区及沟道取样点

1. 林地汇水；2. 油茶园汇水；3. 沉水植物；4. 大水面；5. 挺水植物；6. 滚水坝；7. 浮岛；8. 入渠道

在不同时段取样测试水质和水污染情况，如表 6.3 所示。从水质来看，所有取样点总磷基本在Ⅱ类水水平，未超标。水保林汇水区（取样点 1）总氮基本在Ⅲ类水以上水平，偶尔（6 次中有 1 次）出现超标的情况。油茶园汇水区（取样点 2）总氮和氨氮常出现（6 次中有 4 次）超出Ⅲ类水水平的情况，2020 年 8 月 25 日和 2020 年 10 月 10 日的取样所测水质总氮和氨氮浓度均达到了 10mg/L 以上，超出了劣Ⅴ类水水平。说明肥料、农药的施用，会导致坡地开发的汇水水质变差，与水源涵养林的水质对比明显。水流进入沟道后，水质均较好，基本能达标（2020 年 7 月 22 日取样点 6、2020 年 8 月 25 日取样点 3 总氮在Ⅲ类水以下水平），说明湿地过滤带等措施具有水生态修复效果。

表 6.3　不同时间科技园油茶园集水区及沟道取样点水质情况（单位：mg/L）

日期	取样点	总氮	氨氮	总磷	日期	取样点	总氮	氨氮	总磷
2020 年 7 月 22 日	1	0.650	0.131	0.010	2020 年 8 月 25 日	1	1.057	0.013	0.018
	2	1.572	0.403	0.016		2	15.330	13.557	0.053
	3	0.236	0.039	0.004		3	1.283	0.300	0.032
	4	0.348	0.073	0.006		4	0.222	0.021	0.005
	5	0.362	0.086	0.008		5	0.240	0.021	0.023
	6	1.812	0.081	0.005		6	0.270	0.063	0.001
	7	0.525	0.093	0.001		7	0.267	0.056	0.001
	8	0.507	0.075	0.005		8	—	—	—

续表

日期	取样点	总氮	氨氮	总磷	日期	取样点	总氮	氨氮	总磷
2020年8月26日	1	0.295	0.270	0.002	2020年10月19日	1	—	—	—
	2	4.230	1.688	0.115		2	—	—	—
	3	0.295	0.246	0.007		3	0.431	0.086	0.034
	4	0.212	0.054	0.002		4	0.350	0.018	0.045
	5	0.188	0.087	0.007		5	0.315	0.032	0.023
	6	0.162	0.139	0.003		6	0.312	0.019	0.017
	7	0.321	0.237	0.001		7	0.365	0.032	0.012
	8	—	—	—		8	0.352	0.030	0.021
2020年9月18日	1	0.194	0.034	0.010	2020年11月10日	1	—	—	—
	2	0.951	0.095	0.092		2	—	—	—
	3	0.521	0.072	0.006		3	0.667	0.072	0.025
	4	0.215	0.063	0.052		4	0.667	0.027	0.001
	5	0.099	0.021	0.006		5	0.630	0.007	0.006
	6	0.187	0.029	0.013		6	0.644	0.016	0.006
	7	0.309	0.048	0.022		7	0.610	0.043	0.021
	8	0.390	0.038	0.023		8	—	—	—
2020年9月23日	1	0.406	0.103	0.026	2020年12月16日	1	—	—	—
	2	0.630	0.113	0.058		2	—	—	—
	3	0.419	0.031	0.039		3	—	—	—
	4	0.622	0.172	0.001		4	0.417	0.322	0.036
	5	0.309	0.170	0.013		5	0.566	0.305	0.056
	6	0.338	0.100	0.026		6	0.473	0.243	0.039
	7	0.404	0.095	0.022		7	0.262	0.106	0.027
	8	0.409	0.106	0.016		8	—	—	—
2020年10月10日	1	0.121	0.022	0.012					
	2	12.683	10.438	0.017					
	3	0.440	0.042	0.023					
	4	0.360	0.020	0.016					
	5	0.211	0.065	0.022					
	6	0.257	0.013	0.017					
	7	0.286	0.018	0.010					
	8	0.285	0.016	0.051					

油茶园集水区水流经生态沟道处理后，水质均能达到Ⅱ类或Ⅲ类水水平（单因子评价法），说明坡面水土流失防治措施与湿地过滤带措施相结合，经“源-流-汇”系统治理，能够有效防控面源污染，是经济林开发过程中可借鉴的治理模式（王农等，2022）。

2）东坑和城源小流域集水区水土保持措施的水环境效应对比分析

A. 水环境状况分析

通过对东坑和城源小流域集水区卡口站取水样测试分析，可以得出东坑和城源小流域集水区的总氮、总磷、氨氮月平均浓度，如图 6.12、图 6.13 所示。

从图 6.12 和图 6.13 可以看出，城源小流域集水区水质基本是Ⅳ、Ⅴ类水水平，均为总氮超标，而东坑小流域集水区仅在 3～6 月和 2011 年的 7 月、8 月有产流，水质均为Ⅲ类水，未超标。如第 3 章所述，东坑小流域集水区为老果园，前埂后沟+梯壁植草的现代坡地生态农业水土保持模式已建立，植被覆盖率较高，水土流失少，无明显侵蚀，故水体水质较好；而城源小流域集水区为新开发的果园，未采取水土保持措施，植被覆盖率低，水土流失严重，为剧烈侵蚀，严重污染水体水质，水质一般都劣于Ⅳ类。可见，在果园中采取植物措施与工程措施相结合的现代坡地生态农业水土保持模式，能够有效地防治水土流失，从而净化水体环境。

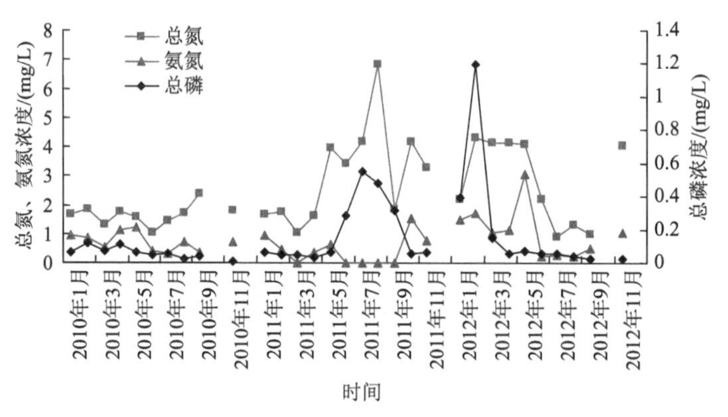

图 6.12　城源小流域集水区 2010～2012 年水质状况

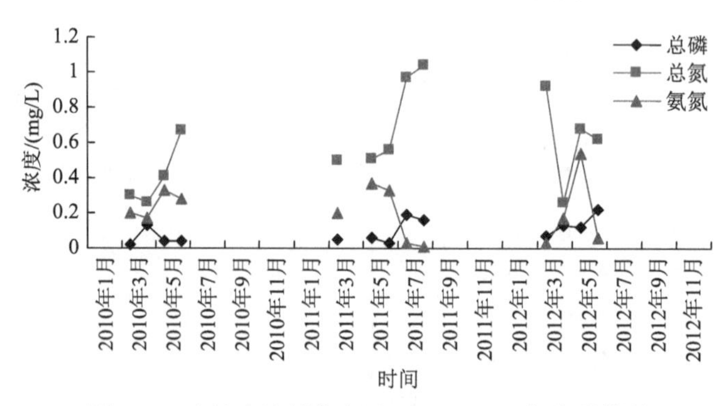

图 6.13　东坑小流域集水区 2010～2012 年水质状况

B. 拦截面源污染效应分析

经计算，在 2010～2012 年城源小流域集水区产生的年均溶解态面源污染总磷为 37kg/km^2、总氮为 696kg/km^2、氨氮为 314kg/km^2；产生的吸附态面源污染磷素为 106kg/km^2、氮素为 290kg/km^2。从计算结果可知，城源小流域集水区的面源污染磷素输出以吸附态泥沙挟带为主，氮素输出吸附态和溶解态负荷都很大。东坑小流域集水区产生的年均溶解态面源污染总磷为 22kg/km^2、总氮为 134kg/km^2、氨氮为 57kg/km^2。东坑小流域集水区因产沙量太少，几乎未监测到吸附态氮、吸附态磷的输出负荷。

通过比较面源污染物总氮、总磷和氨氮的输出总量可知，东坑小流域集水区产生的面源污染量远小于城源小流域集水区，其溶解态面源污染总磷减少 15kg/km^2、总氮减少 562kg/km^2、氨氮减少 257kg/km^2，减少幅度分别为 41%、81%和 82%。上述分析说明，东坑小流域集水区采取的现代坡地水土保持生态果园开发模式可以防控吸附态面源污染，对溶解态面源污染中总磷的拦截率为 40%、总氮的拦截率为 80%以上，效果显著。

6.3　鄱阳湖流域水土流失面源污染分区防控

6.3.1　防控分区

面源污染的产生与水土流失密切相关，由水土流失直接产生的和因水土流失触发的面源污染都是由水土流失而引起的，所以水土流失面源污染防控分区的主要考虑因素为水土流失的防治。水土流失与地形地貌关系紧密，许多学者分析了二者之间的耦合关系，为揭示水土流失的发生机制提供了重要信息。本书按照自然区划的一般原则和对水土流失的综合调查资料进行分析和界定，并考虑到土壤侵蚀的过程特征，依据自然地理特征尤其是地形地貌，适当考虑植被覆盖、坡耕地占耕地面积的比例和农业人口密度等特点，在不考虑行政单元和流域界线的情况下，按照海拔和坡度，提出了鄱阳湖流域水土流失面源污染防控分区。

根据 DEM 在 ArcGIS 软件生成鄱阳湖流域的海拔分布图如图 6.14 所示，按照江西省地形地貌特征，海拔＞500m 为山地，300～500m 为丘陵，100～300m 为低丘，15～100m 为岗地和平原，＜15m 以湖泊等水域为主，各海拔分布的面积如表 6.4 所示。

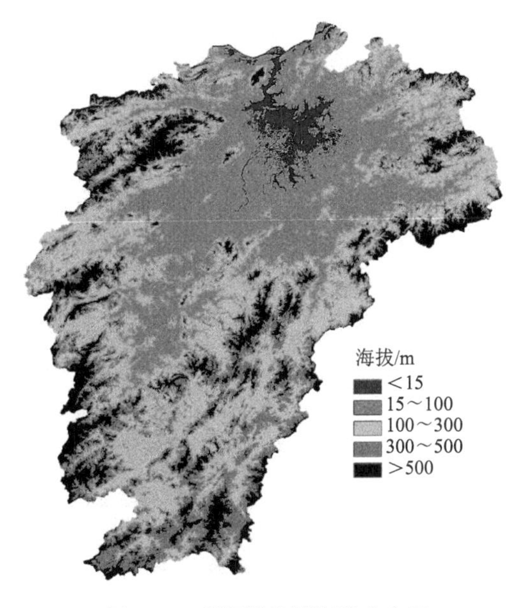

图 6.14　鄱阳湖流域海拔分布图

表 6.4　鄱阳湖流域各海拔分布的面积

项目	海拔				
	＜15m	15～100m	100～300m	300～500m	＞500m
面积/km^2	5419.3	47840.8	61926.6	30529.8	21183.4

鄱阳湖流域水土流失面源污染防控分区以海拔分区为依据，在海拔划分的基础上，根据坡度进行细分，结合水土流失防治要求，由水利部标准将坡度分为 5°、15°和 25°，在 ArcGIS 软件得出的江西省地形分布如表 6.5 所示。其中，因坡地水土流失面源污染产生量大，故本书利用 ArcGIS 对 15°以下江西省坡耕地的海拔分布进行了分析。

表 6.5　江西省地形分布（水利部标准）

坡度/（°）	像元/个	分辨率（m×m）	面积/km^2	面积比例/%	潜在侵蚀比/%
0～5	9216650	90×90	74654.9	44.5	0.0
5～15	7044591	90×90	57061.2	34.0	34.0
15～25	3488494	90×90	28256.8	16.8	16.8
＞25	975006	90×90	7897.5	4.7	4.7
合计			167870.4	100.0	55.5

综合以上分析，本书将鄱阳湖流域水土流失面源污染防控分区分成 5 个区域，如表 6.6 所示，其中将Ⅱ、Ⅲ、Ⅳ区按照坡度进行了细分。

表 6.6　鄱阳湖流域水土流失面源污染防控分区

分区	海拔/m	面积/km^2	小区	坡度/（°）	分布特征
Ⅰ	＞500	21183.4			山地区域，植被丰富，森林覆盖度高
Ⅱ	300～500	30529.8	Ⅱ-1	＞25	丘陵区域，一般分布于小流域的上游，有少量的坡地开发活动
			Ⅱ-2	15～25	
			Ⅱ-3	＜15	分布很少
Ⅲ	100～300	61926.6	Ⅲ-1	＞25	低丘区域，一般分布于小流域的中下游，坡地开发程度大
			Ⅲ-2	15～25	
			Ⅲ-3	＜15	少量分布，5°以下缓坡地分布很少
Ⅳ	15～100	47840.8	Ⅳ-1	＞25	少量分布
			Ⅳ-2	15～25	
			Ⅳ-3	5～15	岗地和平原区域，江西省 90%的坡耕地分布，劳作方便，人口密集，农业开发程度大
			Ⅳ-4	＜5	
Ⅴ	＜15	5419.3			分布于湖泊等水域、沼泽、湿地等

6.3.2　分区防控技术

鄱阳湖流域的水土流失面源污染综合防治技术体系核心目标为防治水土流失，应考虑区域农业自然资源丰富，人口密度大，耕地相对不足、雨量大、气温高、光热条件优越等特点，以坡面治理为突破点，加大坡耕地改造，将治理与开发紧密结合起来，在治理改善生态环境的同时，提高人民生活水平。按照上述水土流失面源污染防控分区，结合不同水土保持措施的生态效益，根据生态清洁小流域建设的理念，从上游到滨湖区构建鄱阳湖流域水土保持防控面源污染综合防治体系。

1）Ⅰ区（海拔＞500m 区域）

海拔＞500m 的山地区域相对而言海拔较高，基本属于鄱阳湖流域内的高大山脉，许多区域为水源的发源地。对于这类区域采取的措施为封禁、生态修复，进行封育保护。

2）Ⅱ区（海拔 300～500m 区域）

从图 6.14 可以看出，此丘陵区域一般是在“五河”流域（赣江流域、抚河流域、信江流域、饶河流域、修水流域）的上游，有少量的坡地开发活动，对于此类区域既要有修复措施，又要有治理措施。

（1）Ⅱ-1 区（坡度＞25°区域）：相关研究证明，红壤坡地达到 25°后，其侵蚀量剧烈增加。因此一旦形成侵蚀，很快变成严重侵蚀区，土壤急剧退化，表土流失，土壤变得很贫瘠，不利于作物的生长。《中华人民共和国水土保持法》规定 25°以上的坡地必须退耕还林，所以此类区域采取的措施为退耕还林、补植、管护。

（2）Ⅱ-2 区（坡度 15～25°区域）：采取水土流失防治措施，以小流域为单元，生物措施、工程措施与封禁管护相结合，以水保林为重点，综合治理水土流失。轻度流失的坡面以封禁为主，适当补植；土质好、坡度平缓的山区大力发展经济林果，适当地规模经营。中度流失坡面以水土保持林草及小型拦蓄工程为主。强烈及以上流失区，以水土保持工程措施及小型拦蓄工程为主，结合植树种草，恢复植被。

（3）Ⅱ-3 区（坡度＜15°区域）：分布面积很小，采取水土流失治理措施。

3）Ⅲ区（海拔 100～300m 区域）

从图 6.14 可以看出，此低丘区域一般是在“五河”流域的中游或小流域的中下游，坡地开发程度大。

（1）Ⅲ-1 区（坡度＞25°区域）：退耕还林还草。

（2）Ⅲ-2 区（坡度 15～25°区域）：在此区域重点注意沟道侵蚀的防护和经果林的开发，因地制宜地发展经济林果业和特种养殖业，发展水土保持经济，增加农民收入，把资源优势转化为商品优势。

在侵蚀沟缘至山顶修截水沟或导流沟，在沟底修谷坊、拦沙坝，建塘坝，营造沟底防冲林；同时在沟道周围植树种草，稳定坡面，通过植物、工程、耕作三大措施立体复合配置，实现坡水分蓄，沟水节节拦蓄，有效控制沟道侵蚀发展。相关研究表明，20°左右是红壤丘陵区山地生态脆弱带，植被破坏严重，重力梯度大，土壤侵蚀严重，应该采用生物性治理措施进行治理。鉴于此，15°～25°的坡面应以植物篱措施治理为主，其投入少、产出多，节约资金，有利于推广，在有条件的地区，可采取工程措施与耕作措施相结合的方式，推行梯壁植草和水平竹节沟技术，可起到很好的水土保持效果。

（3）Ⅲ-3 区（坡度＜15°区域）：分布面积尤其是缓坡地面积很小，采取水土流失治理措施和生态保护措施。

4）Ⅳ区（海拔 15～100m 区域）

从图 6.14 可以看出，此低丘区域一般是在“五河”流域的下游，坡耕地面积大，且集中连片分布，坡耕地开发程度大，为鄱阳湖生态经济区所在区域。

（1）Ⅳ-1 区（坡度＞25°区域）：退耕还林还草。

（2）Ⅳ-2 区（坡度 15～25°区域）：分布面积很小，采取水土保持措施。

（3）Ⅳ-3 区（坡度 5～15°区域）：在坡度为 5°～15°的中坡度坡面，应该根据实际情况，采用以梯田、水平台地措施为主的工程措施进行治理。依托此区域的人口及水土资源优势，综合治理开发，采取兴修梯田、植物篱和保土农业耕作措施，改造坡耕地，防治坡耕地侵蚀。

（4）Ⅳ-4 区（坡度＜5°区域）：通过研究发现，在 0～5°的缓坡面上采取耕作措施、梯田措施、植物篱措施的蓄水保土和防控面源污染的效益都非常明显，治理的效果相差不大，都能达到对坡面水土流失面源污染产生有效治理的效果。另外，需要在河道、湖泊之前的区域建立缓冲带，进行生态保护，如生态护坡、草沟、人工/自然湿地等。

5）Ⅴ区（海拔＜15m 区域）

从图 6.14 可以看出，此区域一般为鄱阳湖等水域及沼泽、湿地等，重点为湿地恢复措施。

参 考 文 献

莫明浩, 方少文, 杨洁, 等. 2017. 红壤小流域水土治理模式及其环境效益分析. 江苏农业科学, 45(7): 284-286, 311.

涂安国, 谢颂华, 郑海金, 等. 2011. 赣江上游小流域农业非点源污染生态防治技术研究. 中国水土保持, (9): 13-16.

王农, 莫明浩, 聂小飞, 等. 2022. 红壤坡面集水区水生态保护与修复试验研究. 水土保持应用技术, (1): 1-3.

第 7 章　水土流失面源污染防控模式及应用

本书提出的水土流失面源污染防控模式在生态清洁小流域建设中进行了应用，在源头和途径控制、末端治理等过程中均取得了良好的效果。

7.1　生态清洁小流域的面源污染防控模式

为践行“节水优先、空间均衡、系统治理、两手发力”新时期治水思路，满足人民群众对水资源、水生态、水环境的需求，适应新时代生态文明建设要求（王凌云等，2020），近些年小流域综合治理大多要求按照生态清洁小流域的标准进行设计和实施。根据“山水林田湖草系统治理”的思路，参照“三道防线”的理论，结合红壤低山丘陵区乡村实际，江西省提出了以下两种生态清洁小流域治理模式（莫明浩等，2019）。

7.1.1　“治山理水—控源减污—截污净水—生态修复”清洁小流域模式

对于基础条件较差的小流域，小流域内污染情况较为严重、需要整治的情况，适宜此模式。

“治山理水”指在山坡地按照“截、引、排、蓄”相结合的原则，根据实际，配置各类地块的水土流失防治措施，拦蓄和排泄坡面径流，以改善立地条件，增加植被覆盖，恢复受损生态系统，改善农业生产条件。

“控源减污”指对造成小流域污染的各种因素进行控制，尽可能地减少污染负荷量，除减少和控制点源的排放外，更需控制面源污染的排放，做到“荒坡地径流污染控制、农田径流污染控制和村落面源污染控制”。

“截污净水”包括生活污水处理和固体废弃物处理等。生活污水处理，有分散处理和集中处理两种方式。技术工艺中，对于水污染较为严重的小流域，有 MBR 膜处理、地埋式无动力处理、人工湿地、氧化塘、生态沟、生态浮岛等；对人口较少的村庄可采用潜流式人工湿地的处理工艺。对于生活垃圾，一般采用集中收集、搬运、焚烧、填埋的方式处理。

“生态修复”指在控源减污和截污净水之后，需要利用植物措施等的作用，在美化环境的同时，修复生态环境，发挥水体的自净功能，使小流域生态系统做到良性循环，如农田塘渠系统、植被缓冲带、人工湿地措施等。

7.1.2　"护山养水—治坡理水—入村净水—开发宜水"清洁小流域模式

对于基础条件较好的小流域，小流域内污染和生态状况良好，需要保护和局部整治，并且需要利用流域内资源加快发展的情况，适宜此模式。

"护山养水"指利用雨量充沛、水热条件等优越自然条件，进行水土保持生态修复，采取封禁补植措施，充分依靠大自然的力量，促进生态系统的改善，以减少山地水土流失，涵养水源。

"治坡理水"主要针对农业生产和经济开发，对山坡地开发利用采取相应的水土保持措施。措施可分为坡耕地和山地果园两种情况，坡耕地治理的措施有前埂后沟+反坡梯田+梯壁植草、等高耕作、沟垄种植、等高植物篱、秸秆覆盖等；山地果园治理的措施有前埂后沟+反坡梯田+梯壁植草、带状生草覆盖、农林复合系统等。同时，在农业生产中需要利用新技术、推广新品种，鼓励施用有机肥，采用生物方法防治病虫害，减少化肥、农药施用量，降低农业耕作对土壤与水质的污染程度，建设绿色生态农业基地。

"入村净水"技术可与"控源减污""截污净水"技术和措施相结合，因采用这一模式的小流域基础条件较好，故治理的重点为门塘和水系。门塘需严禁生活垃圾倒入塘内，对汇入塘内的水流进行强化去污技术处理；水系整治主要是水系连通，使河网水系畅通，提高河网的防洪排设、引配水能力，同时有利于改善水质。

"开发宜水"以小流域的河道整治和打造为重点，可主要建设生态河道和沟渠、人工湿地，打造水景观等。在水系两侧的消落带区域按照"乔木林—灌丛—草地—挺水植物—浮水植物—沉水植物"格局建设岸边植被拦污缓冲带，减轻污染物对水质的影响，改善河道水环境。

7.2　水土流失面源污染防控技术及模式的应用

选择宁都县小布镇钩刀咀小流域作为推广区域。钩刀咀小流域位于江西省赣州市宁都县西北部，距县城 45km，东临洛口镇、钓峰乡；南连黄陂镇、大沽乡；西北与东韶乡、吉安地区的永丰县中村乡、上溪乡接壤，所处的小布镇是赣州市宁都县最早的边陲建制乡之一，也是江西省首批省级水生态文明村镇之一。村镇内农业生产占主导地位，各业产值以农业种植业为主，林业、经济作物和果业产值低，经济结构单调。钩刀咀小流域位于赣江流域宁都县小布镇境内，小流域土地总面积 48.78km^2；小流域水土流失面积 10.48km^2，占土地总面积的 21.48%。

小流域境内属丘陵地貌，整体地势北高南低，中间有狭长山间河谷盆地，周边山地环绕。小流域地处亚热带湿润季风气候区，具有气候温和、光照充足、雨量充沛、四季分明、无霜期长等特点。小流域属于鄱阳湖水系"五河"流域之一的赣江流域，处于宁都母亲河——梅江河源头。多年平均降水量为 1566.7mm，降水年内分配不均，主要集中在 4～6 月，约占全年降水量的 49.8%，且多以暴雨形式出现，10 年一遇 24h 最大降水量为 214.3mm，年降水量最大为 2438.9mm，主汛期降水量为 789mm。由于小流域雨量充沛，区域内溪流纵横，地形地貌有利于汇集水源，地表水资源较为丰富，但年内分布不均，4～6 月水量充足，8～11 月高温少雨，伏旱、秋旱较为严重，多年平均径流深为 1032mm。小流域现状植被为亚热带常绿阔叶林、针阔混交林、荒山灌草等，主要树种有马尾松、湿地松、香樟、苦楝等，以及茶树、黄花梨等经果林。小流域内土壤成土母质以花岗岩类风化物为主，土壤类型主要有红壤和水稻土。由花岗岩风化物发育而成的红壤，具有砂砾含量高，质地粗糙，漏水漏肥，有机质、磷素和氮素等有效养分较少，自然肥力较低，酸性偏强的特点，一旦植被遭到破坏，在暴雨和地表径流的冲刷下，极易造成严重的水土流失。

小流域内生态环境总体较好，但也存在以下几方面的问题。

（1）高肥重药，水土流失面源污染风险高。小流域内大部分农田分布在河道周边，且部分农田田埂存在水毁、垮塌现象，而当地未强调农药安全标准使用，化肥、农药施用量较高，极易造成面源污染，影响水体环境。

（2）经济果木林建设配套措施不完善。小流域以发展茶叶、油茶为主，但小流域内经果林建设整地粗放，缺乏雨水集蓄排系统和植生工程，水土流失较为明显，且水分灌溉和化肥施用量大，极易破坏小流域生态环境，且不利于果木产量和品质提升。

（3）生活污水直排入河，污染水体。村内排污口分散，雨污合流直接排入支流河道，在简单的植物污水处理后排入主河道，严重影响下游水质。

以上问题将严重影响小流域的水体质量和生态环境，制约水生态文明村镇的建设与发展。鉴于此，本书选择宁都县小布镇钩刀咀小流域为技术推广区域，从而对区内水土流失面源污染进行有效防治，进一步改善村镇水生态环境。

7.2.1　技术体系及应用示范

结合推广示范区的实际地理特征，因地制宜地在小流域的上、中、下游布设相关水土保持措施，并进行优化配置，从面源污染的流失源头、过程和末端对其进行拦截和净化，形成“三位一体”面源污染梯级防控体系。项目技术示范区主要有五个：坡面理水控污技术示范区、河塘汇水减污-生态草沟技术示范区、河塘汇水减污-生态浮床技术示范区、河塘汇水减污-河岸植被缓冲带技术示范区和村镇净水去污技术示范区。5 个技术示范区面积约 251.9hm^2。

7.2.1.1　坡面理水控污技术示范区

该示范区位于钩刀咀小流域上游、小布镇陂下村垦殖场的油茶林基地。油茶为小布镇主要经济林之一，垦殖场油茶林基地是小布镇重要的生产开发区，位于小流域上游，水土流失面源污染风险高。根据调研发现，该油茶林基地整地粗放，缺乏综合坡面水系工程，水肥保蓄能力较差。因此，项目对其进行了升级改造。项目针对油茶林开发活动过程导致的水土流失及面源污染问题，因地制宜地开展前埂后沟式反坡台地、水平竹节沟、截水沟、排水沟、沉沙池、蓄水池和高效滴灌设施等坡面截流保土、引流汇流和节水控污技术的布设，并在开发和治理相结合的基础上，对上述几种重点技术进行优化配置，提升示范区的蓄水、排水能力，从而发挥治坡理水、从源头防控水土流失面源污染的作用。

通过对油茶林基地示范区现有水土保持措施的调研，发现其水土保持措施以单一的土质台地为主，缺乏综合的坡面水系工程，保水、保土和保肥效果较差。因此，在宁都县水土保持局的大力支持下，对示范区土质台地进行了全面改造。通过在台地前面起垄，构筑前地埂；在台面内侧开挖竹节水平沟，拦蓄上方降雨径流，增加入渗；在梯面种植以宽叶雀稗为主的混合草本植物，提高台地的稳定性和蓄水保土能力。通过以上多项措施的集成，形成反坡台地+前埂后沟+梯壁植草技术模式（图 7.1），实现坡面截流保土、蓄水保肥等效益的有效提升。

(a)治理前

(b)治理后

图 7.1　反坡台地+前埂后沟+梯壁植草技术模式

赣南地区降雨具有时空分布不均的特点，季节性干旱和旱涝急转现象时有发生。为提高其抗侵蚀和抗干旱能力，根据示范区实际情况，因地制宜地将截水沟、排水沟、蓄水池、沉沙池等技术进行优化布设，构建坡面蓄排水网络，提高示范区的综合蓄排水能力。其中，修建截水沟、排水沟 2km，修建蓄水池 5 座（小型蓄水池 4 个、沉沙池 4 个）。通过以上措施的布设，可以有效提高示范区蓄水、排水能力，显著降低道路侵蚀。

7.2.1.2　河塘汇水减污技术示范区

该技术示范区主要由生态草沟、生态浮床和河岸植被缓冲带等组成，通过合理布设以上措施，在面源污染从上游向下游水体迁移的途径中对污染物进行拦截，从而降低水体污染物的总量。

1）生态草沟技术示范区

该示范区位于油茶林基地山坡道路两侧。由于道路两侧多为土质沟道，抗侵蚀能力差，水土流失风险高，因此在两侧布设生态草沟措施，提高其抗冲性，同时降低水流流速，减少水土流失和面源污染。

由于示范区山坡道路两侧多为土质沟道，抗侵蚀能力差，在水流冲刷下易造成严重的水土流失甚至损毁，水土流失风险高，因此有必要对其进行升级改造。通过沟渠施工放样，沟渠开挖，人工修整沟底、沟边和草皮铺种等工序，在山坡道路两侧布设了生态草沟措施约 5000m^2，显著提高了其抗冲性能和水土保持效果（图 7.2）。

图 7.2　生态草沟施工现场图

2）生态浮床技术示范区

该示范区位于油茶林基地山脚下的山塘。经调研发现，油茶林坡面径流大多汇集至该山塘，其为坡面面源污染的一个汇集区，给水体带来一定污染。因此在山塘布设生态浮床，该示范区总面积约 15 亩，在所有示范区中处于中间位置。生态浮床主体造型为“水体保持”四字，一方面对水中污染物进行净化处理，另一方面提升示范区的景观效果和公众的水土保持意识。

由于山塘位于油茶林基地入口大路旁，因此将生态浮床主体设计为“水土保持”四个字（图 7.3），中间穿插布设花朵造型浮床进行点缀，不但能净化水质、改善环境质量、提升景观效果，而且可发挥较好的水土保持宣传教育效果。生态浮床总面积约 230m^2，包含挺水植物和浮水植物。挺水植物主要选择多花色美人蕉和常绿鸢尾，浮水植物选择粉绿狐尾藻和香菇草。

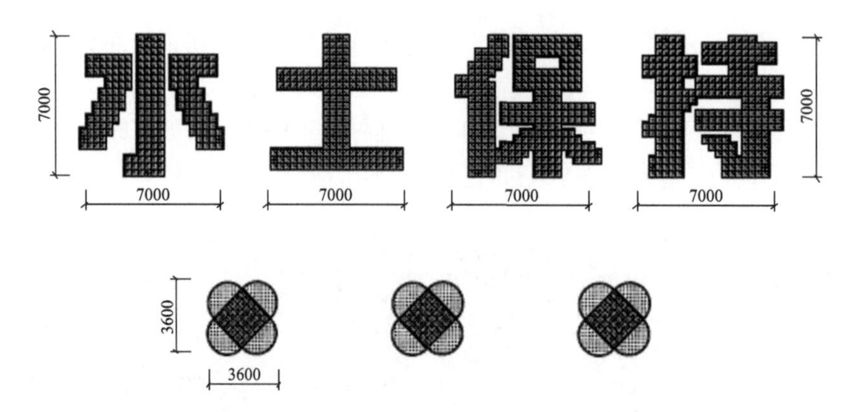

图 7.3　生态浮床设计图（单位：mm）

生态浮床拼接过程如图 7.4 所示。

(a)HDPE材料塑料浮板　　(b)连接塑料浮板

(c)制作浮床框体

(d)拼好造型后的浮板

图 7.4　生态浮床拼接过程

生态浮床植物栽植如图 7.5 所示。

(a)水生植物苗

(b)固定水生植物

(c)栽植好的水生植物

图 7.5　生态浮床植物栽植

生态浮床固定如图 7.6 所示。

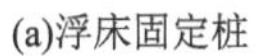

(a)浮床固定桩

(b)固定打桩

图 7.6　生态浮床固定

生态浮床布设全貌如图 7.7 所示。

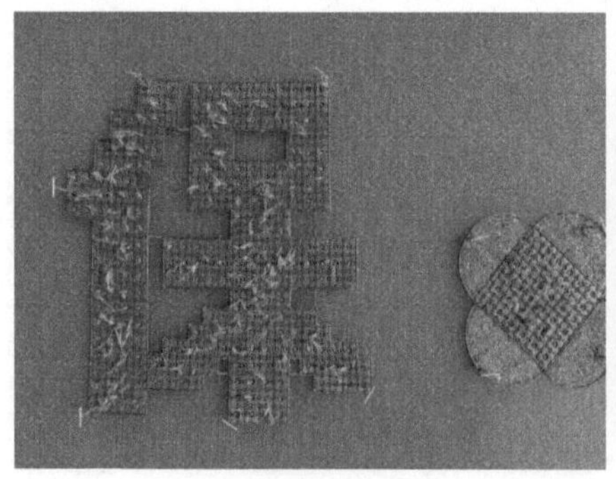

(a)安装好的生态浮床

(b)生态浮床全貌

图 7.7　生态浮床布设全貌

3）河岸植被缓冲带技术示范区

该技术示范区位于小布河中下游、小布镇河岸边坡上，面积约 64 亩，如图 7.8 所示。原边坡由植被和浆砌石边坡组成，原植被包括樱花、垂柳和狗牙根草皮，植被层次较单一，由于土壤被冲刷，养分流失严重，导致植被长势不良，因此对该河岸植被缓冲带进行了优化改造。综合考虑水土保持功能、适应性和观赏性，选用水土保持

(a)治理前　(b)整地

(c)上植物　(d)治理后效果图

图 7.8　植被缓冲带实施前后图

效果优良且观赏性佳的大花溲疏、火棘、绣线菊、连翘等进行合理搭配，形成乔灌草立体配置模式，可有效固定土壤、拦蓄径流，且枯水期、丰水期均有景可看，从而在实现其水土保持功能的同时，达到较好的景观提升效果。河岸植被缓冲带技术提升边坡抗侵蚀性及对径流和污染物的拦截性能，从而起到对水土流失面源污染的阻控拦截作用。

4）村镇净水去污技术示范区

该示范区主要采用氧化塘污水处理技术。在钩刀咀小流域下游、小布镇中心河段布设氧化塘污水处理技术，对排入小布河水体的油茶林面源污染及周边居民生活污水进行集中处理，处理后再重新排入小布河，从而实现面源污染的深度治理净化，如图 7.9 所示。

该示范区关键技术为氧化塘污水处理技术，技术主体为人工湿地系统，前置调节池、厌氧池等一体化预处理措施，提升污水净化效率。该示范区位于钩刀咀小流域下游、小布镇中心河段，在所有示范区中处于最末端位置。技术推广辐射面积约 1500 亩。

氧化塘污水处理技术主要包括调节池、厌氧预处理池和水平潜流式人工湿地。厌氧池规格为长 17m×宽 5.5m×高 3.35m，分 3 格，沉泥层厚度为 0.5m，有效容积为 $162.5m^3$，水力停留时间为 7.5h。水平潜流式人工湿地规格为长 95.75m×宽 20.65m，分为两级，有效面积为 $1620m^2$，水力负荷为 $0.31m^3/(m^2·d)$，人工湿地的水位控制通过可活动出水管的可拆短管长度调整来控制，可拆短管与承接口短管是活动承接的。接入污水处理站前污水管网末端最后一个检查井设有溢流及沉砂功能。污水通过湿地前的调节池和厌氧预处理池的处理，进入水平潜流式人工湿地。

图 7.9　示范区运行后效果图

通过以上技术应用示范的合理配置和科学组合，形成集坡面理水控污、河塘汇水减污、村镇净水去污于一体的全链条式控制体系，为小布镇水生态文明建设提供技术支撑（图 7.10）。

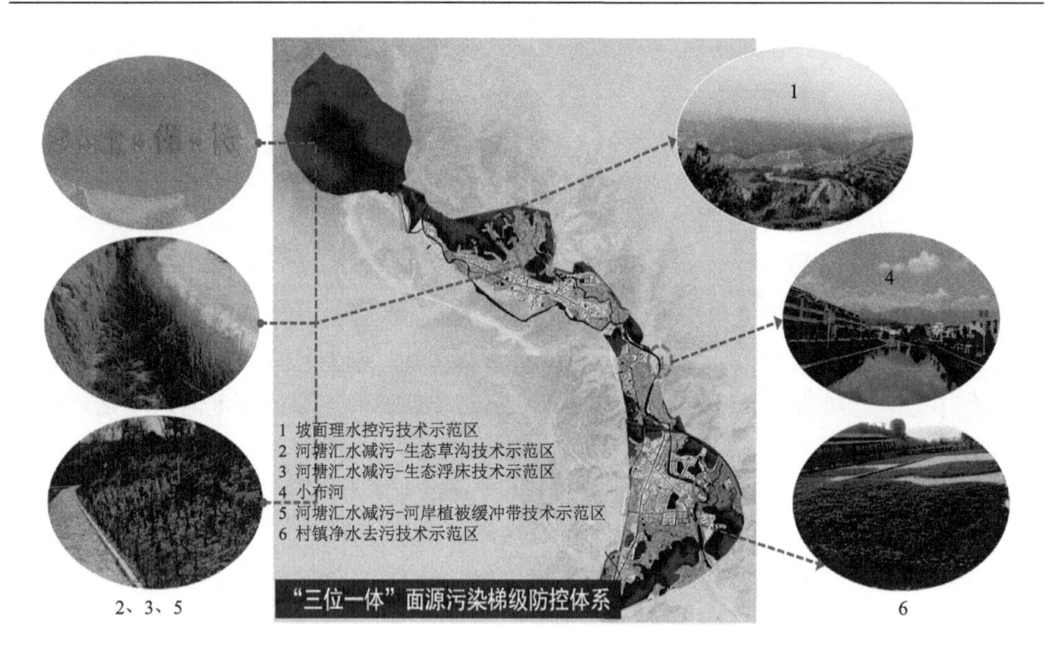

图 7.10　技术推广示范区总体布局

7.2.2　应用效果

7.2.2.1　水土流失面源污染削减效益

本书为评价坡面理水控污技术对水土流失面源污染的综合削减效益，选取技术推广示范区油茶园为试验区[简称有措施油茶园，图 7.11（a）]，选取与技术推广示范区油茶园相邻的无措施油茶园为对照区[简称无措施油茶园，图 7.11（b）]，分别在有措施油茶园和无措施油茶园的坡面汇流口设置取水池，定期采集水样，监测坡面径流养分流失状况。

(a)有措施油茶园

(b)无措施油茶园

图 7.11　不同措施状况油茶园现状图

作者团队先后于 2020 年 3～5 月（油茶园施肥期前后）进行了 6 次水样采集分析（图 7.12）。由图 7.12 可知，无措施油茶园径流总氮和氨氮浓度分别为 0.39～2.50mg/L

和 0.13～1.06mg/L，而有措施油茶园径流总氮和氨氮浓度分别为 0.21～0.78mg/L 和 0.02～0.13mg/L，均低于无措施油茶园，有措施油茶园总氮和氨氮浓度分别为无措施油茶园的 31.0%～72.2%和 10.6%～29.6%，总氮和氨氮削减率分别达 27.8%～69.0%和 70.4%～89.4%。这说明坡面理水控污技术对氮素随坡面径流损失的削减效果明显。

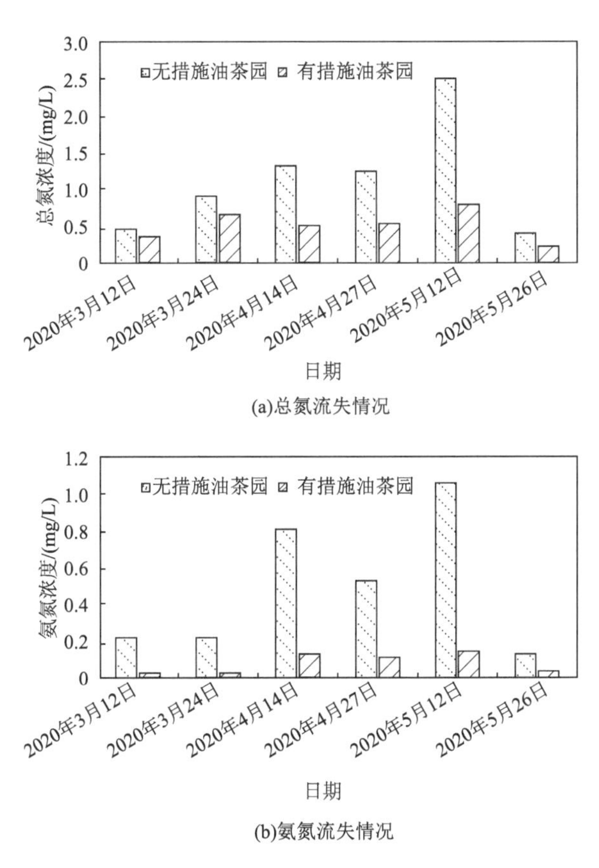

图 7.12　不同措施油茶园坡面径流氮素流失情况

7.2.2.2　水质净化效益

为定量评价河塘汇水减污和村镇净水去污技术示范区的水体修复效果，分别选择生态浮床技术示范区和氧化塘污水处理技术示范区进行水质净化效益监测，具体如下。

1）生态浮床技术

为评价生态浮床技术示范区的水质净化效果，定期在浮床植物旁采集水样，以无植物区域水体为对照，对比分析其总氮、氨氮和总磷含量，分析其水体修复效果。项目组先后于 2019 年 11 月至 2020 年 5 月进行了 6 次水样采集分析。如图 7.13 所示，生态浮床区域水体总氮、氨氮和总磷均小于对照区域，去除率分别达 10.8%～30.2%、13.5%～36.9%和 10.8%～35.0%，说明生态浮床水生态修复技术取得了较好的水质修复效果；从水质类别来看，生态浮床区域水体大多为Ⅲ类或Ⅱ类水，水质良好。

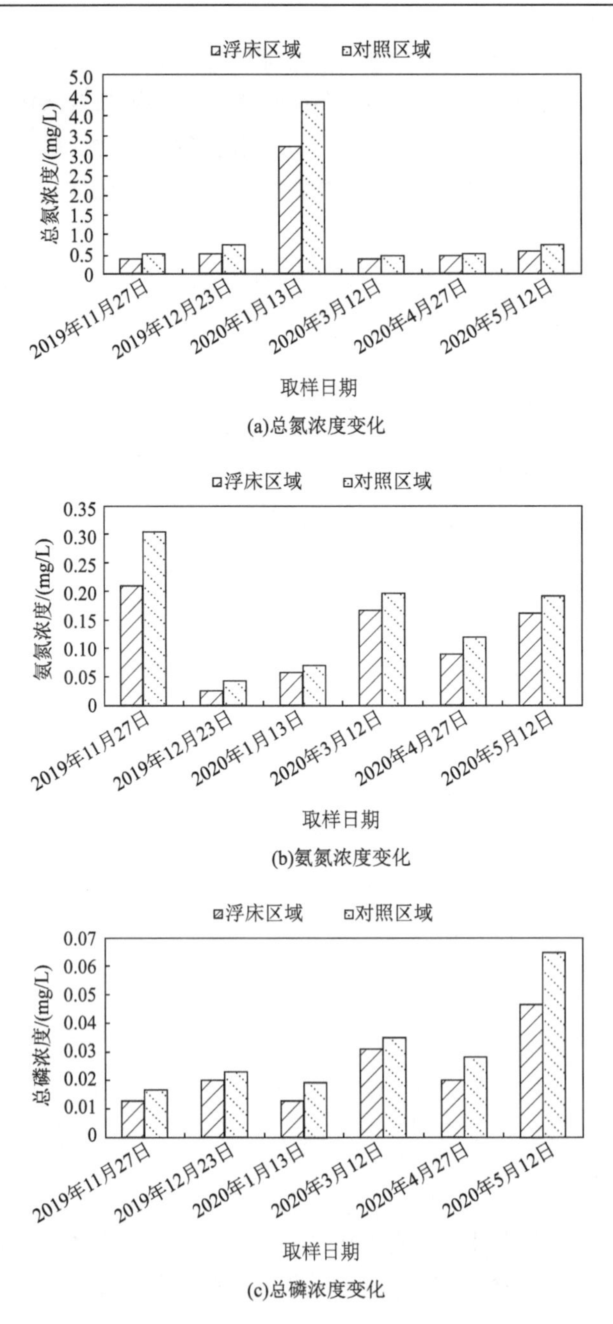

(a)总氮浓度变化

(b)氨氮浓度变化

(c)总磷浓度变化

图 7.13　生态浮床技术对水体修复效果

2）氧化塘污水处理技术

为定量评价村镇净水去污-氧化塘污水处理技术示范区的污水处理效果，定期采集示范区进水口和出水口的水样，对比分析其总氮、氨氮和总磷含量差异，定量分析其水质净化效果。项目组于 2019 年 10 月至 2020 年 5 月进行了 6 次水样采集分析（图 7.14）。

图 7.14　样品采集

由图 7.15 可知，进入氧化塘的污水中氮、磷含量浓度均较高，其中，总氮含量达 2.4～6.0mg/L，氨氮含量达 1.8～5.7mg/L，均接近或超过《地表水环境质量标准》规定的Ⅴ类水标准（2mg/L），而总磷含量也在 0.1～0.5mg/L，大多接近或超过Ⅲ类水标准（0.2mg/L）。经过氧化塘处理之后，水中污染物含量显著降低。其中，总氮含量为 0.5～0.9mg/L，达到Ⅲ类水标准（1mg/L），去除率达 78.7%～88.6%；氨氮含量为 0.2～0.5mg/L，去除率达 87.5%～91.3%，达到Ⅱ类水标准（0.5mg/L）；总磷含量为 0.02～0.08mg/L，去除率达 41.4%～88.6%，也达到Ⅱ类水标准（0.1mg/L）。可见，氧化塘对污水具有较好的治理效果。

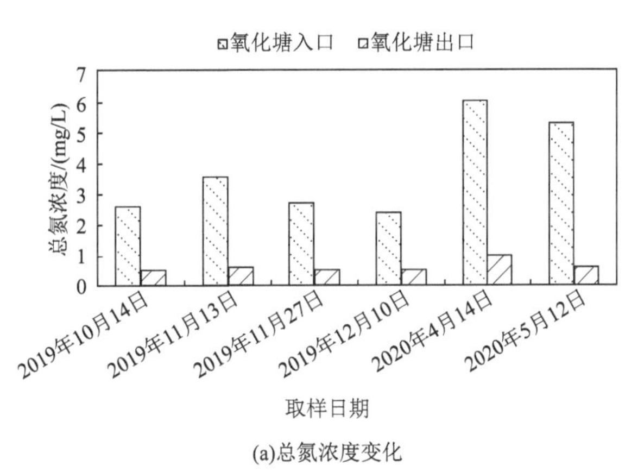

(a)总氮浓度变化

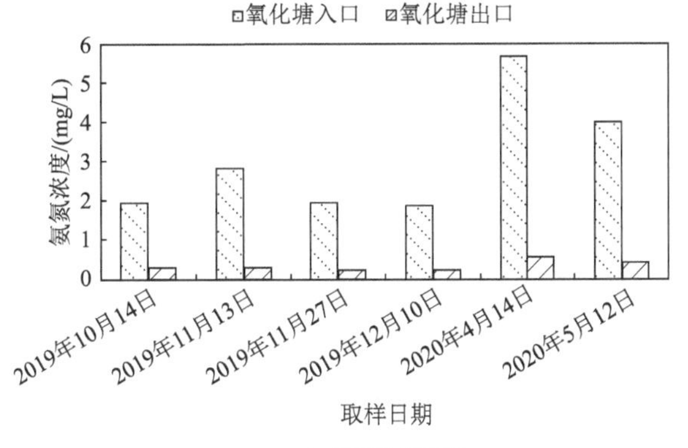

(b)氨氮浓度变化

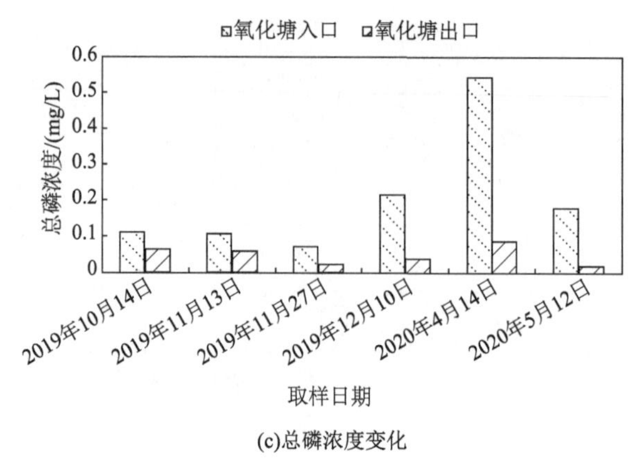

(c)总磷浓度变化

图 7.15 氧化塘对水质净化效果

7.2.2.3 经济、社会效益

1）社会效益

通过项目技术成果的实施，一方面，项目推广区水土流失面源污染得到有效控制，生态人居环境明显改善，居民的生活幸福感得到进一步提升；另一方面，增加了水土流失治理和经果林开发的科技含量，水土资源得到合理利用，提高了水土流失综合治理的质量和效益，增强了农业基础；同时，该模式的实施有效推动了项目区内传统种植业向现代农业、休闲观光或旅游业发展，使区内产业结构得到进一步优化和改善，从而促进了水土流失区社会经济的协调发展。统计数据显示，项目实施期间，累计增加游客约38000 人，充分展现了水土保持相关技术在实践中的应用成果，社会效益显著。

2）经济效益

技术的实施与推广区的水生态文明村镇试点工程相结合，在技术推广的同时，为取得较好的经济效益，紧密与当地农业生产和产业布局相结合，将“三位一体”面源污染梯级防控体系应用于农业经果林开发，增强农业基础，提高区域经济效益。综合根据江西省水土保持规划相关定额标准和实际调研结果，该模式的实施可推动推广区新增产值185 万元/年，经济效益显著。

参 考 文 献

莫明浩, 谢颂华, 聂小飞, 等. 2019. 南方红壤区水土流失综合治理模式研究——以江西省为例. 水土保持通报, 39(4): 207-213.

王凌云, 莫明浩, 左继超, 等. 2020. 山水林田湖草生态保护修复背景下水土保持作用机制研究. 中国水土保持, (5): 10-14.